Jörg Pfützenreuter

Einkaufen wie die Profis

Der Wegweiser durch das moderne Beschaffungsmanagement

BusinessVillage
Update your Knowledge!

Jörg Pfützenreuter
Einkaufen wie die Profis
Der Wegweiser durch das moderne Beschaffungsmanagement
BusinessVillage, Göttingen 2009
ISBN: 978-3-86980-006-6
© BusinessVillage GmbH, Göttingen

Bestellnummer
Druckausgabe Bestellnummer PB-716
ISBN 978-3-86980-006-6

Bezugs- und Verlagsanschrift
BusinessVillage GmbH
Reinhäuser Landstraße 22
37083 Göttingen
Telefon: +49 (0)551 2099-100
Fax: +49 (0)551 2099-105
E-Mail: info@businessvillage.de
Web: www.businessvillage.de

Layout und Satz
Sabine Kempke

Coverabbildung
Spectral-Design, www.fotolia.de

Copyrightvermerk
Das Werk einschließlich aller seiner Teile ist urheberrechtlich geschützt. Jede Verwertung außerhalb der engen Grenzen des Urheberrechtsgesetzes ist ohne Zustimmung des Verlages unzulässig und strafbar.
Das gilt insbesondere für Vervielfältigung, Übersetzung, Mikroverfilmung und die Einspeicherung und Verarbeitung in elektronischen Systemen.
Alle in diesem Buch enthaltenen Angaben, Ergebnisse usw. wurden von dem Autor nach bestem Wissen erstellt. Sie erfolgen ohne jegliche Verpflichtung oder Garantie des Verlages. Er übernimmt deshalb keinerlei Verantwortung und Haftung für etwa vorhandene Unrichtigkeiten.
Die Wiedergabe von Gebrauchsnamen, Handelsnamen, Warenbezeichnungen usw. in diesem Werk berechtigt auch ohne besondere Kennzeichnung nicht zu der Annahme, dass solche Namen im Sinne der Warenzeichen- und Markenschutz-Gesetzgebung als frei zu betrachten wären und daher von jedermann benutzt werden dürfen.

Inhalt

Über den Autor 7
Danksagung 8

1. Warum gibt es eigentlich einen Einkauf? 9

1.1 Die klassischen Aufgaben des Einkaufs 10
1.2 Strategische Aufgaben des Einkaufs 11
1.3 Wie schafft der Einkauf das? Die Organisation im Einkauf 12
1.4 Die Geschichte des Einkaufs 13
1.5 Der Einkauf verdient Geld 17

2. Die Basics – Was jeder Einkäufer wissen muss! 23

2.1 So wird bestellt 25
2.2 Der Einkauf wird aktiv: die Bedarfsanforderung 27
2.3 Den richtigen Lieferanten finden – Marktrecherche 33
2.4 Der erste Kontakt 36
2.5 Angebote einholen – Richtig anfragen 39
2.6 Angebote professionell vergleichen 47
2.7 Guter Preis, schlechter Preis? – Preisanalyse 55
2.8 Zusammenarbeit zwischen Einkauf und Fachabteilungen 62
2.9 ABC-Analyse 66

3. Internet-Recherche für Einkäufer 73

3.1 Informationen im Internet 74
3.2 Recherchesysteme: Wie man das Internet auf verschiedenen
    Wegen erforscht 74
3.3 Exkurs Google: Richtig Suchen – (fast) alles Finden 86
3.4 Spezielle Seiten für den Einkäufer 99
3.5 Plattformen und Portale für Einkäufer 108

4. Verhandeln – Handwerk oder Magie? 113

4.1 Keine Angst vorm Verkäufer! 114
4.2 Die zehn Erfolgsfaktoren professioneller Verhandlungsvorbereitung 115

4.3 Welchen Weg wähle ich, um meine Ziele zu erreichen? –
Die Verhandlungsstrategie 123
4.4 Der Ton macht die Musik – Der Verhandlungsstil 127
4.5 Selbstsicheres Auftreten für mehr Erfolg 131
4.6 Richtig argumentieren und Einwände kontern 139
4.7 Gesprächsführung – Vom Small Talk zur Argumentation 142

5. Lieferanten managen – oder: Trennen Sie die Spreu vom Weizen! 149

5.1 Wie manage ich eigentlich einen Lieferanten? 150
5.2 Den richtigen Lieferanten auswählen 152
5.3 Gute Lieferanten, schlechte Lieferanten: Kennzahlen zur
Leistungsmessung 154
5.4 Steuerung und Kontrolle der Lieferanten 163
5.5 Klassifizierung von Lieferanten – Lieferanten sind unterschiedlich 169
5.6 Optimierung der Lieferantenzahl 175
5.7 Die Arbeit vor Ort: Besuche und Audits 178
5.8 Entwicklung und Förderung von Lieferanten 186
5.9 Lieferantenintegration 192

6. Elektronisches Einkaufen oder E-Procurement 197

6.1 E-Procurement: Alle reden davon – keiner weiß, was das ist? 198
6.2 Grundbegriffe – Was ist eigentlich E-Procurement? 199
6.3 Die Möglichkeiten des E-Procurement 204
6.4 Lohnt sich der Einstieg? 208
6.5 Fallbeispiel: So nutzen Sie E-Auctions 212

7. Etwas Besonderes: Der Einkauf von Investitionsgütern 217

7.1 Was sind Investitionsgüter? 219
7.2 Besonderheiten des Investitionsgütereinkaufs 220
7.3 Beschaffungsprozess – Ablauf von Investitionsgüterprojekten 226
7.4 Vorbereitende Maßnahmen 228
7.5 Bedarfsermittlung und Beschaffungsplanung 230
7.6 Ausschreibung 231
7.7 Lasten- und Pflichtenhefte 233
7.8 Angebotsauswertung 236
7.9 Vergabeverhandlung 238

7.10 Vertragsabwicklung 240
7.11 Zusammenfassung 240

8. Tricks der Lieferanten 243

8.1 Back-Door-Selling – Aufträge durch die Hintertür 244
8.2 Manipulationstechniken 246
8.3 Wenn Sie nicht ..., dann ...!-Drohungen 258
8.4 Trittbrettfahrer 263

9. Wenn es kriselt: Strategien für schnelle Einsparspotenziale und Liquidität 265

9.1 Den Einkauf systematisch durchleuchten: Wo kann gespart werden? 266
9.2 Kosten sind nicht gleich Kosten: Material-, Beschaffungs- und Prozesskosten 268
9.3 Kosten senken, Verschwendung vermeiden: Typische Projekte für schnelles Geld 271

Über den Autor

Jörg Pfützenreuter ist ausgebildeter Dipl.-Ingenieur und Dipl.-Kaufmann. Bevor er sich als Trainer und Coach für Führungskräfte, Ein- und Verkäufer selbstständig gemacht hat, arbeitete er viele Jahre im Management internationaler Konzerne und mittelständischer Firmen. Heute ist er einer der Top-Trainer für Einkauf und Verhandlungstechnik.

Kontakt

is2m Institut für Strategie & Supply Management
Jörg Pfützenreuter
E-Mail: jp@joerg-pfuetzenreuter.com
Web: www.joerg-pfuetzenreuter.com
www.is2m.com

Danksagung

Dieses Buch zu schreiben war eine spannende und aufregende Herausforderung. Ich möchte mich bei allen bedanken, die dazu beigetragen haben, dieses Projekt erfolgreich abzuschließen.

Ich danke Herrn Hoffmann vom Business Village Verlag für seine Initiative und stete Begleitung.

Ich danke Frau Steinmetz für ihre Stilsicherheit, ihre Tipps und die reibungslose und angenehme Zusammenarbeit.

Ich danke meiner Frau Astrid Pfützenreuter für Motivation und Unterstützung sowie für Rat und Anregung beim Schreiben.

1. Warum gibt es eigentlich einen Einkauf?

1.1 Die klassischen Aufgaben des Einkaufs 10
1.2 Strategische Aufgaben des Einkaufs 11
1.3 Wie schafft der Einkauf das? Die Organisation im Einkauf 12
1.4 Die Geschichte des Einkaufs 13
1.5 Der Einkauf verdient Geld.. 17

Der Einkauf trägt entscheidend zum wirtschaftlichen Erfolg eines Unternehmens bei und sollte deshalb eine entsprechende Position einnehmen. Trotzdem erhält man auf die Frage, warum es einen Einkauf gibt, unterschiedlichste Antworten – abhängig von der Einstellung des Managements, der daraus resultierenden Stellung des Einkaufs im eigenen Unternehmen und nicht zuletzt von der Qualifikation der Einkäufer.

Während auf Kongressen und Tagungen wie beispielsweise dem Einkaufssymposium des BME *(Bundesverband für Materialwirtschaft, Einkauf und Logistik e.V.)* die Bedeutung des Einkaufs in vielen Vorträgen und Workshops immer wieder hervorgehoben wird, sieht der Alltag oft anders aus: In vielen – vor allem kleinen und mittleren – Unternehmen führt der Einkauf ein stiefmütterliches Dasein.

Wie kommt es dazu?

Um diese Frage zu beantworten, müssen wir zunächst klarstellen, welche Aufgaben und Möglichkeiten der Einkauf tatsächlich hat.

1.1 Die klassischen Aufgaben des Einkaufs

Frage ich einen Einkäufer, was er den ganzen Tag macht, werden sehr oft die klassischen Aufgaben wie Angebote einholen, Bestellungen schreiben, Termine überwachen, fehlerhafte Lieferungen reklamieren und Rechnungsprüfung genannt.

Bei diesen Aufgaben steht die Sicherstellung der Versorgung im Vordergrund – also die termingerechte Anlieferung des benötigten Materials, in geforderter Qualität zu wettbewerbsfähigen Preisen. Es geht hauptsächlich um Bestellabwicklung und Disposition. Die meisten Einkäufer verbringen den Hauptteil ihrer Arbeitszeit mit diesen eher operativen und am Tagesgeschäft orientierten Aufgaben.

Auch wenn die Materialbeschaffung wichtig ist – sie allein rechtfertigt weder eine herausragende Position im Unternehmen noch trägt sie entscheidend zum wirtschaftlichen Erfolg bei. Die beschriebenen Aufgaben sind selbstverständlich und müssen von jeder Einkaufsabteilung geleistet werden. Eine Schlüsselfunktion des Einkaufs ist erst dann gerechtfertigt, wenn er sein Potenzial nutzt und mehr leistet als das Selbstverständliche.

1.2 Strategische Aufgaben des Einkaufs

Doch was kann der Einkauf über die Sicherstellung der Versorgung hinaus leisten? Hier hilft ein Blick auf Global Player, die die Aufgaben des Einkaufs weiter fassen. Bei ihnen steht unter anderem die permanente Optimierung der Kosten und der logistischen Anbindung der Lieferanten bei der Einhaltung der notwendigen Qualität im Vordergrund.

Zu diesen strategischen Aufgaben zählen beispielsweise

- Aufbau neuer, beispielsweise kostengünstigerer Lieferanten,
- Optimierung der Lieferantenleistung bei bestehenden Lieferanten,
- Überwachen und Senken der Qualitäts- und Fehlerkosten,
- Preise verhandeln,
- Rahmenverträge verhandeln.

Zu weiteren strategischen Aufgaben des Einkaufs, die eher Projektcharakter haben und sich nur schwer in das Tagesgeschäft integrieren lassen, da sie sehr zeitintensiv sind und oft abteilungsübergreifend bearbeitet werden müssen, zählen unter anderem

- Global Sourcing – weltweite Lieferanten- und Marktrecherche,
- die Bedarfsbündelung mehrerer Standorte,
- Standardisierungsprojekte zur Reduzierung der Teilevielfalt,
- die Optimierung der Produkte beispielsweise durch Wertanalyse,
- die Reduzierung des Lagerbestandes,
- sowie die Prozessoptimierung durch Einführung von E-Procurement-Tools.

Hier ist der Einkäufer als Projektmanager gefordert. Gerade mit diesen Tätigkeiten lassen sich die Beschaffungskosten erheblich senken und so Wettbewerbsvorteile für das Unternehmen erzielen.

1.3 Wie schafft der Einkauf das? Die Organisation im Einkauf

Viele Einkäufer werden sich fragen: *„Wann soll ich denn noch Projekte managen? Ich weiß ja jetzt schon nicht mehr, wie ich pünktlich alle Bestellungen rauskriege."* Tatsächlich bleibt nach allen Bestellungen, der Klärung von Reklamations- und Lieferproblemen sowie der Rechnungsbearbeitung oft kaum Zeit, die eigene Arbeit zu optimieren.

Hier wird schnell deutlich, welchen Stellenwert der Einkauf in einem Unternehmen hat. Werden die Potenziale des Einkaufs gesehen und traut man den Einkäufern zu, diese auch zu realisieren, dann muss man dem Einkauf auch die Gelegenheit dazu geben. Dazu gehören sowohl die nötige Personalstärke als auch eine effiziente Einkaufsorganisation. Voraussetzung dafür ist die Definition der entsprechenden Aufgaben und der Verantwortlichkeiten.

Eine in der Praxis häufig anzutreffende Organisationsform ist die Zuständigkeit eines Einkäufers für bestimmte Warengruppen, beispielsweise Rohstoffe oder Dienstleistungen. Für diese Warengruppe ist der Einkäufer dann sowohl operativ als auch strategisch verantwortlich. Zusätzlich bekommt jeder Einkäufer noch ein Einkaufsprojekt, beispielsweise die Einführung eines E-Procurement Systems.

Beispiel: Alltagssituation im Einkauf
Herr Meyer mag das hektische Tagesgeschäft und läuft zur Hochform auf, wenn ständig das Telefon klingelt, Probleme gelöst werden müssen und er Feuerwehr spielen kann. Beispielsweise kann ein Lieferant plötzlich nicht pünktlich liefern, die Produktion braucht aber dringend bestimmte Teile. Was tun? Hier ist der operative Einkäufer gefragt, der immer einen Weg findet, um die Versorgung zu gewährleisten. Er kennt die Kapazitäten der einzelnen Lieferanten und verteilt das Bestellvolumen entsprechend. Bei Problemen kennt er die richtigen Ansprechpartner beim Lieferanten.

Kollege Müller zeigt bereits Stresssymptome, wenn er „schnell mal" eine Bestellung ins SAP eingeben soll und das Telefon häufiger als zwei Mal in der Stunde klingelt, weil wieder mal eine Lieferung Probleme bereitet. Steht aber beispielsweise eine komplexe und langwierige Verhandlung an, läuft er zur Hochform auf und ist exzellent vorbereitet.

Dieses Beispiel zeigt, wie unterschiedlich Einkäufer veranlagt sind. Werden Einkäufern Aufgaben zugewiesen, ohne die charakterlichen Eigenschaften zu bedenken, werden die Stärken des Einzelnen nicht genutzt. Zudem besteht die Gefahr, dass der Einkäufer aufgrund des Alltagsgeschäfts den Kopf für strategische Aufgaben oder Projekte nicht frei hat. Eine Möglichkeit, Schwierigkeiten zu vermeiden und Personalressourcen optimal zu nutzen, ist die Unterteilung des Einkaufs. In den Bereichen operativer Einkauf beziehungsweise Disposition, strategischer Einkauf und Einkaufsprojekte, können Einkäufer die entsprechenden Aufgaben wahrnehmen. So kann sich jeder Einkäufer auf seine Kernaufgaben, für die er die nötigen Kompetenzen hat, konzentrieren.

Kompliziert wird es, wenn nun auch mehrere Produktionsstandorte koordiniert werden müssen. Während der operative Einkäufer für einen Standort zuständig ist, arbeitet der strategische Einkäufer auch standortübergreifend, zum Beispiel um Volumen zu bündeln und die Verhandlungsmacht gegenüber einem Lieferanten zu erhöhen. Hier hat sich in der Praxis das sogenannte Lead-Buyer-Konzept durchgesetzt, bei dem ein Einkäufer die Verantwortung für die strategische Ausrichtung einer Warengruppe standortübergreifend übernimmt. Das kann einer der Einkäufer aus einem der betroffenen Standorte sein, der dort die entsprechende Warengruppe operativ betreut.

1.4 Die Geschichte des Einkaufs

Sie werden nun vielleicht denken: *„Das hört sich ja gut an, aber so professionell arbeiten wir nicht bei uns im Unternehmen. Unsere Chefs geben uns nicht die Zeit, uns um Projekte zu kümmern. Ich schaffe es kaum, neue Angebote einzuholen oder zu einem Lieferanten zu fahren, um über die Zusammenarbeit zu reden und neue Preise zu vereinbaren."*

Sie können beruhigt sein, Sie sind in guter Gesellschaft. Viele Firmen sind noch immer auf dem Weg zu einem strategischen Einkauf. Selbst bei großen Konzernen, bei denen der Einkauf schon seit vielen Jahren eine Schlüsselposition einnimmt und die entsprechenden Potenziale realisiert, hat sich diese Entwicklung über eine lange Zeit hingezogen.

Auch dort waren es Pioniere, die immer wieder versucht haben, etwas zu verändern. Die Erfolge erzielen konnten und so den Einkauf ins rechte Licht rückten. Diese Einkäufer haben beispielsweise keine Auseinandersetzung mit den technischen Abteilungen gescheut, um neue Lieferanten ins Boot zu holen oder technische Anforderungen zu entfeinern.

Die Geschichte des Einkaufs ist damit auch eine Geschichte der Emanzipation, die sich in verschiedene Phasen untergliedern lässt:

Phase 1: Einkauf als Bestellabwickler
In den Fünfzigerjahren war der Einkauf nichts anderes als eine Schreibstube, in der Bedarfsanforderungen der Fachabteilungen mit der Schreibmaschine, mit Blaupapier in mehrfacher Ausfertigung, getippt und verschickt wurden. Die Verantwortung für die Versorgung lag in der Regel bei der Produktion. Der Einkäufer war ein Besteller, von Einkaufen konnte noch keine Rede sein. Erst mit steigendem Wettbewerb und höherem Konkurrenzdruck wuchs in den Unternehmen die Notwendigkeit zu ökonomischer Beschaffung.

Phase 2: Einkauf als kaufmännische Beschaffungsabteilung
Der Einkauf fing an, die Lieferantenauswahl zu beeinflussen. Dazu gehörte auch das Einholen und Vergleichen von Angeboten verschiedener Lieferanten, um so die Wettbewerbssituationen zu nutzen. Hauptziel war die preisgünstige und termingerechte Beschaffung. Grundlage für Anfragen des Einkaufs waren Spezifikationen, technische Beschreibungen oder Lastenhefte, die von den technischen Fachleuten erstellt wurden.

Durch die sich immer stärker ausprägende Gewinn- und Konkurrenzorientierung der Unternehmen setzte auch eine organisatorische Veränderung ein: der Einkauf wurde zunehmend im kaufmännischen Bereich angesiedelt und hierarchisch aus dem technischen Bereich herausgelöst.

Mit der Emanzipation als eigenständige Abteilung, die selbstbewusst Forderungen stellt und bei der Lieferantenauswahl mitreden will, kam es zu Spannungen. Zumal der Einkauf als kaufmännische Abteilung die Kosten im Blick hatte und damit den Gegenpol zu den technischen Abteilungen, die nach technisch optimierten Lösungen suchten, bildete.

Phase 3: Logistik und Beschaffung wird Materialwirtschaft

Ende der Siebziger-, Anfang der Achtzigerjahre bekam der Einkauf erneut mehr Bedeutung. Aufgaben und Verantwortungsbereiche der Einkaufsabteilungen wurden weiter gefasst: Statt sich nur auf die Preise zu konzentrieren, etablierte sich der Begriff „Kosten" im Denken der Einkäufer. Damit wurden auch Materialfluss, Lagerhaltung und Logistik in die Betrachtung integriert. Der Begriff „Materialwirtschaft" wurde immer häufiger gewählt, wenn vom Einkauf die Rede war.

Der Einkäufer war nun auch für Lieferantenqualität und die entsprechenden Qualitätskosten verantwortlich. Dazu gehörten zum Beispiel Fehlmengen-, Nacharbeits- und Reklamationskosten. Lieferanten wurden strengeren Bewertungsmaßstäben unterzogen. Bei der Auswahl der Lieferanten waren damit nicht mehr allein technische Aspekte entscheidend. Oft wurden langjährige Lieferantenbeziehungen, die zum Teil auf guten Beziehungen zwischen den jeweiligen technischen Abteilungen beruhten, infrage gestellt. Auch dieser Schritt hat nicht zu einer Klimaverbesserung zwischen Einkauf und Technik beigetragen.

In dieser Phase ist aus dem Einkäufer ein Lieferantenmanager geworden, der einen erheblichen Einfluss auf Auswahl von Lieferanten und die Gestaltung der Lieferantenbeziehungen hat.

Phase 4: Supply Chain Management

Auf der Suche nach weiteren Möglichkeiten zur Senkung von Kosten gelangte man im nächsten Schritt zu der Einsicht, dass die Preise für einzukaufende Materialien, Komponenten und Leistungen zu einem wesentlichen Teil von den technischen Anforderungen und Spezifikationen beeinflusst wurden. Mit dem Ziel, die Kosten weiter zu senken, setzte sich der Einkauf verstärkt mit der Technik auseinander.

Anforderungen und Genauigkeiten in technischen Spezifikationen wurden hinterfragt und geändert. Der strategische Einkauf hatte sich etabliert.

Neue Trends wie das Sourcing in Niedriglohnländern, beispielsweise Osteuropa oder China, oder das elektronische Einkaufen, beispielsweise E-Auctions oder elektronische Kataloge, machten aus den Einkäufern nun auch noch Projektmanager.

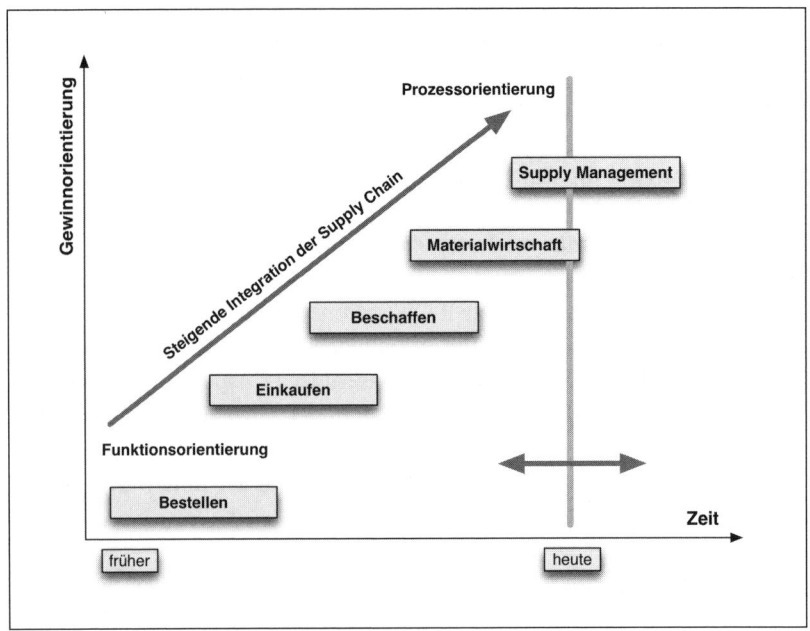

Abbildung 1: Zeitliche Entwicklung des Einkaufs

In der Abbildung können Sie sehen, auf welcher „Evolutionsstufe" der Entwicklung sich der Einkauf in Ihrem Unternehmen befindet und wie viel Potenzial zur Entwicklung noch vorhanden ist. Seien Sie ein Pionier. Denken Sie wie ein Unternehmer, setzen Sie sich durch. Richtig genutzt ist der Einkauf eine mächtige Waffe für die Konkurrenzfähigkeit Ihres Unternehmens.

Dazu gehört auch, dass Sie Wege und Maßnahmen abwägen. Nur weil viele im Rahmen des Global Sourcing in China einkaufen oder es E-procurement gibt, heißt das nicht, dass Sie das auch machen müssen. Alles muss Sinn machen. Stellen Sie sich eine kleine Dreherei mit acht Mitarbeitern vor. Auch da wird eingekauft. Aber macht es Sinn, für diesen Bedarf ein Einkaufsbüro in Shanghai zu eröffnen? Oder bei einem Einkaufsvolumen von 8.000 Euro für Werkzeuge eine Internetauktion zu veranstalten?

1.5 Der Einkauf verdient Geld

„Der Einkauf verdient Geld!"

„Der Gewinn liegt im Einkauf!"

„Was im Einkauf nicht ausgegeben wird, ist Gewinn!"

Diese Sätze hört man im Zusammenhang mit dem modernen Einkauf oft. Doch wie kann eine Abteilung, die permanent Geld ausgibt, Gewinn machen? Ganz einfach: Indem der unternehmerisch denkende Einkauf versucht, die anfallenden Kosten für die Beschaffung permanent zu senken. Das so eingesparte Geld kann am Ende des Jahres dem Gewinn des Unternehmens zugerechnet werden – und zwar komplett ohne irgendwelche Abzüge.

Das ist leicht erklärt, wenn man sich den Zusammenhang zwischen Preis, Kosten und Gewinn anschaut: Bei der Festlegung des Preises spielt die Kostenrechnung eine wesentliche Rolle. Wer ein Produkt zu verkaufen hat, kalkuliert in der Regel genau, welche Kosten bei seiner Herstellung entstehen. Diese müssen beim Verkauf mit dem erzielten Preis mindestens wieder reinkommen, damit man keinen Verlust macht. Nun ist es die Aufgabe jeder wirtschaftlichen Unternehmung, Gewinn zu erzielen. Dieser wird nun auf die Produktkosten aufgeschlagen. Kosten plus Gewinn ergeben den Produktpreis.

Lange Jahre, in den Zeiten der Verkäufermärkte und des knappen Angebotes, haben viele Unternehmen so nebeneinander existiert.

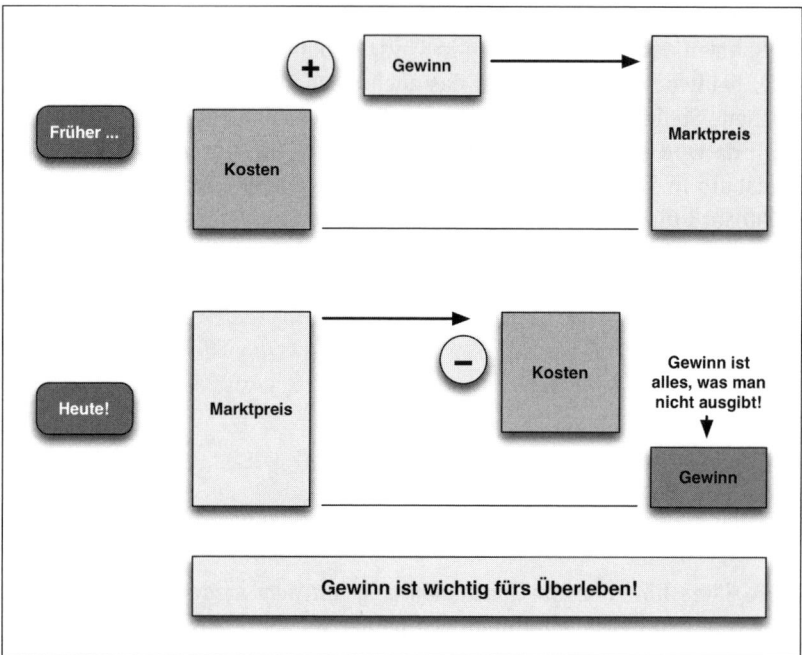

Abbildung 2: Marktpreisbildung früher und heute

Mit steigendem Wettbewerbsdruck, auch aus dem Ausland, stieg zwangsläufig die Macht des Verbrauchers, der aus einem größeren Angebot auswählen konnte. Die Bedeutung der Preise nahm kontinuierlich zu. Viele Unternehmen versuchten, ihre Marktanteile über den Preis zu sichern oder gar auszuweiten.

Damit wurden die Preise nicht mehr auf die klassische Art und Weise kalkuliert, sondern vom Wettbewerb vorgegeben. Dies wirkte sich auf den Gewinn aus, der sich nun über die Höhe der Kosten und des erzielten Preises ergab. Aufgrund dieser Entwicklung erhielten die bei der Herstellung eines Produktes anfallenden Kosten eine besondere Bedeutung. Das Kostenbewusstsein in den Unternehmen stieg.

Was hat der Einkauf nun mit Kosten zu tun? Ganz einfach: Er verantwortet die Beschaffungskosten – und damit bei produzierenden Unternehmen oft mehr als die Hälfte der Gesamtkosten. Anders ausgedrückt: Eine Handvoll Mitarbeiter, die Einkäufer, sind entscheidend für die Höhe des Unternehmensgewinns verantwortlich.

Beispiel: Hebelwirkung der Einkaufskosten
Stellen Sie sich eine Firma mit einem Gesamtumsatz von 1 Million Euro und einem Gewinn von fünf Prozent (50.000 Euro) vor. Die vom Einkauf beeinflussbaren Kosten, also die Material- und Beschaffungskosten, betragen 60 Prozent (600.000 Euro) des Umsatzes. Damit verbleiben noch 35 Prozent (350.000 Euro) für alle anderen Kosten, wie beispielsweise Löhne, Abschreibungen oder Gemeinkosten.

Wie wirken sich reduzierte Beschaffungskosten nun auf das Unternehmen aus? Bei einer Senkung der Material- und Beschaffungskosten um zehn Prozent, also 60.000 Euro, erhöht sich der Gewinn von 50.000 auf 110.000 Euro. Dies entspricht einer Gewinnsteigerung von 120 Prozent! (Siehe Abbildung 3 auf der folgenden Seite)

Möchte man dieses Ergebnis über den Verkauf erzielen, müsste der Umsatz von 1 Million Euro auf 2,2 Millionen Euro gesteigert werden – also um 120 Prozent. Dieses Ziel ist utopisch!

Natürlich ist es schwierig, die Material- und Beschaffungskosten um zehn Prozent zu senken. Aber selbst bei einer Senkung um drei Prozent erhöht sich der Gewinn in unserem Beispiel bereits um 18.000 Euro. Dies entspricht immer noch einer Gewinnsteigerung von 36 Prozent. Den Geschäftsführer, der nun nicht Luftsprünge vor Freude macht, möchte ich sehen.

Bestimmen Sie das Gewinnpotenzial Ihres Einkaufs
Das beste Argument für Einkäufer ist das Gewinnpotenzial, das er für das Unternehmen erschließt. Ein kluger Einkäufer wird sich daher immer Klarheit über seinen Einfluss auf den Unternehmensgewinn verschaffen und darüber seine Stellung im Unternehmen definieren. Und er wird dieses nicht abstrakt, sondern mit konkreten Zahlen kommunizieren. Denn nichts ist überzeugender als der Gewinnbeitrag in Form einer konkreten Zahl. Dies

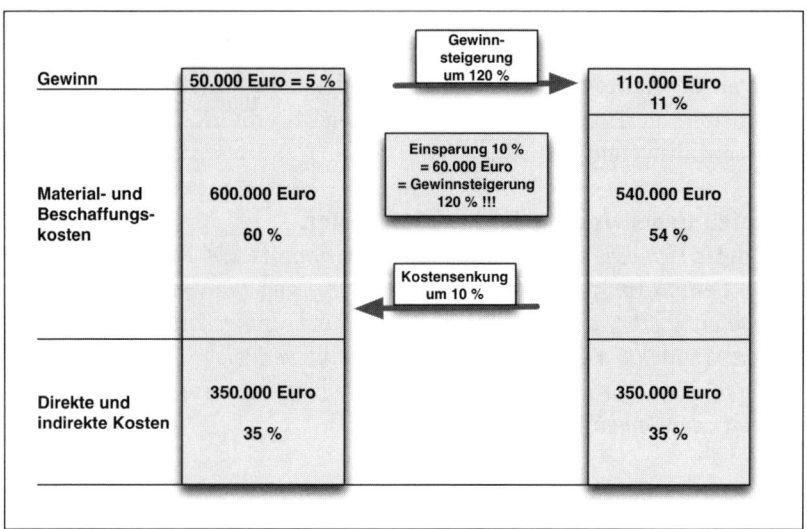

Abbildung 3: Beispiel zur Hebelwirkung des Einkaufs

öffnet nicht nur Türen, die bisher als verschlossen galten. Auch die Zusammenarbeit mit den technischen Abteilungen verbessert sich deutlich, wenn klar wird, dass eine einkaufsorientierte Zusammenarbeit Arbeitsplätze sichert.

Die folgende Tabelle (siehe Abbildung 4) gibt für unser Beispiel wieder, welche Hebelwirkung der Einkauf bei unterschiedlich hohen Einsparungen hat. Lassen Sie es sich auf der Zunge zergehen, welche Bedeutung Sie als Einkäufer haben.

Die folgende beschriebene Formel zur Berechnung der Gewinnsteigerung durch den Einkauf hilft Ihnen, für jede beliebige Konstellation nachzuvollziehen, welche Wirkung der Einkauf mit einer Kostensenkung erzielen kann.

$$\text{Gewinnsteigerung durch den Einkauf} = \frac{\text{Materialkostenanteil am Umsatz} \times \text{geplante Kosteneinsparung}}{\text{Rendite}} = \text{Vergleichbare Umsatzsteigerung}$$

Einsparung		Neuer Gewinn		Gewinnsteigerung bzw. vergleichbare Umsatzsteigerung
in Euro	in Prozent	in Euro	in Prozent	in Prozent
6.000	1	56.000	5,6	12
12.000	2	62.000	6,2	24
18.000	3	68.000	6,8	36
24.000	4	74.000	7,4	48
30.000	5	80.000	8,0	60
36.000	6	86.000	8,6	72
42.000	7	92.000	9,2	84
48.000	8	98.000	9,8	96
54.000	9	104.000	10,4	108
60.000	10	110.000	11,0	120

Abbildung 4: Gewinnsteigerung des Einkaufs bei 1 Million Euro Umsatz, 60 Prozent Material- und Beschaffungskosten und 5 Prozent Gewinn

Geben Sie die Werte aus Ihrem Unternehmen ein. Spielen Sie durch, welche Gewinnsteigerung Sie präsentieren können, wenn Sie es schaffen, die Beschaffungskosten um einen bestimmten Prozentsatz zu senken.

Übrigens:
Je größer Materialkostenanteil und geplante Kostensenkung und je kleiner die Umsatzrendite des Unternehmens, umso höher fällt die Gewinnsteigerung durch den Einkauf aus.

2. Die Basics – Was jeder Einkäufer wissen muss!

2.1 So wird bestellt 25
2.2 Der Einkauf wird aktiv: die Bedarfsanforderung 27
2.3 Den richtigen Lieferanten finden – Marktrecherche 33
2.4 Der erste Kontakt 36
2.5 Angebote einholen – Richtig anfragen 39
2.6 Angebote professionell vergleichen... 47
2.7 Guter Preis, schlechter Preis? – Preisanalyse 55
2.8 Zusammenarbeit zwischen Einkauf und Fachabteilungen 62
2.9 ABC-Analyse 66

Wie führt man eine ABC-Analyse aus und warum eigentlich? Wie bereitet man sich auf eine Verhandlung vor und wie setzt man sich gegen einen erfahrenen Verkäufer durch? Die Antworten auf diese Fragen gehören zu den Dingen, die ein Einkäufer wissen muss, wenn er erfolgreich sein will. Trotzdem stelle ich in meinen Seminaren immer wieder fest, dass viele Einkäufer beim Basiswissen große Lücken haben. So kennen einige beispielsweise Lieferbedingungen wie Incoterms nicht.

Der Grund ist im Prinzip einfach: Viele Einkäufer sind wie „die Jungfrau zum Kind" zum Einkaufen gekommen. Die interne Bewerbung auf eine frei gewordene Position oder eine Aufgabe aus dem Bereich Einkauf, die dazugekommen ist – und schon ist man dabei. Natürlich gibt es Zertifikatslehrgänge, die teilweise mit einer Prüfung vor der IHK abschließen, aber den Lehrberuf oder den Studiengang Einkauf als Vorbereitung für die vielfältigen Aufgaben gibt es nicht. Da viele ältere Kollegen den gleichen Werdegang haben, verfügen auch sie selten über systematisches Wissen, das sie weitergeben können. Obwohl der Einkauf in vielen Firmen mittlerweile durchaus professionell gehandhabt wird, gibt es daher bei der fachlichen und methodischen Ausbildung der Einkäufer weiterhin häufig Defizite.

Um erfolgreich zu sein, muss der Einkäufer deshalb das 1 × 1 des Einkäufers beherrschen:

Das 1 × 1 des professionellen Einkäufers

1. Kenntnis von Bestellabläufen
2. Erstellen und Bewerten von Bedarfsanforderungen
3. Beherrschen der professionellen Lieferantensuche
4. Der Erstkontakt mit Lieferanten
5. Angebote einholen – Richtig anfragen
6. Angebote professionell vergleichen
7. Guter Preis, schlechter Preis? – Preisanalyse
8. Kenntnis der Erfolgsfaktoren der Zusammenarbeit zwischen Einkauf und Fachabteilungen
9. Lieferantenmanagement mit ABC-Analyse

Im Folgenden wird dieses Basiswissen kurz vorgestellt. Gerade Quereinsteigern aus nicht kaufmännischen Bereichen empfehle ich die Lektüre. Aber auch der Einkaufsprofi wird von den folgenden Seiten profitieren, wenn er diese nutzt, um seinen eigenen Kenntnisstand zu überprüfen.

2.1 So wird bestellt

Bestellen ist eigentlich ganz einfach, wie die nachfolgende Abbildung eines typischen Bestellvorganges zeigt.

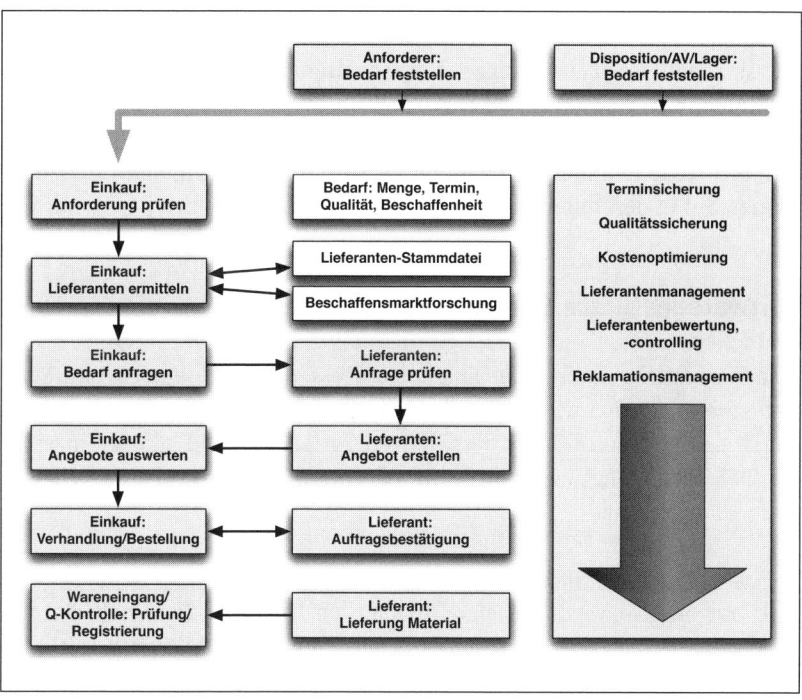

Abbildung 5: Typischer Bestellprozess

Der Ablauf einer Bestellung bei Ihnen hängt von den Regelungen und Vorschriften Ihrer Firma ab.

> **Praxistipp**
>
> Ist Ihre Firma nach ISO 9000 ff. zertifiziert, existiert ein Qualitätshandbuch, in dem alle Abläufe und Prozesse beschrieben sind, auch die des Einkaufs.
> Weitere Informationen und Hintergründe über die Normenreihe ISO 9000 ff. finden Sie unter *http://de.wikipedia.org/wiki/Qualitätsmanagementnorm*.

Einige Unternehmen, auch viele, die bereits nach ISO 9000ff. zertifiziert sind, arbeiten mit Einkaufshandbücher oder Verfahrensanweisungen, in denen die Arbeit, Verantwortlichkeiten und Abläufe im Einkauf sowie die Zusammenarbeit mit anderen Abteilungen beschrieben sind. Das Einfachste ist, sich hier einen Überblick zu verschaffen und sich mit den existierenden Vorschriften vertraut zu machen.

Wie die einzelnen Schritte des Beschaffungsprozesses genau aussehen, werden Sie in den folgenden Abschnitten erfahren.

Softwaregestützte Bestellprozesse

Eine wesentliche Rolle beim Einkaufsprozess spielt die eingesetzte Software. Sie bildet den definierten Bestellprozess ab und gibt dem Einkäufer damit einen großen Teil der detaillierten Gestaltung des Einkaufsprozesses vor. Der Umgang mit der eingesetzten Software, beispielsweise SAP MM, ist dann Übungssache.

SAP ist ein sogenanntes ERP-System (Enterprise Resource Program), also eine komplexe Anwendungssoftware, über die komplette Unternehmensprozesse gesteuert und geplant werden können. Typische Funktionsbereiche einer ERP-Software sind:

- *Materialwirtschaft*
- *Produktion*
- *Finanz- und Rechnungswesen*
- *Controlling*

- *Personalwirtschaft*
- *Forschung und Entwicklung*
- *Verkauf und Marketing*
- *Stammdatenverwaltung*

Um die Software optimal nutzen und effektiv arbeiten zu können, müssen Sie sich mit ihr beschäftigen. Dies setzt die Lektüre der entsprechenden Dokumentationen oder vielleicht sogar eine Schulung voraus. Dies gilt übrigens nicht nur für SAP.

2.2 Der Einkauf wird aktiv: die Bedarfsanforderung

Bedarfsanforderungen für standardisiertes oder fortlaufend benötigtes Material kommen im Industriebetrieb typischerweise aus der Materialdisposition oder der Arbeitsvorbereitung. Meist sind dies Unterabteilungen der Produktion, deren Aufgabe darin besteht, die laufende Produktion zu koordinieren und einen Warenbestand in den Produktionslagern sicherzustellen.

Bei Lagerartikeln erhält der Einkauf normalerweise von der Lagerverwaltung beziehungsweise durch die Lagerverwaltungssoftware eine Bedarfsanforderung für nachzubestellende Artikel. Klassische Verfahren, die zur Steuerung des Lagerbestandes verwendet werden, sind das Bestellpunkt- und das Bestellrhythmusverfahren. Eine gute Beschreibung dieser Verfahren finden Sie unter *http://de.wikipedia.org/wiki/Bestellrhythmussystem* beziehungsweise *http://de.wikipedia.org/wiki/Bestellpunktsystem*.

Diese einfachen klassischen Verfahren zur Lagerbestandssteuerung sind vor allem in der Serienfertigung anzutreffen, wo Bedarfe und Lagerbestände relativ gut planbar sind.

Im Anlagenbau, wo die Auftragsfertigung dominiert, ist häufig eine stücklistenorientierte Planung des Warenbedarfes der Produktion anzutreffen. Je nach Auftrag werden dabei unterschiedliche Konstruktionsteile von den Fachabteilungen spezifisch angefordert und sind vom Einkauf termingerecht für die Produktion zu beschaffen. Auch Dienstleistungen sollen bei

Bedarf über den Einkauf geordert werden. Ein Beispiel hierfür ist der Schiffbau, der neben dem Materialbedarf typischerweise auch Dienstleistungen wie Elektroinstallationen, Fußbodenverlegungen und Innenraumeinrichtungen benötigt. Doch Bedarf entsteht nicht nur direkt produktions- oder auftragsorientiert. So werden beispielsweise auch Werkzeuge oder Arbeitsplatzausstattungen für neue Mitarbeiter benötigt. Dieses führt ebenfalls zu einer Bedarfsanforderung und wird im Einkauf einen Beschaffungsvorgang auslösen.

Ebenso verhält es sich bei Gütern und Dienstleistungen, die notwendig sind, um die Produktionseinrichtungen anzuschaffen, zu modernisieren oder am Laufen zu halten, also Investitionen wie beispielsweise Maschinen für die Fertigung oder IT-Dienstleistungen für die hauseigene IT.

Genaue Spezifikationen schützen vor Fehlbestellungen

Das zu beschaffende Produkt oder die Dienstleistung muss so beschrieben werden, dass Einkauf und Lieferant wissen, was benötigt wird. Hierzu werden Bedarfsanforderungen mit entsprechenden Informationen über das Produkt erstellt. Die Aufgabe des Einkäufers ist es, auf Grundlage der Bedarfsanforderungen Bestellungen oder Anfragen zu erstellen. Dazu muss er die Bedarfsanforderungen so aufbereiten, dass Angebote von mehreren Lieferanten eingeholt werden können. Zu den wirklich essenziellen Basics eines erfolgreichen Einkäufers gehört es daher, Bedarfsanforderungen zu prüfen und gegebenenfalls in Rücksprache mit den anfordernden Abteilungen so zu überarbeiten, dass die Hauptziele des Einkaufs, Bedarfsdeckung und Kostensenkung, erreicht werden.

Hier wird viel Gewinnpotenzial verschenkt, indem unvollständige oder nicht bedarfsgerechte Bedarfsanforderungen verwendet werden. Das ist schade, denn gute Bedarfsanforderungen erleichtern wesentlich die Arbeiten des Einkäufers, wie Lieferantenauswahl, Ausschreibung und Angebotsvergleich. Die professionelle Bedarfsanforderung ist gewissermaßen die Basis für einen hohen Gewinnbeitrag des Einkaufs und sollte mit Sorgfalt erstellt werden.

Wie erkenne ich als Einkäufer, dass ich eine verwertbare Bedarfsanforderung vorliegen habe?

Eine gute Bedarfsanforderung ist immer eine vollständige Bedarfsbeschreibung. Achten Sie darauf, dass die Bedarfsanforderung aus der Fachabteilung sowohl alle technischen Aspekte als auch alle organisatorischen Aspekte des Bedarfs enthält. Durch Ergänzung um die logistischen, kaufmännischen und unternehmensindividuellen Aspekte des Bedarfs, meist durch den Einkauf, werden die Bedarfsanforderungen vervollständigt. Werden die gesammelten Informationen in eine für den Lieferanten verständliche Form gebracht, werden aus den Bedarfsanforderungen Anfragen oder Bestellungen.

Technische Aspekte einer Bedarfsanforderung

Eine Bedarfsanforderung enthält zunächst vor allem technische Informationen über das einzukaufende Produkt, beispielsweise in Form einer Produktspezifikation. Diese kann sehr unterschiedlich aussehen. Mal handelt es sich um eine seitenlange Beschreibung mit den Anforderungen an ein Produkt, beispielsweise bei der Beschaffung eines Konstruktionsteils oder einer komplexen Baugruppe, wie einer Klimaanlage für ein Kraftfahrzeug. Mal reicht eine Bestellnummer aus dem Katalog eines bestimmten Lieferanten, beispielsweise bei Standard-DIN-Teilen wie Schrauben, elektrischen Relais oder Pneumatik-Zylindern. Handelt es sich um eine Liste mit fest definierten Artikeln, wird diese häufig als Stückliste bezeichnet.

Diese Spezifikation ist die Grundlage für eine Ausschreibung, mit der die Preise und Leistungsmerkmale verschiedener Lieferanten abgefragt werden. Damit der Wettbewerb optimal genutzt werden kann, sollten die Ausschreibungen möglichst neutral gehalten werden. Sind sie auf einen, vielleicht von der Technik präferierten Lieferanten zugeschnitten, ist ein effizienter und kostengünstiger Einkauf meist nicht möglich.

Damit der Lieferant möglichst viel Freiraum bekommt, um sein Know-how und seine Ideen einzubringen, gilt die Regel, dass Spezifikationen so offen wie möglich und so genau wie nötig formuliert werden. Dazu gehört beispielsweise die Vermeidung von Marken- und Lieferantennamen für bestimmte Komponenten. Wenn Sie also Papiertaschentücher brauchen, sollten Sie nicht Tempo bestellen.

Organisatorische, logistische und kaufmännische Aspekte einer Bedarfsanforderung

Weitere Angaben in einer Bedarfsanforderung sind Informationen über Liefertermin und Liefermenge sowie Bedarfsträger und Kostenstelle. Diese organisatorischen Informationen sind insbesondere bei größeren Unternehmen wichtig, um den administrativen Aufwand gering zu halten.

Außerdem ist zu prüfen, ob der Anforderer eine Berechtigung oder Genehmigung hat, um den Einkauf mit der Bestellung des Produktes zu beauftragen. Dazu haben die meisten Unternehmen interne Regeln. Dies verhindert, dass jeder einfach bestellt, was er gerade braucht, und gewährleistet ein gewisses Maß an Kontrolle.

In den meisten Unternehmen zählt die Gestaltung der gewünschten kaufmännischen Anforderungen wie beispielsweise Zahlungskonditionen, Rücktritts- und Reklamationsregelungen sowie der logistischen Anforderungen, wie beispielsweise Lieferbedingungen oder Verpackungsvorschriften, zu den expliziten Aufgaben des Einkäufers.

Unternehmensindividuelle Aspekte des Bedarfsanforderung

Größere Unternehmen haben oft interne Richtlinien für den Einkauf und die Lieferantenauswahl, deren Einhaltung der Einkauf sicherzustellen hat. Dieses kann beispielsweise die Einhaltung von Mindestbestellmengen oder die Berücksichtigung von Qualitätsrichtlinien wie die ISO 14000/9000 ff. oder TS 16949 sein (detaillierte Informationen unter *http://de.wikipedia. org/wiki/ISO_14000* und *http://de.wikipedia.org/wiki/TS_16949*).

Möglicherweise müssen zudem allgemeingültige Normen wie DIN, VOB, UVV, VDE (siehe ebenfalls *http://de.wikipedia.org*), interne Sicherheitsbestimmungen (Schutzausrüstung, Sicherheitskleidung), Verfahrensanweisungen oder einschränkende Lieferausführungen (Anlieferung nur nachts, vormittags bis 11 Uhr, Renovierungsarbeiten nur während der Öffnungszeiten) enthalten sein.

Die folgende Checkliste hilft sowohl bei der Prüfung der Bedarfsanforderung als auch dabei, Anfrageunterlagen auf Vollständigkeit zu überprüfen.

Checkliste Bedarfsanforderungen/Anfrageunterlagen

Technische Anforderungen
- ❑ Materialart, -güte
- ❑ Abmessungen und Toleranzen
- ❑ Qualitätsanforderungen
- ❑ Anforderungen an Verschleiß und Nutzungsdauer
- ❑ Geschwindigkeiten, Taktzeiten, Durchsatz
- ❑ Spezifische technische Normen
- ❑ Montage, Inbetriebnahme
- ❑ Service, Schulung von Servicepersonal
- ❑ Dienstleistungen: Qualifikation des Personals

Organisatorische, kaufmännische und logistische Anforderungen
- ❑ Bedarfsträger und Kostenstelle
- ❑ Liefertermin
- ❑ Menge
- ❑ Zahlungsbedingungen
- ❑ Rabatte
- ❑ Gewährleistung und Garantien
- ❑ Verpackungs- und Transportvorschriften
- ❑ Lieferbedingungen, Incoterms 2000
- ❑ Bemusterung und Freigabe
- ❑ Geheimhaltung

Checkliste Bedarfsanforderungen/Anfrageunterlagen (Fortsetzung)

Unternehmensspezifische Anforderungen ❏ Für den Lieferanten zu beachtende interne Richtlinien ❏ Anforderungen gemäß ISO 14000/9000 ff. oder TS 16949 ❏ Einzuhaltende allgemeingültige Normen wie beispielsweise DIN, VOB, UVV, VDE ❏ Interne Sicherheitsbestimmungen (Schutzausrüstung, Sicherheitskleidung) ❏ Verfahrensanweisungen

Hinweis: Incoterms (International Commercial Terms) sind international anerkannte Handelsbedingungen im Außenhandel. Durch die Incoterms werden die Käufer- und Verkäuferpflichten insbesondere bei grenzüberschreitendem Geschäften geregelt. So wird beispielsweise geregelt, wer den Transport organisiert, also die Waren- und Transportdokumente beschafft, sowie Zollkosten trägt. Weiter wird durch die Incoterms festgelegt, wer die Kosten für den Transport, die Verpackung und im Falle eines Verlustes die Risiken trägt. Detaillierte Informationen finden sie unter *http://www.icc-deutschland.de*

Sind alle Aspekte erfüllt, werden nun realistische Liefertermine vorgegeben, da kurzfristige Lieferungen oftmals Mehrkosten verursachen. Hier ist der Bedarfsträger gefordert, rechtzeitig die Anforderung zu generieren. Der Einkäufer wird zudem die Stückzahlen möglichst hoch ansetzen, um so Rabatte durch entsprechende Mengen auszuhandeln. Hilfreich ist hier ein gewisses Maß an Standardisierung. Je weniger Einzel- und Sonderteile und je mehr einheitliche Komponenten benötigt werden, umso günstiger wird der Einkauf. Deshalb werden in der Praxis oft gemeinsam mit technischen Abteilungen Standardisierungsprojekte durchgeführt, bei denen Spezifikationen auf ihr Standardisierungspotenzial hin untersucht werden.

Ein solches Vorgehen senkt den Aufwand und spart Kosten. Je besser und konsequenter der Einkauf hier arbeitet, umso höher wird der Gewinn sein, den das Unternehmen erwirtschaften kann – und darum geht es schließlich.

2.3 Den richtigen Lieferanten finden – Marktrecherche

Die zweite gute Basiseigenschaft eines guten Einkäufers ist die richtige Lieferantenwahl. Aufgrund der hohen Wettbewerbssituation ist es nicht immer ratsam, auf bewährte Lieferanten zurückzugreifen. Neue Anforderungen oder auch Material für neue Produkte sind ein guter Ansatz, um Gewohnheiten infrage zu stellen. Wichtig ist dabei, den Markt immer im Auge zu behalten, also stets zu wissen, wo das Unternehmen günstig einkaufen kann.

Bei der Wahl des passenden Lieferanten müssen zum Teil Abrufverträge, Mengenkontrakte oder Rahmenverträge berücksichtigt werden. Kann oder will der Einkäufer nicht auf bewährte Stammlieferanten zurückgreifen, muss auf dem Beschaffungsmarkt recherchiert werden, um einen oder mehrere passende Lieferanten zu identifizieren. Vor allem bei Ausschreibungen sollten mehrere potenzielle Lieferanten definiert werden.

Dazu kann der Einkäufer beispielsweise
- in Branchenzeitschriften nach Lieferanten suchen,
- sich bestehender Lieferantendatenbanken wie „Wer liefert Was?", bedienen,
- im Internet recherchieren,
- Messen und Events besuchen, auch um sich dort mit anderen Einkäufern auszutauschen.

Bei standardisierten, nicht-kritischen Produkten reichen diese Informationsquellen in der Regel aus. Anders ist es bei komplexen Produkten oder Dienstleistungen. Um eine Ausschreibung sinnvoll vorzubereiten, sind weitere Informationen über die Lieferanten gefragt.

Optimalerweise wird der Einkäufer sehr früh in die Planung eines neuen Produktes mit einbezogen. Er kann sich dann bereits innerhalb der Planungsphase einen Überblick darüber verschaffen, was für die Herstellung gebraucht wird und welche Produkte welcher Lieferant anbietet. Auch die infrage kommenden Märkte können bereits definiert werden. Die ermittelten Informationen werden dann mit den ins Projekt eingebundenen Fachabteilungen besprochen und fließen gegebenenfalls in die Ausschreibungsphase ein. Ziel ist es, potenzielle Lieferanten zu identifizieren, die nach Kosten- und Leistungsgesichtspunkten für das Projekt eine optimale Lösung darstellen.

Wird der Einkäufer zu spät in die Planung eingebunden, haben sich die technischen Abteilungen vielleicht schon auf eine Lösung oder auch auf einen Lieferanten festgelegt. Damit ist das Potenzial, das der Einkauf durch eine geschickte Beschaffungsmarktrecherche in den Prozess hätte einbringen können, verschenkt.

Ausgehend vom Idealfall – der frühen Einbeziehung des Einkaufs – können für die Lieferantenentscheidung folgende Informationen von Bedeutung sein:

Märkte	Lieferanten
• Marktstruktur beispielsweise nach Regionen, Lieferantentypen • Verteilung des Marktvolumens auf verschiedene Lieferanten • Konkurrenzsituation bei den Lieferanten • Konkurrenzsituation bei Nachfragern (beispielsweise bei knappen Rohstoffen) • Marktentwicklung • Einfluss saisonaler Schwankungen	• Allgemeine Unternehmensinformationen • Finanzielle Situation/Bonität • Referenzen, Erfahrung • Unternehmenskultur • Produktbezogene Daten (beispielsweise Anteil des nachgefragten Produktes am Gesamtumsatz) • Flexibilität bei Mengen- und Terminänderungen • Kundenorientierung • Serviceorientierung, -möglichkeiten • Qualitätsmanagement • Zukünftiges Potenzial des Lieferanten

Produkte	Preise
• Produkteigenschaften • Herstellungsabläufe • Alternativ- oder Substitutionsprodukte • Kenntnis des eigenen Produktionsablaufes, geplanter Einsatz des Produktes	• Preisvergleich-Übersicht • Preisentwicklung • Preisabhängigkeiten (beispielsweise von Rohstoffen) • Preiszusammensetzung

Leider gibt es kein großes Nachschlagewerk, in dem alle Informationen gut sortiert aufbereitet sind. Deshalb ist bei der Marktrecherche ein gewisses Maß an Kreativität gefordert. Genutzt werden können dazu verschiedene Wege und Quellen (siehe Tabelle auf der folgenden Seite).

Eine unverzichtbare Rolle bei der Recherche spielt das Internet. Fast alle genannten Informationsquellen sind mittlerweile über das Internet zugänglich – wenn man weiß, wo man im Wirrwarr der Informationen suchen muss. Da die Darstellung der Möglichkeiten einer strukturierten Recherche hier zu weit führen würde, erläutere ich dieses Thema in Kapitel 3 ausführlich.

Veröffentlichungen und allgemein zugängliche Informationen	Direkte Informationen vom Lieferanten	Eigene Recherche
• Börsen- und Marktberichte • Fachzeitschriften • Tageszeitungen und Online-Informationsdienste • Adressbücher, Branchenbücher und Bezugsquellen-Verzeichnisse • Offizielle Statistiken und Verbandsstatistiken • Auskünfte von Banken, Wirtschaftsverbänden, Industrie- und Handelskammern, Botschaften, Konsulaten, Preisagenturen • Auskünfte von Marktforschungsinstituten	• Lieferantenkataloge • Preislisten • Prospekte und sonstiges Werbematerial • Geschäftsberichte • Hauszeitschriften von Lieferanten	• Messen und Ausstellungen • Kontakte mit Verkäufern • Lieferantenbesuche und Betriebsbesichtigungen • Erfahrungsaustausch mit Fachkollegen anderer Unternehmen und den Lieferanten • Kostenlose Probelieferungen • Lieferantenbefragungen • Innerbetriebliche Quellen: Datenbanken, Techniker, Verkauf

2.4 Der erste Kontakt

Nachdem potenzielle Lieferanten definiert wurden, nehmen Sie mit diesen Kontakt auf und holen in der Regel zunächst nähere Informationen über das Unternehmen ein. Meist geschieht das in Form eines Fragebogens, den der Lieferant mit der Bitte um Beantwortung erhält. Anhand der Auskünfte können Sie nun entscheiden, ob eine Zusammenarbeit infrage kommt und die weiteren Schritte definieren. Beispielsweise können Sie den Lieferanten besuchen, um sich vor Ort ein Bild zu machen.

Um den Aufwand für alle Beteiligten so gering wie möglich zu halten, bieten sich Checklisten für eine Selbstauskunft durch den Lieferanten an. Sie können ihm den Fragebogen entweder zuschicken oder ihn zentral auf Ihrer Einkaufs-Homepage, soweit vorhanden, zum Download zur Verfügung stellen.

Checkliste für einen Lieferantenfragebogen

Kontaktdaten
- ❑ Name
- ❑ Anschrift
- ❑ Telefon, Telefax
- ❑ E-Mail
- ❑ Internet
- ❑ Ansprechpartner für Erstkontakt
- ❑ Steuernummer

Organisation
- ❑ Vorsitzender des Vorstands
- ❑ Geschäftsführung
- ❑ Mitglieder/Zusammensetzung des Führungskreises
- ❑ Organigramm

Finanzen und Besitzverhältnisse
- ❑ Muttergesellschaft (Name, Anschrift, Besitzverhältnisse)
- ❑ Eigentümer
- ❑ Bewertung von Dun & Bradstreet (Finanzauskunftei)
- ❑ Verfügbare Bilanzabschlüsse
- ❑ Geschäftsübersicht
- ❑ Jahresumsatz der letzten drei Jahre

Produktionseinrichtungen und Kapazitäten
- ❑ Größe der Betriebsstätte
- ❑ Gesamtfläche
- ❑ Bürofläche

Checkliste für einen Lieferantenfragebogen (Fortsetzung)

Produktionseinrichtungen und Kapazitäten
- ❏ Lagerfläche
- ❏ Arbeitsfläche überdacht und offen
- ❏ Krane (Anzahl, Tragfähigkeit, Hakenhöhe)
- ❏ Produktionskapazität des Betriebes
- ❏ Gegenwärtige Kapazitätsauslastung
- ❏ Arbeitsplan für die Produktion (Arbeitsstunden, Schichten/Tag, Tag/Woche)
- ❏ Hergestellte Produkte mit Angaben zur monatlichen Produktion
- ❏ maximal bearbeitbare Abmessungen
- ❏ eingesetztes Fertigungsverfahren bei der Herstellung der Produkte
- ❏ eingesetzte geschützte Technologieverfahren
- ❏ interne Möglichkeiten zur Werkstoffprüfung

Logistik
- ❏ Verwendetes System zur Planung und Steuerung des Materialflusses
- ❏ Nutzung von Barcode
- ❏ Einsatz von RFID (Radio Freqency Identification)
- ❏ Verwendung von Kanban
- ❏ Elektronische Informationsübertragung
- ❏ Tracking & Tracing
- ❏ Abladenmöglichkeiten (maximale Größe)
- ❏ Anbindung an Lkw, Bahn, Schiff

Referenzen
- ❏ Angaben zu wichtigsten Kunden mit jeweils gelieferten Produkten

Qualitätsmanagementsysteme
- ❏ Zertifizierungen nach der Normenreihe ISO 9000 ff.
- ❏ Zertifizierungen nach anderen Qualitätsmanagementsystemen
- ❏ Zeitpunkt der Zertifizierung beziehungsweise Re-Zertifizierung
- ❏ Falls keine Zertifizierung: Verfügen Sie über ein dokumentiertes internes Qualitätsmanagementsystem?
- ❏ Liegt ein Qualitätshandbuch vor?

Checkliste für einen Lieferantenfragebogen (Fortsetzung)
Qualitätsmanagementsysteme ❏ Soll ein Qualitätsmanagementsystem nach ISO 9000 ff. eingeführt werden? Wann? ❏ Arbeiten Sie mit Qualitätsmanagement-Verfahren wie beispielsweise Six-Sigma? ❏ Sind Kundenreklamationen erfasst? ❏ Werden diese systematisch bearbeitet? ❏ Arbeiten Sie mit Problemlösungsverfahren wie 8D-Reports?

Gewichten Sie die Antworten nach ihrer Relevanz für den Auftrag und die Anforderungen und nehmen Sie nun eine Vorauswahl möglicher Lieferanten vor. In der Regel dürften die Lieferanten für eine Zusammenarbeit infrage kommen, die zum einen die definierten Grundvoraussetzungen erfüllen und nicht an K.o.-Kriterien wie beispielsweise einer zu geringen Produktionskapazität oder einer fehlenden Zertifizierung nach ISO 9000 ff. scheitern. Diesen Lieferanten können Sie nun Ihre Anfragen schicken.

2.5 Angebote einholen – Richtig anfragen

Gerade bei komplexen Anfragen brauchen Lieferanten für die genaue Angebotserstellung entsprechende Unterlagen. Welche Informationen diese enthalten, schwankt natürlich von Anfrage zu Anfrage. Die Standardantwort der Einkäufer auf die Frage, welche Informationen sie verschicken, ist oft „technische Unterlagen". Leider ist das Basismaterial, mit dem die Lieferanten arbeiten sollen, oft genauso schwammig. Machen Sie sich Ihre, aber auch die Aufgabe des Lieferanten klar: Es geht neben der Versorgung der Produktion mit Material auch darum, Preise und Kosten zu optimieren. Dies wird jedoch nur gelingen, wenn Sie bereits in der Anfragephase sehr sorgfältig arbeiten. Besonders wichtig ist, dass dem Lieferanten eindeutig kommuniziert wird, welche Anforderungen und welcher Bedarf vorhanden sind. Beschreiben oder spezifizieren Sie benötigte Qualitäten und Mengen so präzise wie möglich.

> **Praxistipp**
>
> Nur eine sorgfältig ausgearbeitete Anfrage bringt passende Angebote, mit denen Sie später arbeiten können.

Wer Lieferanten bei Anfragen unvollständige oder unbrauchbare Unterlagen zur Verfügung stellt, bekommt unbrauchbare oder unvollständige Angebote. Dies kostet Ihre Zeit sowie die des Lieferanten und schadet zudem intern und extern dem Ansehen des Einkaufs! Sie verärgern die Fachabteilungen, statt die Position des Einkaufs in Ihrem Unternehmen zu stärken. Ganz zu schweigen von der Außenwirkung, die Sie bei den Lieferanten hinterlassen. Denken Sie immer daran, dass Sie mit allen Handlungen und Äußerungen Ihr Unternehmen repräsentieren.

Für Lieferanten bedeuten unprofessionelle Anfragen viel Aufwand. Gerade bei komplexen Anfragen ist ein gutes, maßgeschneidertes Angebot nur schwer und mit viel Akribie zu erstellen. Oft sind Rückfragen notwendig, bei denen der potenzielle Geschäftspartner erst einmal mühselig herausfinden muss, wer eigentlich Auskunft geben kann. Der Eindruck, den dies hinterlässt, ist klar: Beim potenziellen Auftraggeber arbeiten schlecht ausgebildete oder schlicht überlastete Einkäufer. Der Verkäufer wird nun erst recht versuchen, einen möglichst hohen Preis herauszuschlagen.

Nutzen Sie deshalb das Wissen der Fachabteilungen, um Ihre Anfragen so genau wie möglich zu stellen. Konkrete Fragen wird jeder richtig einordnen können. So erhalten Sie gute Angebote und geben weder den eigenen Kollegen aus der Fachabteilung noch dem Verkäufer das Gefühl, dass Sie keine Ahnung haben!

Was also gehört zu einer professionellen Anfrage? Sicherlich muss unterschieden werden, was Sie anfragen. Bei Standard- oder Katalogware reicht es aus, auf Basis einer Standardspezifikation oder einer Katalognummer einen Preis anzufragen. Weicht der Bedarf vom Standard ab, müssen weitere Punkte berücksichtigt werden.

Diese können Sie genau spezifizieren und Ihrer Anfrage beilegen, wie in folgendem Beispiel:

3C Competence Corporation Cologne AG, Parkallee 111, 55555 Köln

Lieferant Müller GmbH
Schlossweg 222
22222 Hamburg

Köln, den 10.06.2009

Anfrage

Wir bitten um Ihr verbindliches Angebot bis zum 19.06.2009 für die nachstehend aufgeführten Produkte.

- 5000 Stück Hydraulikventile, gemäß beiliegender Spezifikation xy-123
- 2500 Stück Elektronische Ventilsteuerungen, gem. beiliegender Spez. vw-456
- 2500 Stück Pneumatikzylinder, gem. beiliegender Spez. abc-789

Die angegebenen Mengen sind Jahresbedarfe und sollen nach Bedarf abgerufen werden.

Wir erwarten Ihren äußersten Preis auf Basis Lieferung frei Haus, einschließlich Verpackung bei 3%, 60 Tage netto.
Bitte geben Sie Ihren Preis auch optional für Lieferung ab Werk Lieferant Müller, Hamburg exclusive Verpackung an.
Bitte bieten Sie uns Ihre kürzeste verbindliche Lieferzeit an. Ebenfalls erwarten wir Angaben über Garantien, zusätzlich zur gesetzlichen Gewährleistung.

Angebote, die verspätet eingehen oder nicht auf Grundlage unserer allgemeinen Einkaufsbedingungen (siehe Rückseite) erstellt werden, können nicht berücksichtigt werden.

Mit freundlichen Grüßen
3C Competence Corporation Cologne AG

Jörg Pfützenreuter

Kostensenkung

Falls Sie mit einer kostengünstigeren Funktionslösung unsere technischen Forderungen erfüllen können, bitten wir um Ihren Vorschlag. Informieren Sie uns bitte auch, wenn andere Mengen zu Kostensenkungen führen.

Abbildung 6: Beispiel für eine professionelle, den Bedarf beschreibende Lieferantenanfrage

> **Tipp**
>
> Archivieren Sie Ihre Anfragen und die erhaltenen Angebote. So entsteht im Laufe der Zeit eine Vorlagendatei für die wichtigsten Bedarfe. Das spart jede Menge Zeit und vermeidet Fehler bei neuen Anfragen.

Aussagefähige Anfrageunterlagen

Damit der potenzielle Lieferant ein entsprechendes Angebot abgeben kann, muss klar beschrieben werden, was Ihre Fachabteilungen wirklich benötigen. Darüber hinaus sollte angegeben werden, unter welchen weiteren Rahmenbedingungen der Lieferant den Preis kalkulieren soll. Je besser hier die Anfrageunterlagen sind, desto einfacher machen Sie es dem Lieferanten, ein gutes Angebot für den tatsächlichen Bedarf zu erstellen – und umso weniger Arbeit haben Sie später. Stellen Sie dem Lieferanten deshalb folgende Informationen zur Verfügung:

- Technische Anforderungen in Form von Spezifikationen, Datenblättern, Zeichnungen
- Bestell-Bedingungen: Organisatorische, kaufmännische und logistische Anforderungen wie Verpackungsart, Zahlungsbedingungen, Lieferkonditionen
- Spezifische Anforderungen: Sicherheitsbestimmungen, Verfahrensanweisungen, Vertraulichkeit, einzuhaltende Normen (DIN, VOB, VDE)

An dieser Stelle möchte ich Sie auf die Checkliste in Kapitel 2.2 zur Vollständigkeitsprüfung von Bedarfsanforderungen verweisen. Die können Sie an dieser Stelle genau so zur Prüfung der Anfrageunterlagen verwenden.

Art der Anfrage

Generell ist eine Ausschreibung ein Aufruf zur Beteiligung an einem Wettbewerb um einen Auftrag. Es gibt zwei Varianten der Ausschreibung:

RFI (Request for Information): Die abgegebenen Angebote sind unverbindlich. Diese Ausschreibung eignet sich besonders zur ersten Sondierung des Marktes und dient dazu, den Kreis der Lieferanten, die später konkret angefragt werden sollen, einzuschränken. Der Aufwand für den Lieferanten hält sich dabei in Grenzen: Es werden beispielsweise Informationen zu K.o.-Kriterien abgefragt, anhand derer man schnell sieht, ob der Lieferant generell infrage kommt.

RFP (Request for Proposal): Ausschreibung im üblichen Sinn. Die abgebenen Angebote sind verbindlich. Diese Spielart ist dann angebracht, wenn der Einkäufer genaue Vorstellungen hat, was er erwartet. Der Lieferant gibt anhand der Anfrageunterlagen ein detailliertes Angebot ab.

Der Einkäufer ist jedoch in keinem Fall verpflichtet, eines der Angebote anzunehmen.

Streuung der Anfrage

Jeder Einkäufer weiß, wie aufwendig die Bearbeitung einer umfangreichen Anfrage für den Lieferanten ist. Aber auch die Auswertung der Angebote in einem qualifizierten Angebotsvergleich nimmt – diesmal auf Seiten des Einkaufs – Zeit in Anspruch. Sowohl für den Lieferanten als auch für den Einkäufer müssen Aufwand und Ergebnis in einem vertretbaren Verhältnis zueinander stehen. Überlegen Sie sich deshalb, auch aus Gründen der Fairness den Lieferanten gegenüber, wie weit Sie die Anfrage streuen wollen. Dabei spielt auch die Frage eine Rolle, wie viele Angebote zur Marktevaluierung benötigt werden.

Lieferanten, die immer wieder zur Angebotsabgabe aufgefordert werden, aber nie den Auftrag erhalten, können den Eindruck gewinnen, ausschließlich zum „Preis-Treiben" eingesetzt zu werden. Im schlimmsten Fall bekommt er von Ihnen nicht mal eine Rückmeldung. Unter Umständen geben Lieferanten irgendwann kein Angebot mehr ab oder bearbeiten die Anfragen nicht mehr entsprechend gründlich.

Das Vorgehen will also wohlüberlegt sein. An folgendem Beispiel soll deutlich gemacht werden, wie der Aufwand in verschiedenen Phasen der zu erzielenden Wirkung angepasst werden kann. Anschaulich wird an diesem Projektbeispiel auch, wie verschiedene Unternehmensbereiche zusammenarbeiten müssen, um entsprechende Potenziale zu erzielen:

Beispiel: Beschaffung von Drehteilen bei einem Pumpenhersteller
Das Beispiel-Unternehmen ist Hersteller von Pumpen für Ölschmierungen. Der Umsatz beträgt circa 85 Millionen Euro pro Jahr, das Einkaufsvolumen für Zulieferteile liegt in einer Größenordnung von 35 Millionen Euro. Eingekauft werden unter anderem Drehteile als wichtige Bauteile für die Pumpen. Da man erkannt hat, dass die Drehteile eine strategische Rolle im Einkauf spielen, wollte man ganz genau wissen, welche Einsparungen hier möglich sind. Also sollte das Thema Drehteil-Beschaffung strukturiert und professionell in einem Projekt bearbeitet werden.

Ziel war es, die Kosten zu senken, Einsparpotenziale zu identifizieren und zu realisieren, sowie die Zahl der Lieferanten zu reduzieren. Dazu wurde die bisherige Situation durch Warengruppenteams überprüft und die aktuellen Geschäftsbeziehungen mit alternativen, global positionierten Lieferquellen verglichen.

Die Ist-Situation in der Warengruppe „Drehteile" zeigte ein jährliches Einkaufsvolumen von rund einer Million Euro mit circa 170 Teilepositionen, die an 16 Lieferanten vergeben wurden.

Gleichzeitig wurden die einzelnen Teile selber einer Wertanalyse unterzogen, um mögliche kostensenkende technische Änderungen zu identifizieren. Dabei wurden Ansatzpunkte wie fertigungsgerechtere Konstruktion, einfacher zu bearbeitende Werkstoffe und überzogene Toleranzanforderungen geprüft. So gab es beispielsweise Teile, die aus einem Baustahl konstruiert waren und problemlos auf einen zerspanungsgerechteren und günstigeren Automatenstahl umgestellt werden konnten.

Hier haben technische Abteilungen, Qualität und Einkauf teilweise sehr kontrovers, aber auch konstruktiv diskutiert. So konnte schon ein erhebliches Kostensenkungspotenzial erschlossen werden. Bei vielen Fragen, beispiels-

weise nach der Einsparung durch Entfeinerung von Toleranzen, konnten Lieferanten mit ihrem Fertigungs-Know-how dem Team weiterhelfen.

Es wurden nun repräsentative Teile ausgewählt, die man europaweit bei circa 300 Lieferanten aus verschiedenen Ländern angefragt hatte. Die Anbieter wurden offen über die weitere Vorgehensweise für das Projekt informiert. So hatten die Anbieter einen guten Informationsstand und konnten mit vertretbarem Aufwand ihr Preisniveau darstellen. Die Vorteile dieser Vorgehensweise in zwei Phasen: Die vielen Lieferanten müssen nicht alle 170 Teile kalkulieren, der Einkauf muss nicht unverhältnismäßig viel Aufwand in den Angebotsvergleich stecken – dafür kann die Marktbearbeitung breit gefächert in allen europäischen Beschaffungsmärkten erfolgen. Nach einer Zeit von etwa fünf Wochen, in denen Rückfragen der Lieferanten geklärt wurden, lagen circa 105 Angebote für die erste Anfrage vor.

Nun wurden die leistungsfähigsten Anbieter für die Komplett-Ausschreibung mit dem Gesamtbedarf ausgewählt. Diese rund zehn Lieferanten erhielten nun die Anfrage mit dem gesamten Teilespektrum. Nach zehn Arbeitswochen lagen für jedes Drehteil fünf bis zehn konkrete Angebote vor. Eine erste Verhandlungsrunde wurde genutzt, um offene Fragen zu klären und den einen oder anderen Preis noch zu optimieren.

Nun galt es, aus allen vorliegenden Teilepreisen sinnvolle Pakete zu schnüren. Das sogenannte Best-Price-Szenario zeigte die maximal mögliche Einsparung, wenn jedes Teil zum günstigsten Preis gekauft werden würde. Doch man wollte ja nicht mit allen Lieferanten zusammenarbeiten, nur weil jeder ein einzelnes Teil am günstigsten angeboten hatte. Man entschied, insgesamt fünf Lieferanten auszuwählen, die jeweils die Teile lieferten, die bei diesen Zulieferern am günstigsten produziert werden konnten.

Die Menge der abgefragten Informationen, die Tiefe der Prüfung, die Streuung über verschiedene Märkte und damit die investierte Zeit ist abhängig von dem Beschaffungsvolumen, der Wahrscheinlichkeit von Wiederholungskäufen sowie dem Zeitraum und der Intensität der angestrebten Zusammenarbeit.

Wichtig ist es, den Anbieter nicht durch unnötige Angaben und Vorschriften einzuschränken, damit dieser sein spezielles Know-how zur Erarbeitung einer technisch und kommerziell optimalen Lösung einbringen kann. Der Bedarf soll präzise beschrieben werden, aber immer unter Berücksichtigung des Prinzips: ... *nur so genau wie nötig und so offen wie möglich.*

Verwenden Sie neutrale Bezeichnungen statt Markennamen, also beispielsweise Druckluftzylinder statt „Festo"-Druckluftzylinder. Eine Vorgabe kann hier beispielsweise bei der Vermeidung von Teile- und Typenvielfalt Sinn machen (Ersatzteilbevorratung, Lieferantenvorzugslisten).

> **Praxistipp**
>
> Der Hinweis, dass sich ergänzende oder alternative Vorschläge zur Vermeidung von Kosten positiv im Angebotsvergleich niederschlagen können, hat sich in der Praxis bewährt. Verbieten Sie Ihrem Lieferanten nicht das Denken, sondern fordern Sie ihn dazu auf.

Vorabüberlegungen zum Angebotsvergleich

Die Qualität der eingehenden Angebote, die Vollständigkeit der Informationen und damit auch der angebotenen Lösungen hängt von der Qualität der Ausschreibung ab. In dieser Ausschreibungsphase sollten also bereits Vorabüberlegungen zum Angebotsvergleich eingehen, damit sich wirklich die benötigten Informationen in der benötigten Form im Angebot befinden.

Stellen Sie Ihrem Lieferanten Listen zum Ausfüllen, beispielsweise für die technische Merkmale oder die detaillierte Preiszusammensetzung, zur Verfügung. Im optimalen Fall können Sie diese Listen von verschiedenen Anbietern elektronisch nebeneinander kopieren und haben schnell einen übersichtlichen Angebotsvergleich zur Verfügung.

2.6 Angebote professionell vergleichen

Die angeforderten Angebote werden nun unter Kosten-Nutzen-Gesichtspunkten überprüft und ausgewertet.

> **Tipp**
>
> Wichtig ist, vor der Auswertung die Vergleichbarkeit und Vollständigkeit der Angebote sicherzustellen. Achten Sie darauf, ob die Anbieter sich bei der Erstellung der Angebote an den Ausschreibungsunterlagen orientiert haben. Sortieren Sie Angebote aus, die den Anforderungen nicht genügen. Beispielsweise, weil sie nicht vollständig sind. So können Sie sich eine Menge Arbeit beim Angebotsvergleich sparen.

Ein weiterer wichtiger, oft nicht berücksichtigter Aspekt ist die fristgerechte Einreichung der Angebote. Gerade bei öffentlichen Ausschreibungen kann ein verspätet eingegangenes Angebot nicht mehr in den Vergleich eingehen. Aber auch viele Einkäufer aus Industrieunternehmen berücksichtigen keine Angebote, die nach der Frist eingereicht werden, oder werten die Verspätung im Angebotsvergleich negativ.

Eine Verspätung bereits bei Angebotseinreichung kann ein Indikator für bevorstehende Probleme im weiteren Verlauf des Projektes sein. Wer nicht in der Lage ist, ein Angebot pünktlich zu bearbeiten, wird vielleicht auch nicht in der Lage sein, eine komplexe Dienstleistung zu planen und zu erbringen oder ein kompliziertes Konstruktionsteil zu bauen.

Preisvergleich

Die einfachste Form des Angebotsvergleiches ist der Preisvergleich. Die folgende Abbildung zeigt einen solchen Vergleich für die Beschaffung von Computernetzteilen. Meine Empfehlung ist: Machen Sie sich gerade bei komplexeren Anfragen eine Übersicht. Das kostet nicht viel Zeit und Sie können wichtige Aspekte, die beim einfachen Lesen der Angebote schnell übersehen werden, leichter feststellen.

Bei einfachen und standardisierten Teilen reicht so ein einfacher Preisvergleich meist aus.

Bedarf: Basis: 3.500 St./Jahr	Meyer GmbH		Müller AG		Schmitz GmbH & Co KG	
	Einzel	Summe	Einzel	Summe	Einzel	Summe
Stück Stückpreis	3.500 69,50	243.250,00	3.500 63,50	222.250,00	1–100 60,00	6.000,00
Stück Stückpreis					101–200 58,00	5.800,00
Stück Stückpreis					201–3.500 56,00	184.800,00
Zwischensumme A – Listenpreis	69,50	243.250,00	63,50	222.250,00	57,03	199.600,00
Lieferrabatt	20 %	48.650,00	18 %	40.005,00	14 %	27.944,00
Zwischensumme B – Ziel-EK	55,60	194.600,00	52,07	182.245,00	49,04	171.656,00
Fracht	0,20	700,00	0,22	770,00	0,24	840,00
Verpackung	0,34	1.200,00	0,40	1.400,00	0,34	1.200,00
Zwischensumme C – zzgl. Bezugskosten	56,14	196.500,00	52,69	184.415,00	49,63	173.696,00
Mwst. 19 %		37.335,00		35.038,85		33.002,24
Zwischensumme D – Rechnungsbetrag	66,81	233.835,00	62,70	219.453,85	59,06	206.698,24
Skonto 3 %/30 Tage		7.015,05		6.583,62		6.200,95
Gesamtsumme	64,81	226.819,95	60,82	212.870,23	57,28	200.497,29
Rang	3		2		1	

Abbildung 7: Übersicht Preisvergleich

Im obigen Beispiel hat ein Lieferant eine Preisstaffel nach Lernkurven-Prinzip abgegeben. Die Preise werden allerdings nicht einer tiefergehenden Preisstrukturanalyse unterzogen, wie in Abbildung 9 dargestellt.

Nachfolgend ein einfaches Kalkulationsschema für die Ermittlung von Preisen, das sich in der Praxis bewährt hat:

		Angebotspreis
Bedarfsmengenkosten	+	Mindermengenzuschlag
	./.	Bonus
	./.	Rabatt
Bezugskosten	+	Verpackung
	+	Transport
	+	Versicherung
	+	Montage
	+	Zertifikate, Zeugnisse
	+	Zölle
	+	…
Rechnungskosten	+	Mehrwertsteuer
	=	Rechnungsbetrag
Zahlungskosten	./.	Skonto
	=	**Einstandspreis**

Abbildung 8: Kalkulationsschema für einen Vergleich der Einstandspreise

> **Tipp**
>
> Wenn Sie sich selber Arbeit sparen möchten, können Sie dem Lieferanten die obige Preisvergleichstabelle, beispielsweise als Excel-Liste, zusammen mit der Anfrage schicken. Fordern Sie ihn auf, seine Angebotsdaten in die Tabelle einzutragen. Kopieren Sie die Daten der Lieferanten später in eine Excel-Gesamt-Übersicht.

Bei komplexeren Produkten macht es Sinn, den eigentlichen Preis in seine Bestandteile aufzugliedern, um nicht nur einen Endpreis zu vergleichen. Verstehen Sie, wie der Preis zustande kommt, können Sie Preise tatsächlich bewerten und vermeiden, dass Sie nur den besten unter lauter schlechten Preisen finden und aus Unkenntnis zuviel bezahlen. Können Sie verschiedene Lieferantenkalkulationen gegenüberzustellen, finden Sie zudem leichter Ansatzpunkte für Preisverhandlungen und Möglichkeiten, Preise zu optimieren.

Nachfolgendes Beispiel zeigt die Aufschlüsselung des Preises für ein einfaches Bauteil, in diesem Fall einen Fahrradscheinwerfer. Das Bauteil wird dafür in seine Bestandteile oder Komponenten zerlegt. Der Einkäufer kann damit auch bewerten, wie der Listenpreis zustande kommt (siehe Abbildung 9).

Wenn Sie nun noch genauer nachvollziehen wollen, wie sich Preise der einzelnen Positionen aus Material, Fertigungslohn-, Maschinen- und Montagekosten zusammensetzen, und welche weiteren Kosten ein Lieferant kalkulieren muss, müssen Sie in das betriebliche Rechnungswesen einsteigen. Hier hilft beispielsweise die Zuschlagskalkulation wie sie in Kapitel 2.7 beschrieben wird.

Die Ziele des Angebotsvergleichs gehen hier über die reine Auswahl eines Lieferanten hinaus:

- Aufgliederung des Preises in seine Bestandteile (Preisstrukturanalyse)
- Identifizieren von Möglichkeiten zur Optimierung der Preisstruktur (beispielsweise Wertanalyse)

Bauteil	Lieferant 1		Lieferant 2	
	Gesamtkosten in Euro	Anteil in %	Gesamtkosten in Euro	Anteil in %
Außenhülle/Gehäuse	2,85	25	2,44	23
Reflektorspiegel	1,80	16	1,92	18
Glühlampe	0,80	7	0,90	8
Verbindungsanschluss	0,90	8	0,88	8
Scheibe	1,45	13	1,35	13
div. Kabel	0,40	4	0,38	4
div. Verbindungselemente	0,65	6	0,58	5
Kabeldurchführungen	0,35	3	0,44	4
Kabelbefestigungen	0,23	2	0,24	2
Feder	0,65	6	0,63	6
Design/Aufkleber	1,20	11	0,98	9
Verkaufspreis/Listenpreis	**11,28**	**100**	**10,74**	**100**

Abbildung 9: Preisstrukturanalyse

- Bilden eines imaginären „Super-suppliers" durch Zusammenstellung der besten Lösungen, Leistungen und Preise
- Entwickeln von Zielvorstellungen (Was ist möglich? Wie lösen andere bestimmte Probleme? Wer kalkuliert am günstigsten?)
- Vorbereitung der Vergabeverhandlung
- Ermitteln offener Punkte mit Klärungsbedarf, beispielsweise durch einen Lieferantenbesuch.

Mehrfaktorenvergleich

Bei wichtigen Vergabeentscheidungen reicht eine ausschließliche Betrachtung des Preises allerdings nicht aus und wäre aus kommerzieller Sicht sogar fahrlässig.

Eine qualifizierte Entscheidung kann hier nur ein Mehrfaktorenvergleich bringen. Dieser berücksichtigt neben der Preisbetrachtung zusätzliche Faktoren, die es zu bedenken gilt. Dazu gehören technische, kommerzielle, juristische, leistungs- und risikobestimmende Aspekte.

Die folgende Übersicht (siehe Abbildung 10) zeigt Faktoren auf, die in einen derartigen Angebotsvergleich eingehen können. Dabei handelt es sich um produktbezogene, lieferantenbezogene und situationsbezogene Faktoren.

Welche dieser Faktoren für die Entscheidung herangezogen werden, wird meist abteilungsübergreifend in einem cross-funktionalen Team abgestimmt. Ebenso findet die Angebotsauswertung in der Praxis häufig in einem Team statt, in dem das benötigte Fachwissen zur inhaltlichen Beurteilung repräsentiert ist. So bewerten Techniker technische Aspekte, da der Einkäufer hier oft nicht das nötige Wissen hat. Die Einkäufer haben das Fachwissen, um kommerzielle, juristische oder strategische Fragen bei der Auswahl eines Lieferanten zu beantworten.

Meist sind die zu berücksichtigenden Faktoren für Ihre Entscheidung von unterschiedlicher Bedeutung. Beispielsweise wird der Preis bei Ihrer Entscheidung stärker ins Gewicht fallen als der Standort des Lieferanten. Auch

Produkt	Lieferant	Situative Aspekte
Garantien/ Gewährleistungen	Kapazität	Auslastung
Qualität	Standort	Lieferzeit
Zuverlässigkeit	Kommunikationsverhalten	Potenzial für Preisverhandlung
Technische Merkmale/ Besonderheiten	Lieferzuverlässigkeit	Konjunkturelle Situation der Branche
Leistungsdaten/ Verbrauchsdaten	Erfahrung	Eigene Marktmacht vs. Lieferant
Herstellungsprozess	Know-how, F+E	...
Wartung und Service	Referenzen	
Einstandspreis	Technischer Support	
Zahlungsbedingungen	Servicenetz	
Folgekosten	Schulungsmöglichkeiten	
Standard/ Neuentwicklung	Ersatzteilbevorratung	
Wiederverkaufswert	Finanzielle Lage	
...	Projektmanagement	
	Gegengeschäfte	
	...	

Abbildung 10: Mögliche Einflussgrößen für einen Mehrfaktorenvergleich

hier muss eine Abstimmung darüber erfolgen, welcher Faktor beim Angebotsvergleich wie wichtig ist.

Wie geht man nun aber vor? Um alle für die Entscheidungsfindung wichtigen Aspekte mit der entsprechenden Gewichtung zu berücksichtigen, werden bei der Auswertung der Angebote entsprechende Methoden und Verfahren angewendet, wie beispielsweise der gewichtete Angebotsvergleich oder die Nutzwertanalyse. Abbildung 11 auf der folgenden Seite zeigt ein Beispiel eines gewichteten Mehrfaktorenvergleiches. Trotz des höheren Preises wird der Lieferant 2 hier besser als sein Konkurrent bewertet.

Kriterium	Gewichtung in %	Lieferant 1			Lieferant 2		
		Wert/€	Punkte von 1–6	Ergebnis	Wert/€	Punkte von 1–6	Ergebnis
Einstandspreis	25	45.000	5	1,25	49.000	3	0,75
Technisches Potenzial	20		3	0,60		4	0,80
Lieferzuverlässigkeit	15		4	0,60		5	0,75
Qualität der Lieferungen	20		3	0,60		5	1,00
Standort	5		2	0,10		4	0,20
Kommunikationsverhalten	5		4	0,20		4	0,20
Reklamationsbearbeitung	10		3	0,30		4	0,40
Gesamt	**100**			**3,65**			**4,10**

Abbildung 11: Gewichteter Mehrfaktorenvergleich

Einige dieser Faktoren sind mathematisch erfassbar. Die Lieferzuverlässigkeit beruht auf Größen wie der Liefertermintreue (Anzahl der Verspätungen bezogen auf alle Lieferungen), die Qualität könnte durch die Fehlerquote (Anzahl von Fehlern oder Reklamationen bezogen auf die gesamten Lieferungen) beschrieben werden.

Oft möchten Sie zudem subjektive Kriterien berücksichtigen, wie beispielsweise Kulanz- oder Kommunikationsverhalten. Diese Aspekte sind mathematisch nicht erfassbar, da sie eher auf Bauchgefühl, Erfahrung und Intuition beruhen. Um berücksichtigt zu werden, müssen sie messbar gemacht werden. Dies geschieht in der Regel über ein Punktesystem, bei dem Lieferanten eine sprechende Punktzahl beispielsweise zwischen eins (ungenügend) und 6 (sehr gut) für ein bestimmtes Kriterium zugewiesen wird.

Die Kunst besteht nun darin, zum einen die richtigen Kriterien zu definieren und anhand von messbaren Kennzahlen oder subjektiver Erfahrung den Lieferanten zu bewerten, zum anderen die richtige Gewichtung zu finden. Wenn Sie bereits mit Lieferanten gearbeitet haben, ist es in der Regel leichter, Kriterien zu definieren. Kennen Sie einen Lieferanten noch nicht, ist es schwieriger, Faktoren wie die Liefertermintreue zu bewerten, da Sie auf keine Kennzahlen zurückgreifen können.

2.7 Guter Preis, schlechter Preis? – Preisanalyse

Erst wenn Sie den Preis und seine Zusammensetzung nachvollziehen können, können Sie beurteilen, wie gut der Preis und wie innovativ der Lieferant ist und ob es Einsparungspotenziale gibt. Sie können zudem verhindern, dass der Lieferant Sie durch versteckte Gewinne übers Ohr haut.

An dieser Stelle wollen wir nicht in die Tiefen Kostenrechnung als Teil des betrieblichen Rechnungswesens einsteigen. Es geht für Sie als Einkäufer ja vielmehr darum, sich schnell einen Überblick über die Zusammenhänge bei der Bewertung eines Preises zu verschaffen oder nachvollziehen zu können, ob eine vom Lieferanten geforderte Preiserhöhung gerechtfertigt ist. Wenn also nicht alles streng der wissenschaftlichen Systematik folgt, soll uns das hier nicht weiter stören.

In der Praxis macht es Sinn, Kosten zu differenzieren. Es gibt

Einzelkosten oder variable Kosten

Variable Kosten sind dem Produkt direkt zurechenbar. Hierzu gehören beispielsweise

- Kosten für in das Produkt eingehendes Material
- Zurechenbare Fertigungslöhne
- Konstruktions- und Planungsleistung
- Montage
- Kosten für Maschineneinsatz

Variable Kosten entstehen für Sie nur, wenn ein Produkt auch tatsächlich für Sie gefertigt wird.

Gemeinkosten oder fixe Kosten

Fixe Kosten sind unabhängig von der Auslastung. Egal, ob ein Produkt entsteht oder nicht, diese Kosten treten immer auf, sie sind dem einzelnen Produkt nicht eindeutig zuzuordnen. Hierzu zählen beispielsweise.

- Mieten
- Overhead – Arbeit in Abteilungen, deren Arbeit Ihrem gekauften Produkt nicht genau zuzuordnen ist (beispielsweise Vertrieb, Einkauf, Buchhaltung, Geschäftsführung)
- Abschreibungen
- Energie

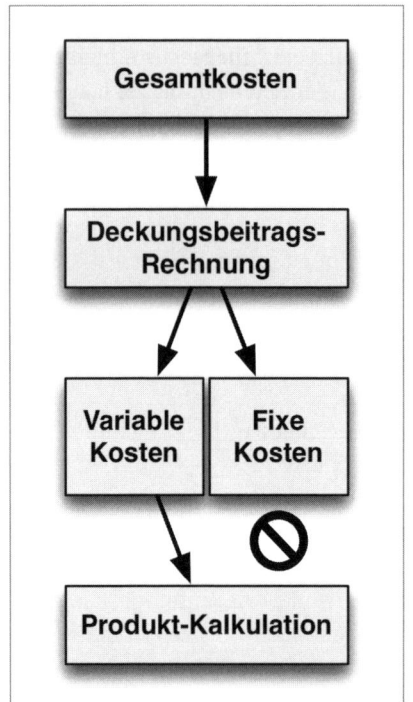

Abbildung 12:
Zusammenhang Kostenarten in der (Stück-)Kosten-Kalkulation

Sie zahlen also für ein eingekauftes Produkt oder eine Dienstleistung die variablen Kosten, die fixen Kosten und den Gewinn, den Ihr Lieferant machen möchte.

Fixe Kosten und Gewinn bilden den Deckungsbeitrag, also den Anteil des Preises, der die fixen Kosten und den Gewinn abdecken soll.

Der Einkäufer in der Funktion des Kostenkontrolleurs versucht nun, auf der einen Seite den Deckungsbeitrag zu bewerten und in einem vernünftigen Rahmen zu halten. Zum anderen wird er die variablen Kosten analysieren und auf Kostensenkungspotenziale hin überprüfen.

Der Einfluss auf Deckungsbeiträge ist nur begrenzt möglich. Sie können schlecht zum Lieferanten sagen: „Bitte ziehen Sie um, Sie zahlen zuviel Miete." Das geht ein wenig weit. Sie können aber Deckungsbeiträge bewerten, indem Sie beispielsweise mit Ihrem Controller reden oder mit den Deckungsbeiträgen der Konkurrenz vergleichen. Setzt der Lieferant für Ihr Produkt einen überproportional hohen Deckungsbeitrag an, bietet das Raum für Verhandlungen. Denken Sie daran, dass im Deckungsbeitrag auch der Gewinn Ihres Lieferanten kalkuliert ist.

Meist reicht die undifferenzierte Betrachtung des Deckungsbeitrages, der am Schluss auf die variablen Kosten aufgeschlagen wird, aus (Teilkostenrechnung). Ist der Deckungsbeitrag aus Ihrer Sicht zu hoch kalkuliert, sollten Sie sich tatsächlich intensiver mit den Gemeinkosten auseinandersetzen. Schlüsseln Sie die Gemeinkosten weiter auf und schlagen Sie diese direkt den einzelnen Bereichen zu (Vollkostenrechnung). Man spricht hier auch von Zuschlagskalkulation.

Gemeinkosten **lassen sich unterscheiden nach:**

Materialgemeinkosten **(MGK):**
Alle Kosten für Qualitätsprüfung, Beschaffung, Lagerhaltung und andere allgemeine Kosten der entsprechenden Bereiche, wie anteilige Miete, IT oder Energie. Als Faustregel kann man hier etwa acht bis zehn Prozent der Fertigungsmaterialkosten ansetzen.

Fertigungsgemeinkosten (**FGK**):
Gemeinkosten im Fertigungsbereich, der Arbeitsvorbereitung und im Werkzeugbau sowie auch hier anteilig allgemeine Kosten.

Diese Kosten haben oft einen großen Einfluss auf den Produktpreis, gerade bei fertigungsintensiven Unternehmen und Produkten. Sie hängen stark von der eingesetzten Technologie und den Fertigungsmethoden ab und sind daher nicht pauschal zu schätzen.

Vertriebsgemeinkosten (**VtGK**):
Kosten für Fertigwarenlager, Kommissionierung, Versand und der Auftragsabwicklung sowie anteilige allgemeine Kosten.

Verwaltungsgemeinkosten (**VwK**):
Kosten aus den Bereichen Rechnungswesen, Personal, Finanzen, Organisation sowie anteilige allgemeine Kosten.

> **Tipp**
>
> Bei erheblichen Steigerungen der nachgefragten Mengen nutzt der Lieferant beispielsweise seine Pufferzeiten für die Produktion oder fährt Sonderschichten. Nun müssten auch die Gemeinkosten reduziert werden, da die fixen Kosten bereits über die Produktion der normalen Menge abgedeckt werden. Der Lieferant kann also fast zu variablen Kosten fertigen.
>
> Diese Anpassung nimmt der Lieferant aber häufig nicht vor. Die im Preis kalkulierten, aber nicht mehr auftretenden fixen Kosten werden damit fast vollständig zu Gewinn. Oft versucht der Lieferant sogar Sonderpreise für Extraarbeit oder Überstunden durchzusetzen. Erklären Sie ihm die Zusammenhänge und fordern Sie im Gegenzug selber Sonderpreise, da keine fixen Kosten mehr anfallen. Selbst wenn Ihnen das nicht gelingt, werden Sie an den Zuschlägen vielleicht vorbeikommen.

Bei der Ermittlung der *variablen Kosten* unterscheiden Sie zwischen

- **Direkten Materialkosten:**
  Sie erstellen quasi eine Stückliste und bewerten diese zu Marktpreisen. Hilfsmittel: vorliegendes Produkt zerlegen oder beispielsweise eine Explosionszeichnung nutzen

- **Direkten Fertigungskosten:**
  Sie bewerten die Kosten für den Arbeitsablauf. Diese ergeben sich aus Addition von Konstruktions-, Fertigungs-, Montage- und Prüfungskosten. Hilfsmittel: Betriebsbesichtigung/Kenntnis des Ablaufs beim Lieferanten

Hier können Sie wiederum direkt mit dem Lieferanten verhandeln, wenn Sie aus den Kalkulationen der Konkurrenz wissen, dass andere günstiger produzieren. Beispielsweise weil sie für das gleiche Produkt mit weniger Materieleinsatz auskommen. Sie können auch versuchen, gemeinsam mit dem Lieferanten an Optimierungen arbeiten. Prüfen Sie, ob beispielsweise

- ein anderes, günstigeres Material benutzt werden kann,
- Toleranzen entfeinert werden können,
- andere Fertigungsverfahren oder -reihenfolgen zu Zeit- und Kosteneinsparungen führen.

Hier beginnen Sie bereits mit der Wertanalyse.

Wertanalyse (Value Engineering)

Die Wertanalyse wird bei der Entwicklung und Verbesserung von Produkten oder technischen Abläufen eingesetzt um – bei einer gleichzeitigen Reduzierung des Aufwandes und der Kosten – eine erhebliche Verbesserung und Wertsteigerung der bearbeiteten Objekte zu erreichen. Die Wertanalyse wird meist in kleinen interdisziplinären Teams durchgeführt.

Dabei wird überprüft:
- welche Anforderungen das Produkt oder der untersuchte Prozess überhaupt erfüllen soll,

Wertanalyse (Value Engineering) (Fortsetzung)

- ob alle Anforderungen, die ein Produkt oder Prozess erfüllt, gewünscht oder notwendig sind („Überspezifikation", Entfeinerung der Anforderungen),
- ob sie sich mit anderen Lösungen kostengünstiger und besser realisieren lassen,
- welchen Preis ein Kunde bereit ist, für die Anforderungen zu bezahlen.

Die Wertanalyse wird nicht nur bei bestehenden Produkten zur Wertverbesserung und/oder Kostensenkung eingesetzt, sondern auch bei Produkten, die sich erst in der Entwicklung befinden.

Das nachfolgende Beispiel zeigt auf, wie ein Lieferant seinen Preis kalkuliert, um Ihnen ein Angebot zu machen. In der Industrie, beispielsweise im Automobilbau, wird oft mit offenen Kalkulationen gearbeitet. Wenn es dazu führt, dass sowohl Lieferant als auch Kunde durch das kommerzielle Verständnis des Herstellungsprozesses Potenziale für Verbesserungen oder Kostensenkungen finden, haben beide Seiten dadurch Vorteile. Allerdings ist es auch immer eine Machtfrage. Der Lieferant gibt deshalb seine Kalkulation nur sehr ungern heraus, er will sich nicht in die Karten schauen lassen. Einige Lieferanten können Sie nun vielleicht zwingen, ihre Kalkulation offenzulegen, da Ihnen ein sehr hoher Wettbewerbsdruck die nötige Verhandlungsposition verschafft. Andere Lieferanten können Sie eventuell mit dem Argument der Partnerschaft und der Vorteile auf beiden Seiten dazu bewegen.

Manchmal bleibt Ihnen aber nichts weiter, als mit Ihrem Fachwissen und der Hilfe von Technikern, Controllern und auch Verkäufern die Kalkulation selber nachzuvollziehen. Freuen Sie sich schon auf die verdutzten Gesichter der Verkäufer Ihres Lieferanten, besonders, wenn Sie ziemlich genau getroffen haben. Liegen Sie daneben, weil Sie mehr geschätzt als gerechnet haben, können Sie zumindest den Lieferanten etwas aus der Reserve locken.

	Fertigungsmaterialkosten	23.000,00 €		
+	Materialgemeinkosten 10 %	2.300,00 €		
+	Fertigungslohnkosten	8.000,00 €		
+	Fertigungsgemeinkosten 50 %	4.000,00 €		
+	Sondereinzelkosten der Fertigung	1.200,00 €		
=	Herstellkosten	38.500,00 €		
+	Verwaltungsgemeinkosten 20 %	7.700,00 €		
+	Vertriebsgemeinkosten	3.200,00 €		
=	Selbstkosten	49.400,00 €		
+	Gewinnaufschlag 25 %	12.350,00 €		
=	Barverkaufspreis	61.750,00 €	97 %	
+	Skonto 3 %	1.909,79 €		
=	Zielverkaufspreis	63.659,79 €	100 %	90 %
+	Rabatt 10 %	7.073,31 €		
=	Angebotspreis	70.733,10 €		100 %
+	Umsatzsteuer 19 %	13.439,29 €		
=	**Bruttopreis**	**84.172,39 €**		

Abbildung 13: Beispiel für eine Preiskalkulation nach der Methode Zuschlagskalkulation

Für den Einkäufer dürfte in diesem Beispiel besonders interessant sein, dass der Lieferant mit einem Gewinnaufschlag von 25 Prozent kalkuliert. Überlegen Sie, ob Ihr eigenes Unternehmen auch so viel Gewinn einstreicht. Beachten Sie auch, dass Skonto und Rabatt bereits einkalkuliert sind. Gelingt es Ihnen nicht, diese zu Ihren Gunsten zu verhandeln, wird der Gewinn des Lieferanten noch größer.

> **Tipp**
>
> Kennen Sie die Kalkulation, können Sie nun genau nachvollziehen, ob eine Preiserhöhung beispielsweise wegen Erhöhung der Rohstoffpreise gerechtfertigt ist. Nehmen Sie an, eine ganz bestimmte eingesetzte Metalllegierung ist im Preis gestiegen und der Lieferant fordert deshalb eine Preiserhöhung von drei Prozent.
> Nun überprüfen Sie:
> - Stimmt die angegebene Rohstoffpreiserhöhung oder hat der Lieferant hier schon einen Puffer eingeplant?
> - Wie viel dieses Materials wird im Produkt (inklusive Verschnitt) verwendet?
> - Welchen Anteil an der Kalkulation hat diese Position vor und nach der Preiserhöhung des Rohstoffes?
> - Was genau kostet Sie nun die Erhöhung des Rohstoffpreises? Entspricht es tatsächlich drei Prozent Erhöhung auf den Gesamtpreis?
> - Kann man den Verschnitt reduzieren?
> - Kann man ein anderes Material einsetzen?

2.8 Zusammenarbeit zwischen Einkauf und Fachabteilungen

Oft befinden sich die technischen Bereiche in der Diskussion über den richtigen Lieferanten in einer günstigeren Ausgangslage als der Einkauf, da sie im Wissen um den Bedarf einen Vorsprung haben. Oft schalten sie den Einkauf erst dann ein, wenn die wesentlichen Festlegungen getroffen sind. Zudem muss auch die von der Technik spezifizierte Lösung verantwortlich vertreten werden, wodurch eine entsprechende Anspruchsposition bezüglich der technischen Anforderungen entsteht.

Der Einkauf will ebenfalls seine Sichtweise bei der Auswahl von Lieferanten oder der technischen Auslegung einbringen. Er möchte vielleicht neue strategische Lieferanten aufbauen, monopolistische Strukturen aufbrechen, über den Abbau der technischen Anforderungen Kosten optimieren oder Anforderungen standardisieren.

Die Lösung dieses Konfliktes und der unterschiedlichen Sichtweisen kann nur in einer professionelle Team- und Zusammenarbeit gefunden werden. Beide Seiten müssen sich den Argumenten der jeweiligen Gegenposition öffnen. Dabei kann dieser Konflikt bei einer guten Zusammenarbeit höchst konstruktiv sein: Es soll ein technisch wirtschaftliches Optimum erzielt werden, was in Zeiten eines harten Wettbewerbskampfes um Marktanteile für das Überleben und den Erfolg eines Unternehmens notwendig ist. Wird dieser Konflikt konstruktiv-sachlich gelöst, ohne sich in Positions- und Machtkämpfe zu verzetteln, werden – so einfach ist es letztendlich – Arbeitsplätze gesichert und geschaffen.

Die folgende Abbildung zeigt mögliche gegensätzliche Positionen, die zu Konflikten führen können. Hier kann aber nicht pauschalisiert werden, da die spezifischen Konflikthherde von der jeweiligen Unternehmenskultur, der Branche und der beteiligten Personen abhängt.

Technik, Produktion will ...	Einkauf will ...
Interesse an modernster Technik; hohe Qualitätsanforderungen/Sicherheit; spezifische Lösungen → *Gefahr der Überspezifikation*	„Nur, was nötig ist ..."; vereinfachte Technik/Anforderungen; Standards
Keine Experimente mit neuen Lieferanten; enge Zusammenarbeit mit „Lieblings-Lieferanten" → *Gefahr von hausgemachten Monopolisten*	Vermeidung von Quasi-Monopolstellungen der Hersteller durch zugeschnittene technische Spezifikationen; Vermeidung von Exklusiv-Behandlungen bei neuen Aufträgen
Zügige Abwicklung, schneller Abschluss → *Gefahr des Zeitdrucks*	Zeit für Marktforschung; Preis und Leistung durch Wettbewerb optimieren
Keine Einengung des eigenen Handlungsspielraumes (Wer hat zu bestimmen? Angst vor Machtverlust!) → *Gefahr von Machtkämpfen*	Keine Einengung des eigenen Handlungsspielraumes (Wer hat zu bestimmen? Angst vor Machtverlust!)

Abbildung 14: Übersicht über die hauptsächlichen Gegenpositionen

Gerade beim Einkauf kritischer technischer Produkte sind die Beziehungen zwischen Materialwirtschaft und Technik auch heute noch sehr problematisch. Der Anspruch des Einkaufs, auf diesem Gebiet die ihm übertragenen Aufgaben wahrzunehmen, wird häufig von den technischen Fachleuten nicht anerkannt. Dies liegt beispielsweise daran, dass technische Entscheidungen von den Fachabteilungen als ureigenes Feld wahrgenommen werden. Zudem sprechen die verantwortlichen Techniker dem Einkauf häufig die Kompetenz ab, fachlich fundiert mitzuarbeiten. Dieser Punkt trifft leider oft aufgrund fehlenden technischen Wissens zu.

Die Folge ist ein permanenter Kampf um eine Mitspracheposition, in dem die Technik den Einkauf als mehr oder weniger überflüssig ansieht. Oft wird aus diesem Grund der Einkauf erst eingeschaltet, wenn es nur noch um die Bestellabwicklung geht, da sowohl Technologie als auch Lieferant – oft sogar schon Konditionen – bereits feststehen.

Möglichkeiten der konstruktiven Zusammenarbeit

Die Kaufentscheidung, also die Eintscheidung welches Produkt bei welchem Lieferanten in welcher Ausführung eingekauft wird, wird in der Regel von mehreren Leuten getroffen, deren Gesamtheit auch als Buying Center bezeichnet wird. Diese Gruppe setzt sich, ähnlich einer Projektgruppe, zumeist aus Vertretern verschiedener Abteilungen und Funktionen zusammen. So soll das Ergebnis der Entscheidung, gerade bei größeren Einkaufsvolumina, durch die Zusammenführung von Know-how und Erfahrung optimiert werden.

Jeder Mitarbeiter hat also die Aufgabe, einen bestimmten Aspekt in die Kaufentscheidung einfließen zu lassen. Wichtig ist es, dass die Verantwortlichkeit, die Aufgabe oder Rolle jeder beteiligten Person geklärt ist. Wer entscheidet was? Mögliche Mitarbeiter eines Buying Center können beispielsweise aus folgenden Bereichen kommen:

- Fachabteilung, die das anzuschaffende Produkt einsetzen soll
- Techniker, die für Wartung und Service zuständig sind
- Controller, die über die Finanzierung der Kosten wachen

- Einkäufer, die die Höhe der Kosten sowie alle kommerziellen und logistischen Aspekte eines Vertrages überwachen
- Juristen, die juristisches Wissen über abzuschließende Verträge einbringen (wird sehr oft vom Einkäufer übernommen)
- Entwickler/Konstrukteure, die an der Entwicklung eines Produktes beteiligt sind
- Verantwortliche für die Bereiche Qualität, Arbeitssicherheit und Umweltschutz
- IT-Abteilung, die das anzuschaffende Produkt in die gegebene IT-Struktur einbinden müssen

Um zu verhindern, dass es zu Rivalitäten kommt, sollte der Beschaffungsablauf entwickelt und definiert werden. Dabei werden die Handlungsrahmen der Mitarbeiter beschrieben, um so die unterschiedlichen Sichtweisen und Verantwortlichkeiten in die Entscheidung einzubringen und einen sachlichen Prozess zu gewährleisten.

Definiert und beschrieben werden kann der Beschaffungsablauf in einem Projekthandbuch oder einem Einkaufshandbuch, in dem Einkaufsrichtlinien, -politik oder Beschaffungsgrundsätze beschrieben sind. Möglich sind aber auch Qualitäts- und Prozessbeschreibungen (siehe Q-Handbuch zur Zertifizierung von beispielsweise ISO 90001-90004 oder TS 16949).

Tipp

Wenn Sie selber keine Beschaffungs- beziehungsweise Lieferantenrichtlinien oder Einkaufshandbücher haben, müssen Sie diese nicht selber erarbeiten. Viele große Firmen, beispielsweise Bosch und Siemens, haben entsprechende Informationen auf ihrer Einkaufshomepage zum Download bereitgestellt. Dort können Sie sich entsprechende Anregungen für Ihre eigenen Richtlinien holen.
Eine Internetseite, auf der eine Liste mit entsprechenden Seiten zusammengestellt ist, ist die Seite www.einkaufshomepage.de.
Ansonsten finden Sie entsprechende Seiten auch mit Google und den richtigen Suchbegriffen (beispielsweise Einkaufshandbuch + Download)

Eine weitere Möglichkeit, Kompetenzstreitigkeiten zu vermeiden, ist die generelle Gliederung von Angeboten in zwei Teile, die jeweils vom zuständigen Bereich beurteilt und bewertet werden:

a. **Kommerzieller Teil:** Detaillierte Kostenaufstellung, Preisstellung, Gültigkeit, Konditionen, Garantien, logistische Belange, Zusatz- und Nebenkosten, Tarife, Montagekosten, Ersatzteile und Service, weitere Belange von rechtlicher und kommerzieller Bedeutung

b. **Technischer Teil:** Daten bezüglich Funktion, Verfahren, Leistungsmerkmalen, Spezifikationen, Zeichnungen, anderer Belange von anwendungsspezifischer und technischer Bedeutung

2.9 ABC-Analyse

Die ABC-Analyse gehört zum Handwerkszeug und damit zu den Basics für jeden Einkäufer. Sie ist ein strategisches Tool, um Lieferanten oder Produkte nach ihrem Einkaufsvolumen zu klassifizieren und wichtige von weniger wichtigen sowie von unwichtigen Lieferanten zu unterscheiden.

In der täglichen Arbeit ist die ABC-Analyse ein unverzichtbares Hilfsmittel, weil sich der Einkäufer so einen Überblick über die Zusammensetzung seiner Lieferanten und einzukaufenden Produkte verschaffen kann. Er ist dadurch besser in der Lage, seine Aktivitäten und sein Tagesgeschäft zielgerichtet zu planen und zu erkennen, wo er seine Zeit gewinnbringend einsetzen kann. A-Lieferanten haben einen wertmäßig hohen Anteil am Beschaffungsvolumen, wogegen C-Lieferanten einen sehr kleinen Anteil haben, also wertmäßig kaum ins Gewicht fallen. Umgekehrt verhält es sich mit der Anzahl: in der Regel haben Sie nur sehr wenige A-Lieferanten und jede Menge C-Lieferanten.

Um Kosten zu senken, müssen Sie sich daher nur mit wenigen Lieferanten beschäftigen. Hier können Sie versuchen, den Wettbewerb zu nutzen oder neue, günstigere Lieferanten ausfindig zu machen. Bei C-Lieferanten nützen Ihnen die besseren Preise recht wenig. Eine Einsparung von fünf Prozent auf ein Volumen von 100 Euro bei einem C-Lieferanten ergibt eine

Einsparung von 5 Euro. Das Kuriose daran ist, dass Sie mit C-Lieferanten mehr Zeit verbringen, als mit A-Lieferanten. Bestellungen, Klärungen, Reklamationen oder Rechnungsprüfung wird bei Ihrer großen Zahl von C-Lieferanten einen wesentlichen Teil Ihrer Zeit beanspruchen. Diese fehlt Ihnen, um neue A-Lieferanten – beispielsweise in neuen Märkten in Asien – zu finden und zu qualifizieren. Optimieren Sie Ihre Arbeit mit C-Lieferanten, um mit A-Lieferanten notwendige Einsparungen zu erzielen.

Auch für den Disponenten eines Lagers ist eine ABC-Analyse seiner eingelagerten Waren/Produkte sinnvoll. Wertintensive A-Artikel, die in einem Lager liegen, kosten Geld: Kapitalbindungskosten, Lagergemeinkosten, Lohnkosten für Lagermitarbeiter, Lagersoftware, um einige der Kostenfaktoren zu nennen. In meiner Praxis habe ich festgestellt, dass ein Wert von 15 bis 20 Prozent des Lagerwertes pro Jahr einen guten Schätzwert ergibt.

Also würde ein Lager mit Waren im Wert von beispielsweise 10 Millionen Euro ungefähr 1,5 bis 2 Millionen Euro im Jahr kosten. Der Luxus des eigenen Lagers ist folglich teuer erkauft.

Bei A-Artikeln geht es deshalb überwiegend darum, die Lagerkosten gering zu halten, indem man die Bestände so gering wie möglich und die Umschlagshäufigkeit so hoch wie möglich hält. Auch eine Verlagerung des Lagers zum Lieferanten oder Logistik-Konzepte wie Just-in-Time sind hier mögliche Optionen.

Bei den C-Artikeln sind die Lagerkosten wiederum zu vernachlässigen. Hier geht es darum, immer genügend Artikel im Lager zu bevorraten, um mit wenigen Bestellungen und damit geringen Abwicklungskosten Vorteile zu erzielen.

Wie ermittelt man nun aber A-, B- und C-Lieferanten?
Mit den heutzutage zum Standard gehörigen ERP-Systemen sollte die Erstellung einer ABC-Analyse mehr oder weniger auf Kopfdruck möglich sein.

Dazu wird benötigt:

1. Errechnung des Jahresumsatzes aus Jahresbedarf und Stückpreis
2. Sortierung und Auflistung der Jahresumsätze in fallender Reihenfolge, das heißt beginnend mit dem höchsten Wert
3. Schrittweise Addition und Summenbildung der Einkaufsvolumina nach der sortierten Reihenfolge der Lieferanten
4. Berechnung des Prozentsatzes
   - der aufaddierten Summe im Verhältnis zum Gesamt-Einkaufsvolumen
   - der Anzahl der Lieferanten im Verhältnis zur Gesamtzahl der Lieferanten
5. Einteilung in A-, B- und C-Artikel, wie beispielsweise in Abbildung 15
   - Artikel bis 80 Prozent des Beschaffungsumsatzes sind A-Artikel
   - Artikel von 80 bis 95 Prozent des Beschaffungsumsatzes sind B-Artikel
   - Artikel von 95 bis 100 Prozent des Beschaffungsumsatzes sind C-Artikel

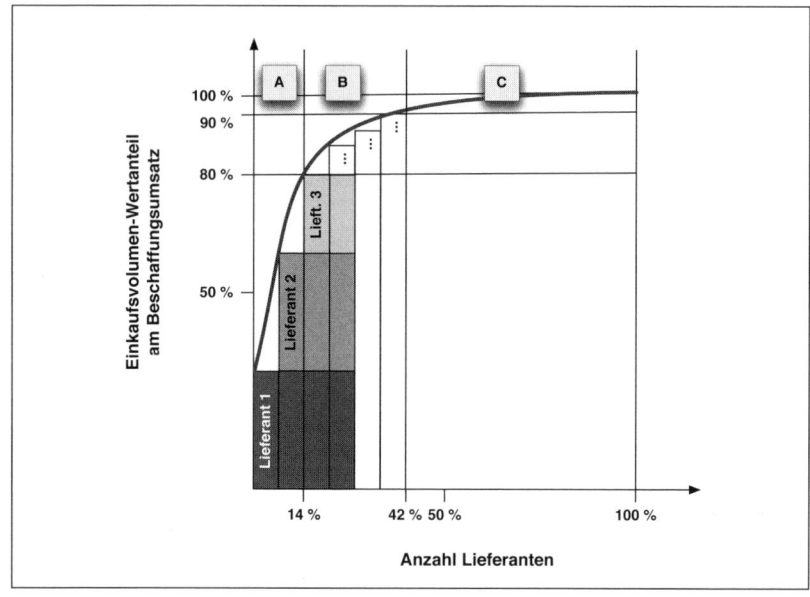

Abbildung 15: Vorgehen bei einer ABC-Analyse

Das Ergebnis ist natürlich abhängig von der jeweiligen Verteilung der Voluina auf Lieferanten. Eines ist jedoch immer zu beobachten:

- Auf etwa 10 bis 20 Prozent von Lieferanten entfällt ein überproportional hoher Anteil des gesamten Einkaufsvolumens von 70 bis 80 Prozent. Diese sind Ihre A-Lieferanten.
- Auf 60 bis 70 Prozent der Lieferanten fällt nur ein überproportional geringer Anteil des Einkaufsvolumens in Höhe von fünf bis zehn Prozent. Dies sind Ihre C-Lieferanten.
- B-Lieferanten zeichnen sich durch eine Mittelstellung aus bezüglich der Anzahl (20 bis 30 Prozent) und des Umsatzes (10 bis 20 Prozent) aus.

Was bedeutet dies für den Einkäufer? Welche Schlüsse kann man aus der bisher rein mathematischen Betrachtung ziehen? Generell macht es Sinn, nun differenziert vorzugehen.

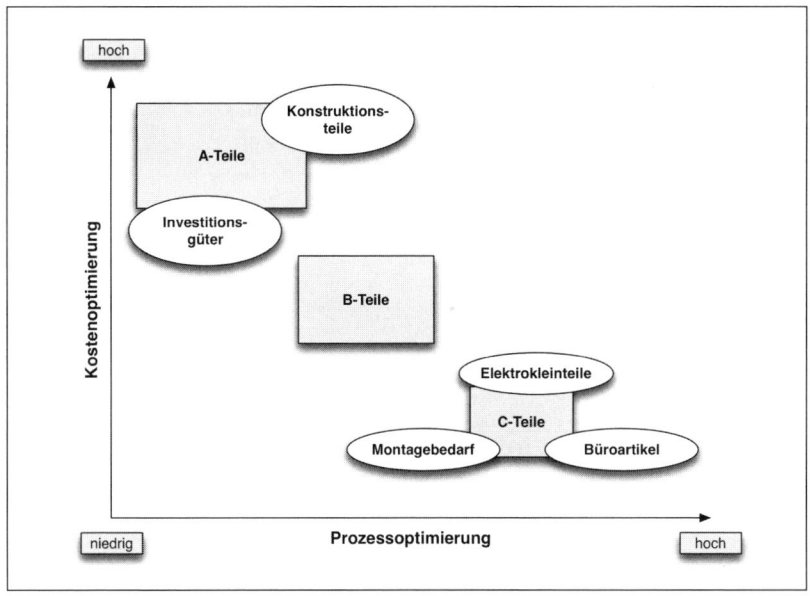

Abbildung 16: Bedeutung der ABC-Analyse für den Einkauf

A-Lieferanten

A-Lieferanten sind als potenzielle Partner zu betrachten und intensiv zu betreuen. Mit ihnen machen Maßnahmen zur Reduzierung der Material- und Beschaffungskosten Sinn. Als guter Einkäufer wissen Sie: Hier können Sie Geld verdienen, Sie betrachten schließlich circa 80 Prozent Ihres Einkaufsvolumens. Da es auch im Verhältnis nicht viele Lieferanten sind, können Sie sich um diese kümmern.

Empfehlungen für den Umgang mit A-Lieferanten:
- Ausnutzen des Wettbewerbs, intensive Beschaffungsmarktforschung
- Detaillierte Preisanalyse, Wertanalyse
- Optimale Bestellmengen bezüglich Mengen und Bestellintervallen
- Sorgfältige Lieferantenauswahl
- Besuche, Audits
- Lieferantenbewertung, Lieferantenmanagement
- Langfristige Partnerschaften, Rahmenverträge
- Lieferantenentwicklung
- Standardisierungsprojekte, Variantenvielfalt der Produkte reduzieren
- Optimierung der logistischen Anbindung

B-Lieferanten

Für B-Lieferanten ist eine differenzierte Betrachtung der Vorgehensweise erforderlich, da sich diese nicht klar zuordnen lassen.

C-Lieferanten

C-Lieferanten sollten Sie nach dem Prinzip der Aufwandreduzierung behandeln. Geld verdienen können Sie hier nicht über die Preise, da Sie wegen des geringen Einkaufsvolumens nur einen geringen Hebel haben und aufgrund der großen Zahl von Lieferanten viel zu tun hätten. Hier geht es darum, schnell und einfach zu bestellen und Prozesskosten zu senken.

Um die Prozesskosten zu reduzieren, können Sie wie folgt vorgehen:

- Weniger Bestellungen durch Bündelung und höhere Bestände
- Wenig Aufwand bei Marktrecherche, Lieferantenbewertung, Preisanalyse
- Keine Wertanalyse, Lieferantenentwicklung, Audits

- Großzügigere Bestände
- E-Procurement (Katalog-Systeme)
- Bestellung direkt durch Anforderer
- Automatische Belieferung (Kanban)
- Lagerführung durch Lieferanten (Vendor Managed Inventory, Kanban)

Vendor Managed Inventory/Kanban

Vendor Managed Inventory (VMI), auch Lieferantengesteuerter Bestand oder Supplier Managed Inventory, ist ein logistisches Mittel zur Optimierung der Lieferkette, bei der Schnittstellenprobleme und Prozesskosten auf Seiten des Lieferanten und des Kunden minimiert werden. Der Lieferant hat dazu Zugriff auf die Lagerbestands- und Nachfragedaten des Kunden und übernimmt die Verantwortung für die Bestände seiner Produkte beim Kunden. Dazu überwacht und steuert er den Bestand beim Kunden vollständig. Grundlage für die Berechnung der Lieferungen sind in der Regel Verbrauchszahlen, die bei regelmäßigen Kontrollen durch den Lieferanten erfasst werden.

Prinzipiell gibt es zwei Konzepte. In der einen Form besucht der Lieferant in regelmäßigen Abständen den Kunden, ermittelt dort den Fehlbestand für die nächste Lieferung und liefert die beim letzten Besuch ermittelten Fehlbestände. Dieses Vorgehen nach dem Kanban-Prinzip ist beispielsweise typisch für Verbindungselemente in der Industrie.

In der zweiten Form ermittelt der Kunde seinen Verbrauch und übermittelt diese Daten an den Lieferanten. Dieser bestimmt dann den Zeitpunkt, zu dem weitere Lieferungen erfolgen. Für diese Lieferung wird aber kein expliziter Bestellauftrag des Kunden benötigt.

3. Internet-Recherche für Einkäufer

3.1 Informationen im Internet 74
3.2 Recherchesysteme: Wie man das Internet auf verschiedenen Wegen erforscht ... 74
3.3 Exkurs Google: Richtig Suchen – (fast) alles Finden 86
3.4 Spezielle Seiten für den Einkäufer 99
3.5 Plattformen und Portale für Einkäufer 108

3.1 Informationen im Internet

Das Internet kann man mit Abermilliarden verschiedener Spezialisten vergleichen, die zu jeder Tages- und Nachtzeit Rede und Antwort stehen. Auf fast jede Frage gibt es eine Antwort – wenn man weiß, wie man fragt und wo man die Antworten zu suchen hat. Auch sonst hat das World Wide Web einiges zu bieten: Sie können auf Knopfdruck Nachrichten und Dokumente in alle Teile der Welt verschicken, auf anderen Kontinenten Lieferanten finden, Lieferanten virtuell besuchen, Informationen über neue Produkte, Preise oder technische Verfahren abfragen. Sie können sich mit anderen Einkaufs-Spezialisten austauschen und sich aktuelles Einkäufer-Know-how beschaffen. „Wie bereitet man eine Verhandlung vor?", „Welche Kennzahlen werden zur Bewertung der Lieferantenperformance benötigt?" oder „Gibt es Liefanten in Indien für mein Gussteil xy?" sind nur einige der Fragen, auf die Sie in wenigen Sekunden Antworten finden können.

Natürlich ist es ein Unterschied, ob man eine Lieferquelle in China, Informationen über neueste Software für E-Procurement-Anwendungen oder spezifische Vorschriften zur Zollabwicklung sucht. Aber schließlich ist alles eine Suche nach Informationen, bei der es vor allem darauf ankommt, sich schnell und zielgerichtet im Internet zu bewegen. Dabei macht die Tatsache, dass sich das Informationsangebot im Internet täglich vergrößert, die Recherche nicht einfacher. Experten schätzen, dass sich das auf der gesamten Welt zur Verfügung stehende Wissen alle 18 Monate verdoppelt.

3.2 Recherchesysteme: Wie man das Internet auf verschiedenen Wegen erforscht

Es gibt verschiedene Recherchesysteme für die Suche im Internet. Jedem bekannt sind höchstwahrscheinlich Suchmaschinen. Für diese Form der Recherche wird mittlerweile häufig der Begriff „Googeln" verwendet, ein Hinweis auf die zurzeit wahrscheinlich beste allgemeine Suchmaschine Google. Weitere weniger bekannte Recherchewerkzeuge sind Web-Verzeichnisse (manchmal auch Kataloge genannt), Meta-Suchmaschinen sowie Usegroups. Bei den meisten Fragen werden diese Werkzeuge einzeln oder in Kombination zur Recherche herangezogen.

Suchmaschinen

Suchmaschinen durchforsten bei einer Suchanfrage die Inhalte von mehreren Milliarden Websites nach der gewünschten Antwort. Dazu verwalten sie den Inhalt mehrerer Milliarden Dokumente in eigenen Datenbanken. Dementsprechend hoch ist meist die Trefferzahl.

Allein bei den Suchwörtern „Lieferant + Armatur" erzielen Sie bei Google über 40.000 Treffer. Doch wer sucht tatsächlich noch auf Seite drei, vier und mehr bei Google? Der Schlüssel zum Erfolg liegt deshalb in der Wahl der Suchbegriffe. Das Rezept dazu lautet: Nicht zu viele, um uninteressante Seiten womöglich auszublenden, nicht zuwenig, damit Sie von der Trefferflut nicht erschlagen werden.

Tipp
Ist ein Treffer für Sie interessant, klicken Sie nicht einfach auf den entsprechenden Link, sondern öffnen sie ihn in einem neuen Fenster oder einer neuen Registerkarte/Tab (auswählbar meistens über die rechte Maustaste).
Nachdem Sie den Inhalt der verknüpften Seite betrachtet haben, können Sie dieses separate Browser-Fenster wieder schließen und eine weitere Verknüpfung anklicken. Das erleichtert Ihnen die Navigation. Zudem können Sie so mit mehreren Fenstern gleichzeitig arbeiten und Angebote direkt vergleichen.

Denken Sie daran, dass Sie das Web nicht live durchsuchen. Vielmehr durchforsten Sie den Datenbestand an Webseiten auf dem Server der Suchmaschine. Dieser wird von einem Programm (sogenannten „bots") zusammengetragen, das sich ständig auf der Suche nach neuen oder bereits vorhandenen, aber geänderten Sites durch das Netz arbeitet. Es kann vorkommen, dass auf dem Server eine Website gespeichert ist, die nicht mehr aktiv ist. In diesem Fall erhalten Sie beim Klick auf den Link eine entsprechende Fehlermeldung. Natürlich kommt es auch immer wieder vor, dass die Inhalte der Website ausgetauscht werden und Sie deshalb nicht die erwarteten Informationen finden.

Wie viel Text von den einzelnen Sites abgerufen wird, nach welcher Hierarchie die Seiten durchsucht und wie die Daten auf dem Server strukturiert werden, hängt von der jeweiligen Suchmaschine ab.

> **Tipp**
>
> Aufgrund eines umfassenden Datenbestandes, eines intelligenten Rangfolgesystems und nicht zuletzt wegen der umfangreichen Zusatzfunktionen ist Google derzeit wohl eine der besten Suchmaschinen.

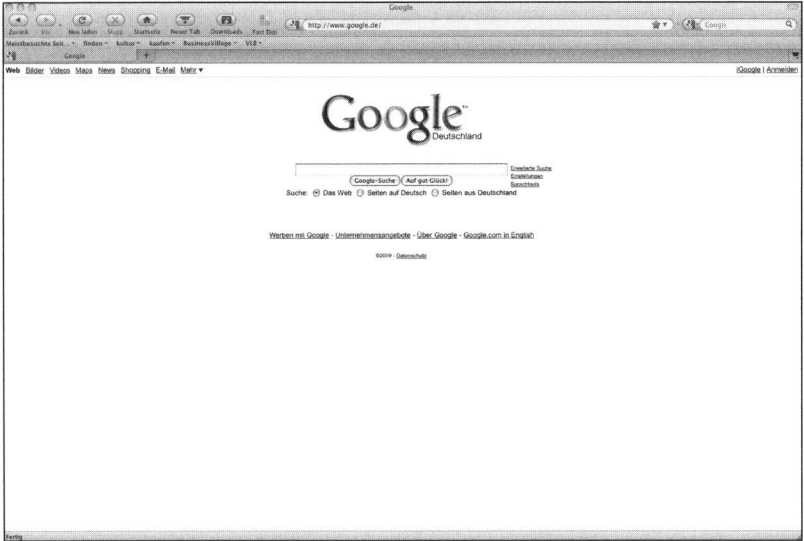

Abbildung 17: Google-Startseite (www.google.de)

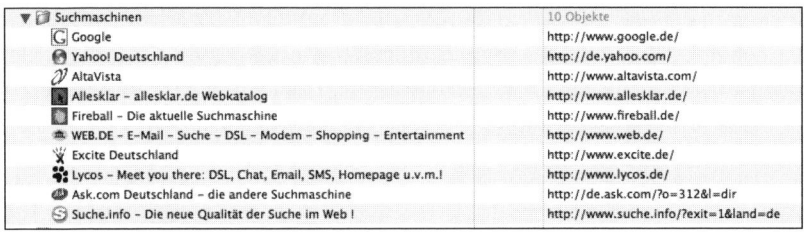

Abbildung 18: Suchmaschinen

76 | Internet-Recherche für Einkäufer

➨ *In Abschnitt 3.3 lernen Sie vielfältigen Möglichkeiten von Google bei der Informationsrecherche kennen.*

Einige etablierte Suchmaschinen, die aufgrund ihres Datenbestandes und ihrer Arbeitsweise zu empfehlen sind, sind in Abbildung 18 aufgelistet.

Internationale Suchmaschinen

Die meisten Suchmaschinen wie Altavista, Google, Lycos oder Excite bieten Ihnen die Möglichkeit der internationalen Nutzung. Dazu können Sie auf die Domains bestimmter Länder zugreifen und so den Datenbestand der jeweiligen Region durchsuchen lassen. Bei Google gelangen Sie beispielsweise über den Link „Sprachtools" auf die internationalen Seiten.

Auf der Google-Homepage befindet sich dieser Link rechts neben der Eingabemaske:

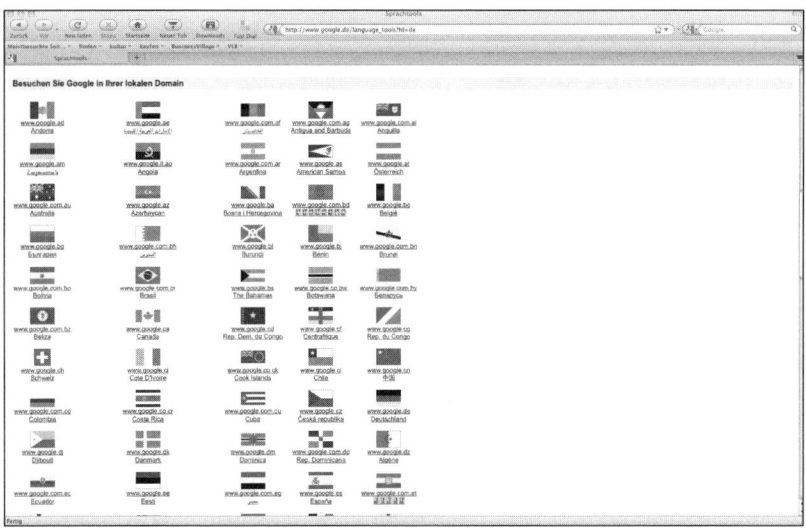

Abbildung 19: Google International, http://www.google.de/language_tools?hl=de

Eine andere Möglichkeit, gezielt nach Angeboten aus einem bestimmten Land zu suchen, bietet die Option „Erweiterte Suche" bei Google. Der Link dazu befindet sich ebenfalls auf der Homepage, rechts neben der Eingabemaske. Hier können Sie die Region definieren, aus der die Ergebnisse geliefert werden sollen.

Weitere internationale Suchmaschinen:

Internationale Suchmaschinen	9 Objekte
Yahoo!	http://www.yahoo.com/
Yellow Pages and White Pages – InfoSpace	http://www.infospace.com/
Homepage HotBot Web Search	http://www.hotbot.com/
GO.com – Official Home Page	http://go.com/
Homepage HotBot Web Search	http://www.hotbot.com/
Lycos	http://www.lycos.com/
Snap	http://www.snap.com/
Super Seek Search Engine	http://www.super-seek.com/
Usseek.com	http://www.euroseek.net/

Abbildung 20: Weitere internationale Suchmaschinen

Kataloge/Verzeichnisse

Eine weitere Möglichkeit der Web-Recherche bieten sogenannte Kataloge oder Verzeichnisse. Sie unterscheiden sich dadurch, dass die Informationen von Fachleuten gesammelt und strukturiert worden sind und nicht – wie bei Suchmaschinen – von Programmen.

Ihr wesentliches Merkmal ist die Baumstruktur von Kategorien und Unterkategorien, durch die der Themenbereich während der Suche immer mehr eingeengt werden kann. Dabei können Sie mit allgemeinen Begriffen arbeiten und sich dann schrittweise zu den treffenden Ergebnissen vorarbeiten. Diese Vorgehensweise bietet sich an, wenn Sie sich zu einem bestimmten Thema einen Überblick verschaffen wollen. Sie können zudem über Suchfunktionen mit gezielten Begriffen suchen. Im Unterschied zu Suchmaschinen erfassen Kataloge üblicherweise nicht die Inhalte von Webseiten, sondern registrieren deren Titel, Kategorie und oft auch Kommentare oder Bewertungen.

Beispielhaft möchte ich Ihnen das Open Directory Projekt Dmoz vorstellen, nach Angaben der Verantwortlichen das umfangreichste von Menschen editierte Internet-Verzeichnis. Es wird von einer großen, globalen Gemeinschaft freiwilliger Editoren betreut.

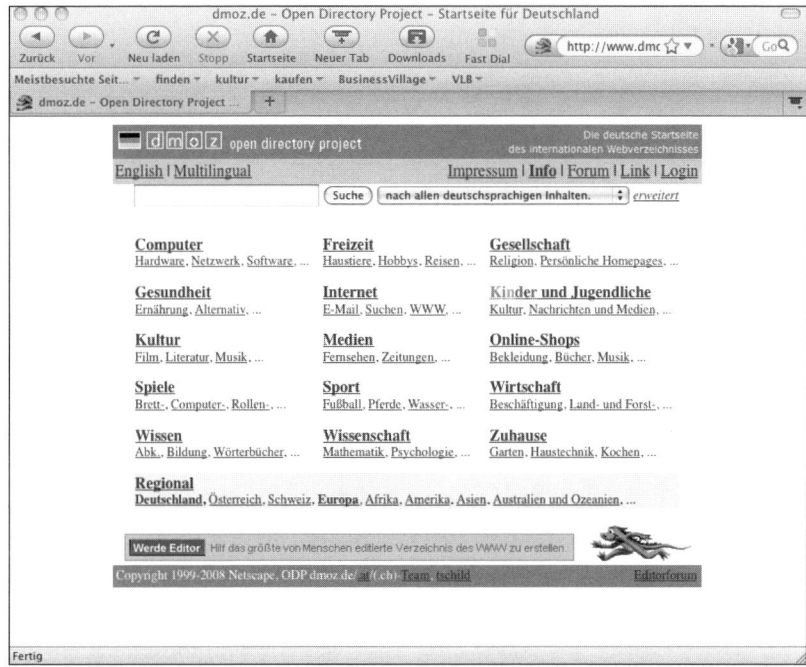

Abbildung 21: Zugang zum Open Direcory Project Dmoz (www.dmoz.de)

Bei einem Klick auf den Bereich Wirtschaft sehen Sie beispielsweise eine Menge interessanter Kategorien für einen Einkäufer, der Wirtschafts- oder Industrieinformationen sucht. Die Einträge sind einmal branchenunabhängig nach fachlicher Ausrichtung, beispielsweise „E-Business" oder „Management", unterteilt, zusätzlich nach Branchen. Die Kategorie „Beschaffung" richtet sich dabei explizit an Einkäufer.

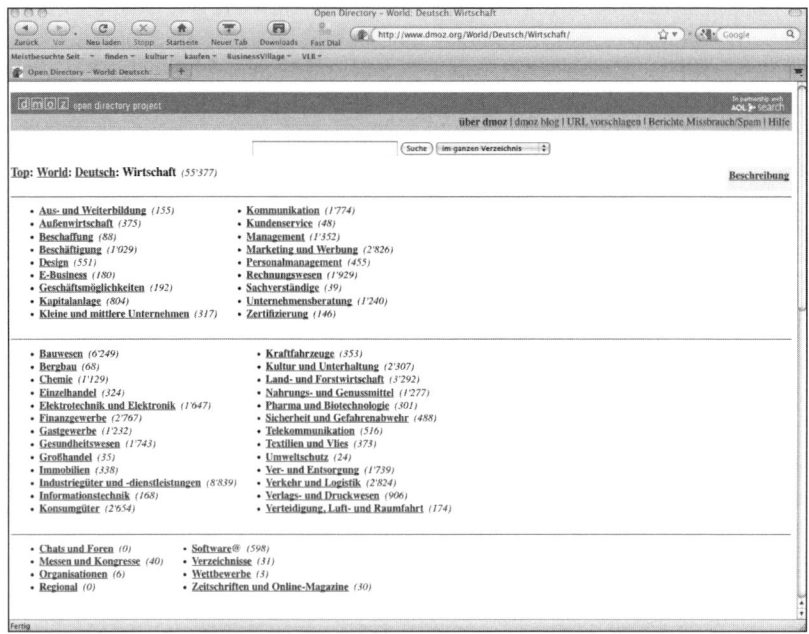

Abbildung 22: Kategorie Wirtschaft im Dmoz (www.dmoz.org/World/Deutsch/Wirtschaft/)

Am effektivsten sind Kataloge, die sich im weiteren Sinne mit den eigenen Interessen befassen. Diese speziellen Verzeichnisse sind hilfreicher als die großen Kataloge, die spezialisierte Seiten übersehen können oder nicht berücksichtigen wollen. Nutzen Sie für die Suche nach diesen spezialisierten Verzeichnissen die „Suchmaschinen für Suchmaschinen".

Metasuchmaschinen

Mit Metasuchmaschinen durchforsten Sie in einem Suchvorgang die Datenbanken mehrerer Suchmaschinen gleichzeitig. Dabei können Sie in der Regel auf der Startseite der Metasucher angeben, welche Suchdienste mit einbezogen werden sollen.

Zwei der bekanntesten sind Metager, entwickelt von der Uni Hannover, und MetaCrawler.

Abbildung 23: MetaCrawler und die in die Suche einbezogenen Suchmaschinen (www.metacrawler.de)

Ob Sie nun mit allen angebotenen Suchmaschinen oder nur mit einer Auswahl arbeiten möchten, entscheiden Sie per Mausklick.

Suchmaschinen für Suchmaschinen

Ob Suchmaschine, Metasuchmaschine oder Katalog: Das Internet ändert sich täglich. Deshalb lohnt es sich immer wieder, das eigene Suchverhalten zu überdenken und neue Recherchetools zu testen.

Allgemeine Informationen über das Suchen im Internet, einen katalogisierten Zugriff auf jede Menge allgemeiner und Spezialsuchmaschinen, Verzeichnisse und Metasuchmaschinen, sowie Informationen über deren Funktionsweise, Rankings, Bewertungen und Beschreibungen finden Sie unter anderem auf folgenden Websites:

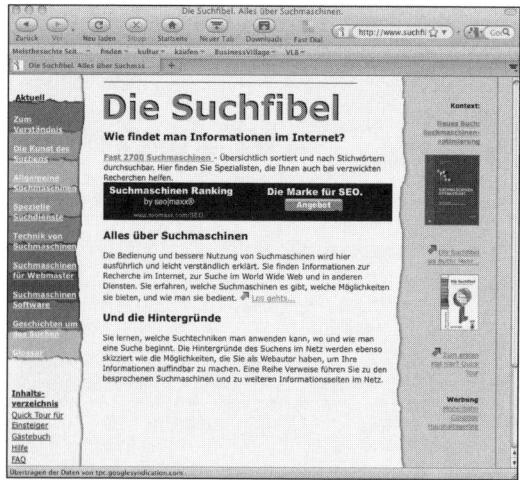

Abbildung 24:
www.suchfibel.de

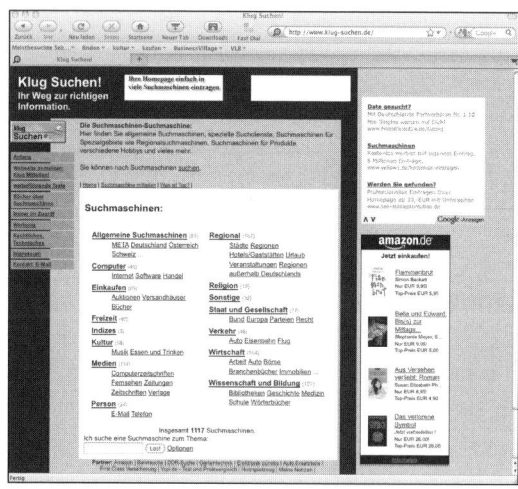

Abbildung 25:
www.klug-suchen.de

Abbildung 26:
www.suchmaschinentricks.de

Abbildung 27:
www.suchmaschinen-online.de

Weitere Seiten zum Suchen und zu Suchmaschinen:

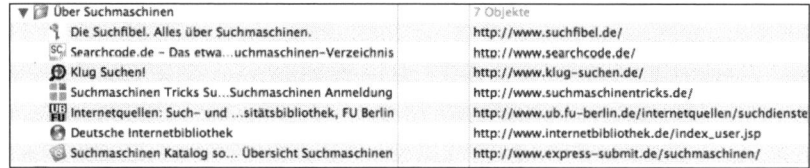

Abbildung 28: Informationen zum Suchen und zu Suchmaschinen

Newsgroups und Foren

Ein weiteres Recherchetool sind Newsgroups, die im sogenannten Usenet organisiert sind. Dieses besteht aus Zigtausenden von Newsgroups, die nach verschiedenen Themengebieten – von Star Trek bis Unternehmensgründung – unterteilt sind. Dabei kann es sich auch um ganz spezielle Fragen handeln, wie beispielsweise „Hat jemand Erfahrung mit dem Leasing von Produktionsmaschinen? Lohnt sich das Leasen im Vergleich zum Kauf und welche Leasinggesellschaft ist zu empfehlen? Wer kann mir helfen?"

Die Newsgroup ähnelt einem digitalen Schwarzen Brett, auf dem ein User eine Frage stellen kann. Diese wird dann von anderen Usern beantwortet. So können Erfahrungen und Wissen weltweit ausgetauscht werden. Dabei profitieren User auch von Fragen, die bereits von anderen gestellt wurden.

Newsgroups erreicht man über Newsgroup-Reader, die beispielsweise in Outlook Express und anderen E-Mail-Programmen enthalten sind. Man kann aber auch über Plattformen wie beispielsweise Google Zugang zu ihnen bekommen, indem Sie auf der Homepage auf den Karteireiter „Mehr" und in der Auswahl dann auf „Groups" klicken.

Die Gruppen sind – ähnlich einem Verzeichnis – nach Themen sortiert. Neben den Newsgroups des Usenets finden Sie hier auch Diskussionsgruppen, die über Google organisiert sind. Diese Gruppen können geschlossen, das heißt nur Mitgliedern zugänglich, oder offen sein.

Abbildung 29: Newsgroups bei Google (http://groups.google.de/grphp?hl=de&tab=ng&pli=1)

Einige Einkäufer-Plattformen und -Portale bieten zudem unabhängig vom Usenet spezielle Newsgroups und Foren zum Thema Einkauf an. Der Weg zu diesen Einkäufer-Plattformen wird in Kapitel 3.5 beschrieben.

3.3 Exkurs Google: Richtig Suchen – (fast) alles Finden

Da sich Google mittlerweile als Standard-Werkzeug bei der Internet-Recherche durchgesetzt hat, gehe ich auf die vielfältigen Möglichkeiten dieser Suchmaschine hier näher ein. Zudem hat sie den wohl umfangreichsten Index beziehungsweise Datenbestand aller gängigen Suchmaschinen, einen äußerst wirksamen Algorithmus zur Berechnung der Treffer-Rangfolgen (der legendäre GooglePageRank) und ist einfach in der Bedienung. Das führt dazu, dass man selbst bei abwegigen Suchanfragen immer noch halbwegs brauchbare Ergebnisse erzielt. Google verzeiht Rechtschreibschwächen und macht Vorschläge mit korrekt geschriebenen Suchbegriffen. So beeinflusst die Groß- oder Kleinschreibung oder die Nutzung von ä, ö und ü beziehungsweise ae, oe und ue die Suche mit Google nicht. Dies zu wissen, erleichtert die Nutzung und das Verständnis bei der Interpretation der Ergebnisse.

Sinnvoll ist es auch, sich mit der Ergebnisseite vertraut zu machen und sich mit der Google-Hilfe weitere Optionen der Nutzung zu erarbeiten.

Abbildung 30: Google-Hilfe (http://www.google.de/help/)

Weitere Möglichkeiten verbergen sich hinter dem sogenannten Karteireiter oben auf der Seite. Hier gelangen Sie zu Links auf weitere Google-Angebote wie beispielsweise die Bildersuche und die News-Suche. Auf der folgenden Abbildung sind diese Links gekennzeichnet, ebenso wie die Optionen "Erweiterte Suche", „Einstellungen" und „Sprachtools".

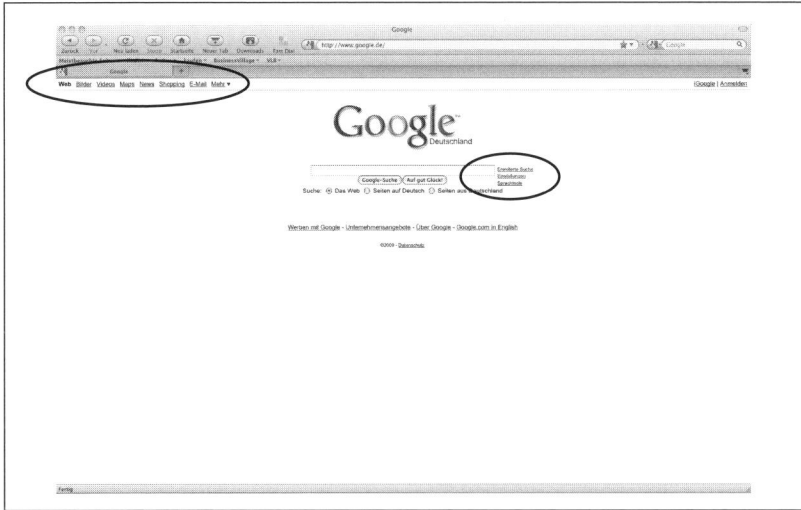

Abbildung 31: Google Funktionen und Anwendungen (http://www.google.de)

Erweiterte Suche

Ein effektiver Weg, die Suche einzuschränken, bietet Google über die Option „Erweiterte Suche". Mit ihr können Sie Suchbegriffe mit den Verknüpfungen „Und", „Genau so geschrieben", „Oder" und „Nicht" versehen, um die Suche einzuschränken, ohne auf Suchbegriffe zu verzichten.

Beispiel: Suche nach einer Checkliste für die Verhandlungsvorbereitung
Stellen Sie sich vor, Sie suchen nach einem Leitfaden oder einer Checkliste zur Vorbereitung einer Verhandlung mit einem Lieferanten. Die Eingabe des Suchbegriffes „Verhandlungsvorbereitung" in das normale Suchfeld der

Internet-Recherche für Einkäufer | **87**

Startseite bringt Ihnen circa 6.000 Treffer, die Eingabe „Verhandlungsvorbereitung Leitfaden" immer noch etwa 800 Treffer.

– und damit eindeutig zu viele. Schon beim Überfliegen der Suchergebnisse sehen Sie, dass es sich zum Teil um Bücher und Seminare handelt. Von einer Checkliste und oder einem Leitfaden für den professionellen Einkäufer ist auf den ersten Seiten nichts zu finden.

Nun versuchen Sie die „Erweiterte Suche". Geben Sie die Begriffe ein, wie in der Abbildung vorgeschlagen.

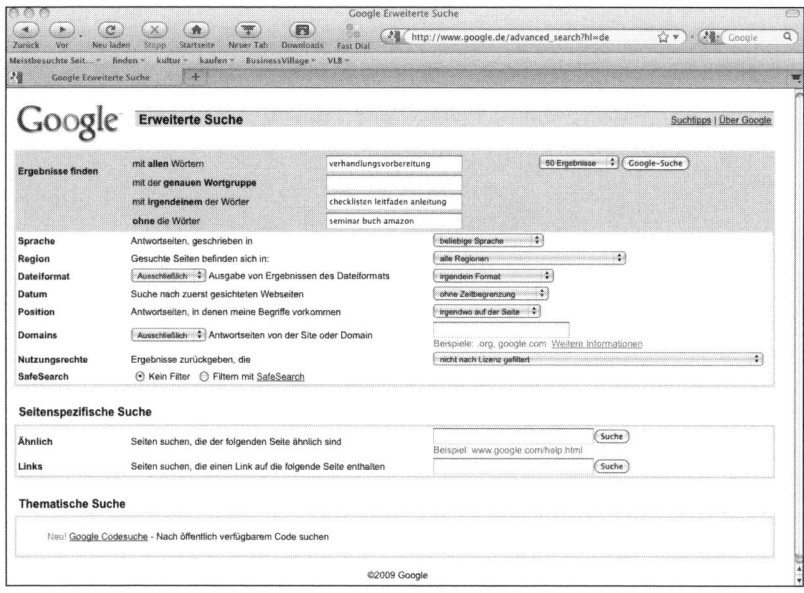

Abbildung 32: Erweiterte Such nach Tipps zur Verhandlungsvorbereitung
(http://www.google.de/advanced_search?hl=de)

Bei dieser Anfrage findet Google etwa 45 relevante Websites. Das ist tatsächlich ein Umfang, den man etwas intensiver betrachten kann. Natürlich istman auch hier nicht vor überflüssigen Treffern gefeit. In diesem Fall ändern Sie die Suchkombinationen und probieren etwas Neues aus.

Wie haben wir die Eingabefelder in diesem Fall genutzt?

Mit allen Wörtern: Alle Wörter, die in dieses Feld eingetragen werden, sind ohne Ausnahme auf der Ergebnisseite enthalten. Dies ist eine „Und"-Verknüpfung.

Mit irgendeinem der Wörter: Hier kommt es uns nicht auf die Vollständigkeit an, sondern darauf, dass mindestens ein Wort enthalten ist. Wir haben hier eine „Oder"-Verknüpfung, die die Zahl der Ergebnisse eher erweitert. Wenn man sich also nicht sicher ist, ob von einem „Leitfaden", einer „Checkliste" oder einer „Anleitung" die Rede sein soll, ist dieses Eingabefeld richtig.

Ohne die Wörter: Hier weisen Sie Google an, Treffer, die zwar alle angegebenen Bedingungen erfüllen, aber die hier angegebenen Wörter enthalten, wieder aus der Ergebnisliste zu entfernen. Damit handelt es sich um eine „Nicht"-Verknüpfung. Wie bei der ersten Eingabe des Wortes „Verhandlungsvorbereitung" schon gesehen, tummeln sich unter den Ergebnisseiten auch Verlage, die Bücher, oder Anbieter, die Ihnen Seminare verkaufen wollen. Geben wir also die Wörter „Seminar Buch Amazon" hier ein, werden Ergebnisseiten mit diesen Wörtern nicht angezeigt. Das schränkt die Anzahl der Treffer in unserem Sinne ein.

Format: Wie Sie sehen, können Sie die Suche nicht nur durch die Kombination von Suchbegriffen, sondern auch durch weitere Einstellmöglichkeiten optimieren. In unserem Beispiel habe ich ausschließlich Ergebnisse im pdf-Format zugelassen. Es ist aber auch möglich, nach Excel, Word oder anderen Dateiformaten zu suchen.

Nun gibt es ein weiteres Feld, das wir in unserem obigen Beispiel noch nicht genutzt haben: *„Mit der genauen Wortgruppe"*. Dieses Feld funktioniert wie die Eingabe von Anführungszeichen. Google zeigt nur Ergebnisseiten an, auf denen die hier eingegebenen Suchbegriffe in genau der Reihenfolge und Schreibweise enthalten sind. Angenommen, Sie wollen ein Lieferantenbewertungssystem einführen und suchen nach möglichen Kennzahlen, um die Leistung von Lieferanten zu beschreiben. Nutzen Sie nun das Suchfeld der Startseite und geben die Wörter „Kennzahlen" und „Einkauf" ein, werden Ihnen circa 140.000 Ergebnisse angezeigt. Der Großteil der Ergebnisse dürfte für Sie uninteressant sein, da auch die Sites angezeigt werden, auf denen die Wörter ohne Zusammenhang zu finden sind. Geben Sie aber in der Erweiterten Suche unter „Mit der genauen Wortgruppe" die Wortkombinationen „Kennzahlen des Einkaufs" ein, werden nur Treffer mit genau diesem Suchbegriff angezeigt – in diesem Fall etwa 30. Die Wahrscheinlichkeit, hier etwas Brauchbares zu finden, ist ungleich höher. Zusätzlich können Sie dieses Feld natürlich noch mit den andern Suchfelder kombinieren, also beispielsweise bei „Mit irgendeinem der Wörter" die Begriffe „Lieferant Lieferantenmanagement Kennzahlsystem Lieferantenbewertung" eingeben.

Weitere Einstellungen und Sprachtools

Unter den Links „Einstellungen" und „Sprachtools" verbergen sich weitere, sehr hilfreiche Einstellmöglichkeiten, um Google auf die persönliche Arbeitsweise oder für eine bestimmte Art von Recherche anzupassen. Konkret haben Sie folgende Optionen:

Anzahl der Treffer pro Seite:
Hier können Sie angeben, wie viele Treffer oder Links pro Ergebnisseite aufgelistet werden sollen.

Suchsprache:
Wählen Sie hier aus, in welcher Sprache die gefundenen Seiten geschrieben sein sollen. Damit können Sie beispielsweise die Suche auf deutschsprachige Seiten beschränken.

Sprache der Benutzeroberfläche:
Wählen Sie, in welcher Sprache die Benutzeroberfläche dargestellt werden soll– beispielsweise in Turkmenisch oder Xhosa. Damit wird die Suche denjenigen erleichtert, die in ihrer Landessprache suchen möchten. Ob allerdings auch Klingonen Google nutzen, wage ich zu bezweifeln.

Internationales Google:
Sie können auch auf das Google anderer Länder außer Deutschland ausweichen, um beispielsweise in Indien gezielt nach dortigen Lieferanten zu suchen.

Übersetzungstools:
Falls Ihnen bei der internationalen Suche nach einem Drehschieberventil die englische oder französische Vokabel dafür entfallen sein sollte, können Sie die gesuchte Vokabel mit Google übersetzen. Auf Wunsch werden auch ganze Webseiten übersetzt. Aber Vorsicht: Es handelt sich um Maschinenübersetzungen, deren Qualität zu wünschen übrig lässt. Meist langt es aber, um Inhalte zu verstehen. Es kann aber auch vorkommen, dass die Übersetzung die Verwirrung vergrößert statt verkleinert.

SafeSearch-Filter:
Zum Schutz Ihrer Kinder oder Ihrer Nerven bietet Google mit diesem Filter die Möglichkeit, Ergebnisse mit pornografischen Inhalten herauszufiltern.

Tipp
Ich habe mir bei der Anzahl der Treffer pro Seite einen Wert von 50 oder manchmal sogar 100 eingestellt und suche ausschließlich auf der ersten Seite nach Ergebnissen. Finde ich dort nichts Geeignetes, ändere ich die Suchbegriffe ab.

Bilder-Suche

Ein Bild sagt mehr als tausend Worte. Dies gilt auch dann, wenn Sie sich über ein bestimmtes Produkt informieren möchten. Angenommen, Sie bekommen eine Stückliste mit einzukaufenden Komponenten. Ganz oben steht „Drehschieberventil". Vielleicht sind Sie Kaufmann oder haben aus irgendeinem anderen Grund keinen blassen Schimmer, was das ist, was Sie da einkaufen sollen. Die Blöße, zu Ihren Technikern zu gehen, möchten Sie sich nicht geben. Was können Sie also tun?

Nutzen Sie das Wissen von Google. Denn neben Texten gibt es im Web Milliarden von Bildern. Jedes Foto, das Sie auf einer Webseite sehen können, ist auf irgendeinem Server als eigene Datei abgelegt. Google durchsucht für Sie dieses riesige Bildarchiv – vorausgesetzt, Sie klicken auf den Karteireiter „Bilder" und geben dort Ihren Suchbegriff ein. Dies kann natürlich auch ein Name wie Brad Pitt oder Angelina Jolie sein.

Aber auch Begriffe wie Drehschieberventil führen zu Treffern bei der Bildersuche. Und so sieht das von Ihnen gesuchte Produkt aus (siehe Abbildung 33).

Die angezeigten Bilder oder technischen Zeichnungen sind gleichzeitig Links zu der betreffenden Seite, auf der dieses Bild zu finden ist. Das können Lieferanten oder Informationsportale sein, auf denen man nun weitere Informationen beispielsweise zu der Funktionsweise, den Einsatzmöglichkeiten oder Preisen von Drehschieberventilen findet.

Die Bildersuche eignet sich – richtig angewendet – aber auch zur Marktrecherche. Geben Sie beispielsweise abstrakte Begriffe wie „Stahlpreise" ein, bekommen Sie Charts, Preisverläufe und Diagramme angezeigt. Damit können Sie im Gespräch mit Ihrem Lieferanten punkten, wenn er aufgrund gestiegener Stahlpreise höhere Preise durchsetzen möchte (siehe Abbildung 34 auf Seite 94).

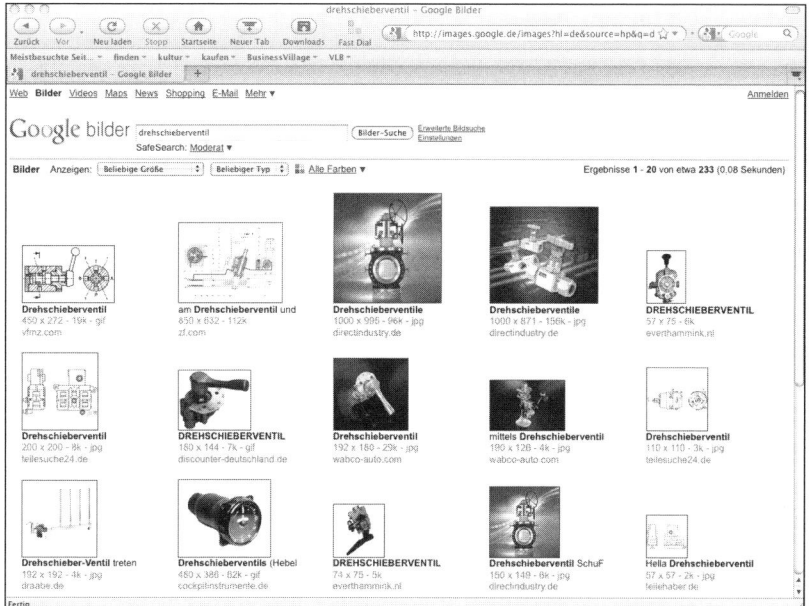

Abbildung 33: Bildersuche nach *Drehschieberventile* (http://images.google.de/images?hl=de&source=hp&q=drehschieberventil&btnG=Bilder-Suche&gbv=2&aq=f&oq=)

Tipp

Auch bei der Bildsuche gibt es die Option „Erweiterte Suche", mit der Sie Ihre Suche verfeinern können. Übrigens können Sie die Bilder mit „Kopieren" und „Einfügen" in ein Word- oder PowerPoint-Dokument überführen. Beachten Sie aber, dass es auch für Bilder einen Urheberschutz gibt.

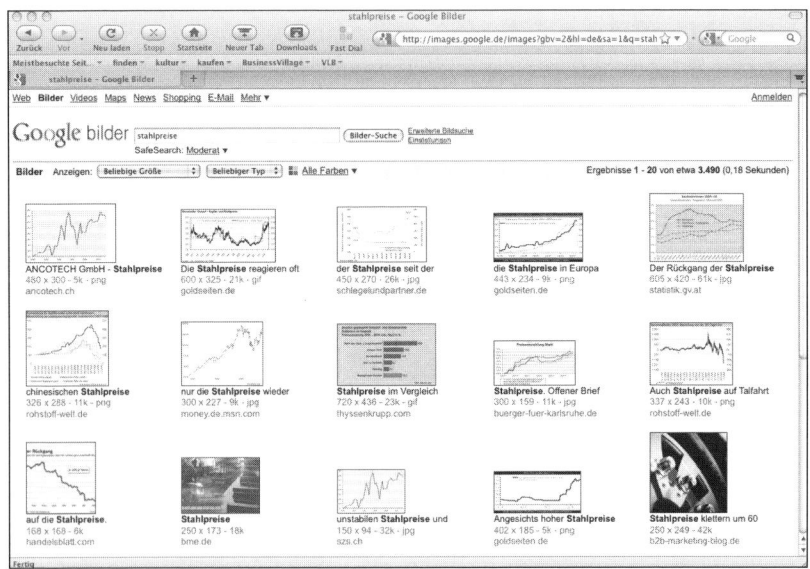

Abbildung 34: Bildersuche nach *Stahlpreise* (http://images.google.de/images?gbv=2&hl=de&sa=1&q=stahlpreise&btnG=Bilder-Suche&aq=f&oq=)

News-Suche

Klicken Sie auf den Karteireiter News, verwandelt sich Google in einen virtuellen Zeitungskiosk. Google News greift auf unzählige Internet-News-Dienste zu, durchsucht diese nach interessanten Neuigkeiten und stellt Links zu entsprechenden Artikeln und Meldungen bereit. Durchsucht werden die Online-Dienste etablierter Zeitungen, Zeitschriften und Magazine wie FAZ, Handelsblatt, Financial Times oder Spiegel. Aber auch reine Internet-News-Portale oder lokale Zeitungen wie beispielsweise die „Kinzigtal-Nachrichten" werden hier einbezogen.

So können Sie sich bei bestimmten Themen auf dem Laufenden halten, indem Sie in das vorhandene Suchfeld Begriffe wie „Stahlpreise" eingeben und die entsprechenden Meldungen lesen. Sie können aber auch den Namen des Lieferanten eingeben, mit dem Sie morgen ein Jahresgespräch führen wollen. Rekordgewinne oder Umsatzeinbrüche? Bei seinen strategischen Lieferanten wäre es sicher nicht schlecht, dazu Bescheid zu wissen.

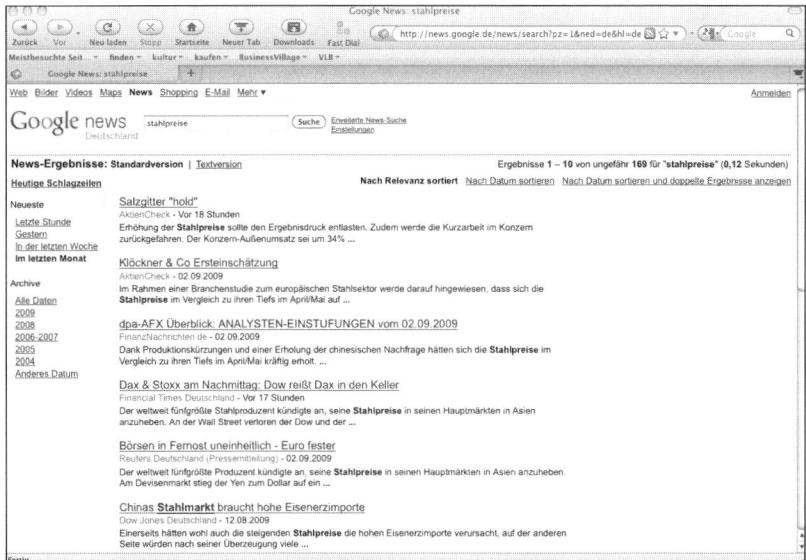

Abbildung 35: News-Suche zum Thema Stahlpreise (http://news.google.de/news/search?pz=1& ned=de&hl=de&q=stahlpreise&cf=all&start=0)

Auch hier gibt es wieder vielseitige Einstellmöglichkeiten, um die Suche oder die Anzeige der Ergebnisse auf die persönlichen Anforderungen einzustellen. So können Sie die Treffer chronologisch sortieren, um auch eine zeitliche Entwicklung bei der Berichterstattung zu beobachten oder in älteren Artikeln zu stöbern.

Ganz komfortabel wird es mit einem sogenannten „Alert". Dabei handelt es sich um eine Art Dauer-Suchbefehl. Sobald der von Ihnen gewählte Suchbegriff im Internet neu verzeichnet wird, erhalten Sie eine E-Mail mit dem entsprechenden Link. Bequemer können Sie nicht auf dem Laufenden bleiben.

Google als Einkaufsberater

Mit dem Klick auf den Link „Mehr" und dann „Shopping" gelangen Sie auf das Shopping-Portal von Google. Das ist kein Online-Shop im eigentlichen Sinne und Sie können bei Google auch nichts kaufen. Google-Shopping funktioniert eher wie ein Produktverzeichnis mit ausführlichen Preisvergleichs-Möglichkeiten und Links zu entsprechenden Online-Shops. Glaubt man Google, gibt es keine Gewinnbeteiligungen. Auch bei der Präferenz der Treffer können Unternehmen keinen Einfluss nehmen, da keine Vorzugsplatzierungen verkauft werden. Hier unterscheidet sich Google deutlich von Anbietern wie beispielsweise Yahoo. Nutzen Sie dort die Möglichkeit, nach Online-Angeboten zu recherchieren, kaufen Sie sozusagen bei Yahoo oder mit Yahoo vertraglich verbundenen Geschäften ein.

Die Shopping-Option ist eine gute Informationsquelle, um bei bestimmten Produkten eine Preisvorstellung zu bekommen. Aussagekräftige Preisvergleiche sind allerdings nur bei vergleichbaren, also standardisierten Artikeln möglich. Diese sind beispielsweise über eine eindeutige Typenbezeichnung identifizierbar. In der Regel wird man dieses Werkzeug also eher zum Einkauf von C-Artikeln, wie Büromaterial, Sicherheitsschuhen oder 19"-TFT-Bildschirmen nutzen. Aber auch hochpreisige Artikel wie beispielsweise Drehmaschinen können Sie durchaus im Internet einkaufen (siehe Abbildung 36).

Buchsuche

Hinter der Google-Buchsuche steckt ein ehrgeiziges Vorhaben. Das Ziel ist es, riesige Buchbestände einzuscannen, zu digitalisieren und dem Informationssuchenden zur Verfügung zu stellen. Google ist dabei schon recht weit, zu jedem Thema finden Sie bereits Lektüre, egal ob Fachbuch, Sachbuch oder Belletristik. Viele Verlage und Autoren sind mit diesem Vorgehen nicht einverstanden, da sie ihre Urheberrechte gefährdet sehen. Für Einkäufer ist der Nutzen jedoch gewaltig.

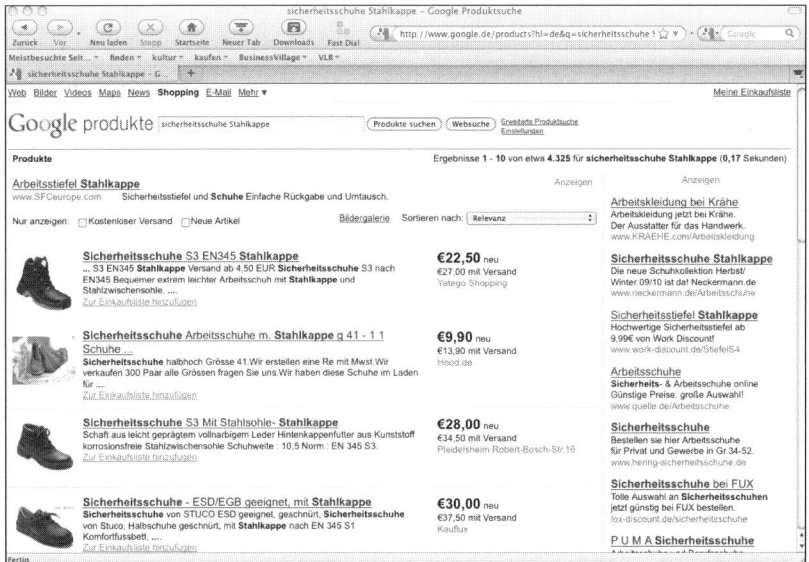

Abbildung 36: Shopping-Suche nach Sicherheitsschuhen mit Stahlkappen (http://www.google.de/products?hl=de&q=sicherheitsschuhe%20Stahlkappe&um=1&ie=UTF-8&sa=N&tab=wf)

Auch zur Buchsuche gelangen Sie, indem Sie auf der Google-Website den Karteireiter „Mehr" klicken. Unter anderen weiteren Angeboten von Google sehen Sie hier auch den Link zur „Buchsuche". Von hier öffnet sich die Startseite der Buchsuche, die ähnlich wie eine normale Suchmaschine – inklusive einer erweiterten Suche – aufgebaut ist. Probieren Sie verschiedene Suchbegriffe aus – Sie werden schnell die fantastischen Möglichkeiten erkennen (siehe Abbildung 37 auf der folgenden Seite).

Ihr Vorteil: Mit einem Klick auf die Treffer – in der obigen Abbildung beispielsweise die Ergebnisliste für die Eingabe der Suchbegriffe „Lieferantenmanagement Kennzahlen" – gelangen Sie zum Buchtext und können darin stöbern. Zum Teil steht der Text vollständig zur Verfügung, zum Teil gibt es nur eine eingeschränkte Vorschau. Aber selbst da können Sie ausgiebig lesen. Ab und an ist eine Seite aus urheberrechtlichen Gründen von der Vorschau ausgenommen.

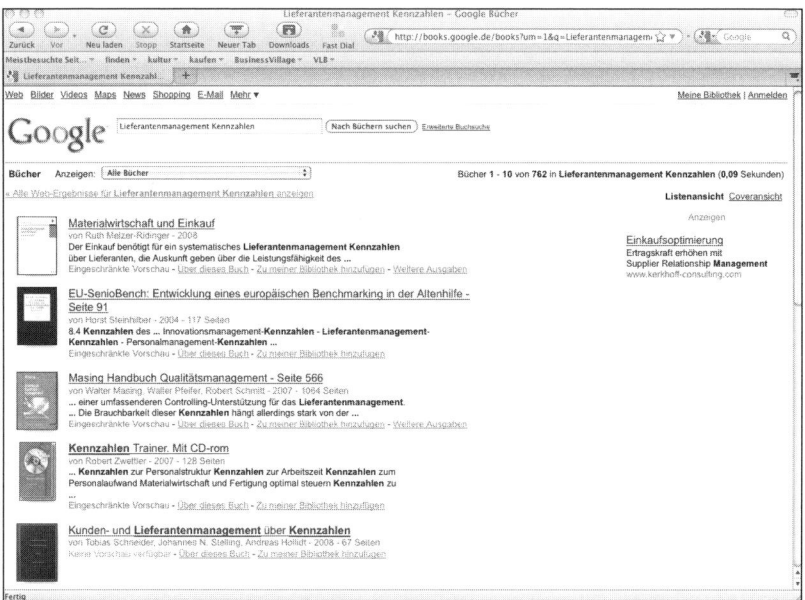

Abbildung 37: Buchsuche mit den Begriffen *Lieferantenmanagement* und *Kennzahlen* (http://books.google.de/books?um=1&q=Lieferantenmanagement+Kennzahlen&btnG=Nach+B%C3%BCchern+suchen)

Mit der Buchsuche können Sie also ein Thema durch die Lektüre verschiedener Bücher von verschiedenen Autoren durchdringen. Sie kann Ihnen auch helfen, zu entscheiden, welches Buch Sie sich vielleicht kaufen wollen. Im Gegensatz zu den klassischen Buchhandlungen haben Sie hier die Chance, sich anhand des Inhaltsverzeichnisses oder des Inhaltes zahlreicher Titel für ein Buch zu entscheiden.

Das Google-Verzeichnis

Wie hilfreich Verzeichnisse sein können, habe ich ja bereits erwähnt. Der Zugang zu einem der für mich umfangreichsten und qualitativ überzeugendsten Verzeichnisse, dem Open Direcory Project Dmoz (www.dmoz.de), ist auch über Google möglich. Klicken Sie dazu auf den Karteireiter „Mehr" und dann in der Auswahl auf „und noch mehr". Diese Seite zeigt sämtliche

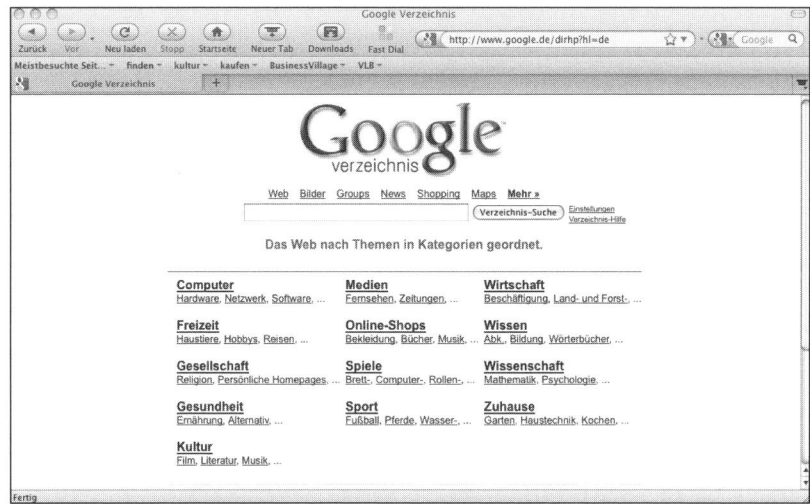

Abbildung 38: Google-Verzeichnis (http://www.google.de/dirhp?hl=de)

Google-Anwendungen an – unter anderem den Link, der Sie zum Verzeichnis führt. Für den Einkäufer wird vorzugsweise die Kategorie „Wirtschaft" interessant sein. Dahinter finden Sie zahlreiche Unterkategorien, die nach Branchen oder Fachgebieten aufgeteilt sind. Auch Kategorien speziell für Einkäufer, wie „Beschaffung" oder "E-Business". In diesen und weiteren Kategorien wie „Industriegüter und -dienstleistungen" oder „Pharma und Biotechnologie" können Sie suchen (siehe Abbildungen 39 und 40 auf der folgenden Seite).

3.4 Spezielle Seiten für den Einkäufer

Lieferantenverzeichnisse

Bei Lieferantenverzeichnissen handelt es sich um große Datenbanken oder Verzeichnisse, in denen Firmen aufgelistet sind. In der Regel können Sie darin, abhängig vom jeweiligen Verzeichnis, mittels verschiedener Kriterien den geeigneten Lieferanten suchen. Suchkriterien sind beispielsweise

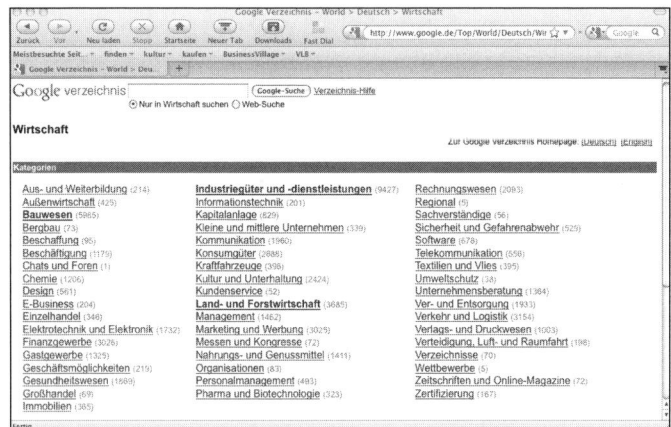

Abbildung 39: Verzeichnis, Unterkategorie „Wirtschaft"
(http://www.google.de/Top/World/Deutsch/Wirtschaft/)

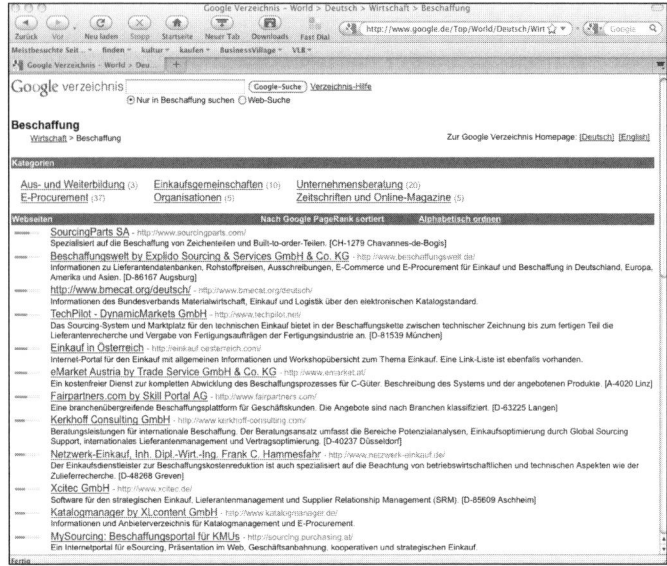

Abbildung 40: Verzeichnis, Unterkategorie „Wirtschaft" → Beschaffung"
(http://www.google.de/Top/World/Deutsch/Wirtschaft/Beschaffung/)

Produkte, Ort oder Branche des Lieferanten. Eines der bekanntesten Lieferantenverzeichnisse ist „Wer liefert Was?", das bereits in der Vor-Internet-Zeit als Buch bekannt und verbreitet war.

In den Datenbanken sind verschiedene Informationen über den Lieferanten gespeichert. Dazu gehören beispielsweise Größe des Unternehmens, Standort, Mitarbeiter und ISO-Zertifizierungen. Die Verzeichnisse unterscheiden sich zudem durch Zusatzangebote wie Weiterleitung auf die Homepage des Lieferanten, das Anfordern von Informationen, die Möglichkeit der Kontaktaufnahme oder des direkten Versendens einer Anfrage. Weitere Unterschiede gibt es bei den Schwerpunkten. So konzentrieren sich einige Datenbanken bei der Suche auf eine bestimmten Region oder eine Branche. Andere beziehen nur deutsche Lieferanten ein. Die meisten sind jedoch länderübergreifend nutzbar, wobei Sie selbst die zu durchsuchende Region angeben können.

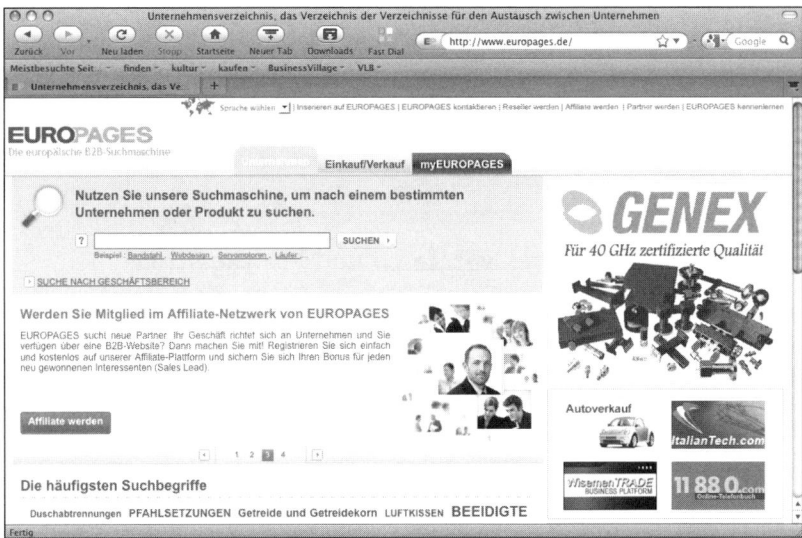

Abbildung 41: EUROPAGES (http://www.europages.de/)

Damit Sie sich einen ersten Eindruck von dem Angebot der Lieferantenverzeichnisse machen können, hier einige Beispiele für nationale Lieferantenverzeichnisse:

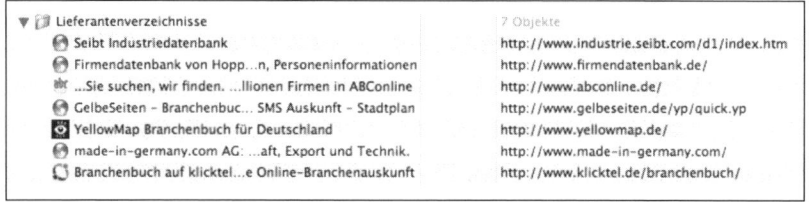

Abbildung 42: Lieferantenverzeichnisse

Und mit diesen Anbietern können Sie international recherchieren:

Abbildung 43: Internationale Lieferantenverzeichnisse

Preisentwicklung: Preisvergleich und Preisagenten

Für Einkäufer gehört es heute oft zum Tagesgeschäft, sich über ständig ändernde Kurse und Notierungen von Rohstoffen zu informieren. Nur so kann er in Zeiten steigender Rohstoffpreise die ihm angebotenen Preise für Produkte richtig beurteilen (siehe Abbildung 44).

Um mithilfe des Internets einen Preisvergleich zu erstellen, gibt es zwei prinzipielle Möglichkeiten. Zum einen können Sie sogenannte Shopbots nutzen. Diese ermitteln, ähnlich wie Suchmaschinen, das günstigste Angebot innerhalb der ihnen zugänglichen Datenbanken und stellen Ihnen diese zur Verfügung (siehe Abbildung 45).

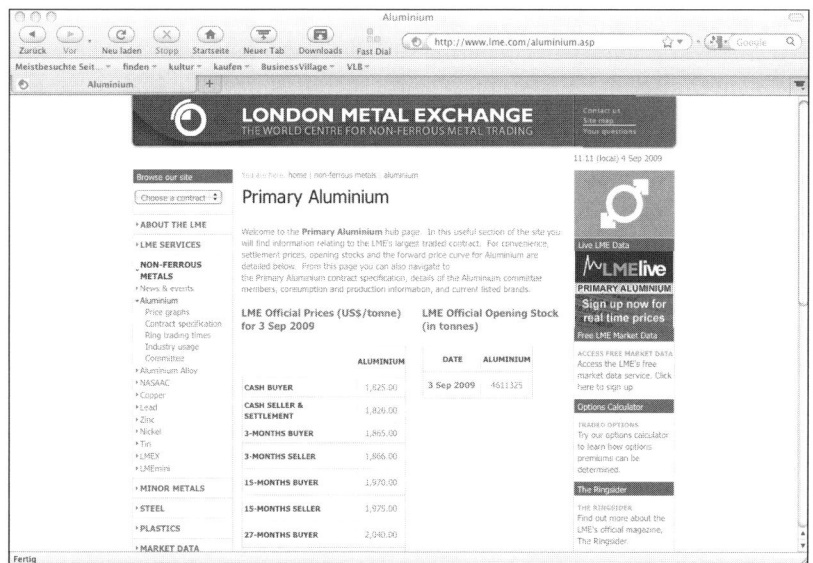

Abbildung 44: Rohstoffbörse London Metal Exchange (http://www.lme.com/aluminium.asp)

Abbildung 45: guenstiger.de (http://www.guenstiger.de/gt/main.asp)

Internet-Recherche für Einkäufer | 103

Oder Sie nutzen Preisagenten, die erst bei einem konkreten Suchauftrag tätig werden. Preisagenten übernehmen die Recherche nach potenziellen Lieferanten, fragen die Preise des gewünschten Artikels an und teilen das Ergebnis dem Anfrager mit. Dieses Angebot ist in der Regel kostenpflichtig. Meistens will der Preisagent dabei prozentual an der Einsparung beteiligt werden.

Abbildung 46: Linkliste Preisvergleiche und Preisübersichten

Messen

Trotz der digitalen Möglichkeiten ist es immer wieder nötig, Lieferanten persönlich zu treffen oder sich von den Produkten ein genaueres Bild zu machen. Dies gilt gerade für erklärungsbedürftige Produkte und komplexe Anfragen. Zu den klassischen Möglichkeiten, viele Anbieter auf engem Raum in Augenschein zu nehmen, zählen Messen. Dabei hilft das Internet auch hier – beispielsweise bei Auswahl, Planung und Vorbereitung eines Messebesuches. So finden sich in den meisten Fällen auf den Websites der Fachmessen auch Ausstellerlisten. Diese können natürlich auch ohne den Messebesuch genutzt werden, um Anfragen zu verschicken oder sich virtuell über die Anbieter zu informieren.

Für die Recherche zu Messen bieten sich unter anderem folgende Websites an:

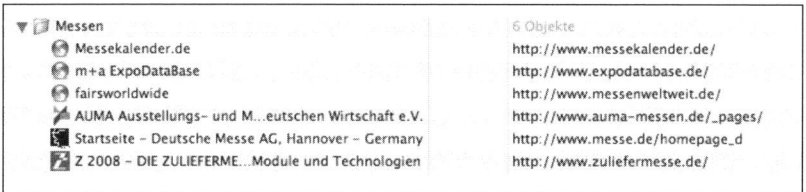

Abbildung 47: Informationen zu Messen

Gebrauchtwaren

Bei langlebigen Produkten, wie Maschinen und Anlagen, gibt es einen relativ ausgeprägten Gebrauchtwarenhandel. Dabei werden die Maschinen oft vom Hersteller generalüberholt und mit Garantie wieder verkauft – unter anderem über das Internet. Auf Seiten wie beispielsweise Surplex oder GoIndustry werden sogar komplette Fabriken und Fertigungslinien angeboten.

Aber auch spezielle Geräte sind über das Internet erhältlich. So suchte ein Teilnehmer eines Internet-Seminars für das Krankenhaus, in dem er als Einkäufer tätig war, ein günstiges Röntgengerät. Tatsächlich fand er auf diesem Weg ein gebrauchtes Gerät in Japan, welches das begrenzte Budget nicht überschritt und heute im Einsatz ist.

Die gezielte Suche nach gebrauchten Maschinen ist unter anderem auf diesen Seiten möglich (siehe Abbildungen 48 und 49 auf der folgenden Seite).

Abbildung 48: GebrauchtMaschinen-Journal.de (http://www.gebrauchtmaschinen-journal.de/)

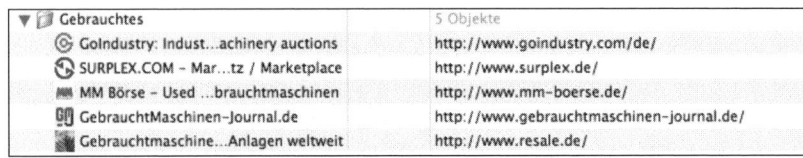

Abbildung 49: Links zum Thema Gebrauchtwaren

Marktplätze

Marktplätze sind Internet-Plattformen, die geschäftliche Transaktionen anbahnen, unterstützen und durchführen. Hier treffen Angebot und Nachfrage virtuell zusammen. Zu den bekanntesten virtuellen Marktplätzen weltweit zählt eBay. Auch hier wurde das Potenzial der gewerblichen Einkäufer erkannt und mit „eBay Business" eine Plattform für B2B-Geschäfte entwickelt.

Die Angebote auf den Marktplätzen sind sehr dynamisch und ändern sich stündlich. Neue Anbieter tauchen auf, andere verschwinden ganz einfach. Hier gute und verlässliche Lieferanten zu finden, ist nicht immer ganz einfach. Auch deshalb sollte die Auswahl eines Marktplatzes nach verschiedenen Kriterien erfolgen. Dazu gehört beispielsweise die Frage, ob ein Bewertungssystem besteht ob die Käufe sicher mit PayPal abgewickelt werden können.

Wichtig ist zudem das Angebot auf den Marktplätzen. So gibt es sehr spezielle Marktplätze, wie beispielsweise sourcingparts.com, auf dem zeichnungsgebunden Konstruktionsteile gehandelt werden, oder eher allgemeine Online-Shops, in denen man wie bei amazon.de Bücher, Büromaterial oder IT-Equipment einkaufen kann.

Um die Wahl des geeigneten Shops zu vereinfachen, können Sie sich über Seiten wie shopfinder.de eine Übersicht über Online Shops anzeigen lassen. Das Verzeichnis von Google bietet beispielsweise folgende Marktplätze im Bereich E-Commerce an (siehe Abbildung 50 auf der folgenden Seite).

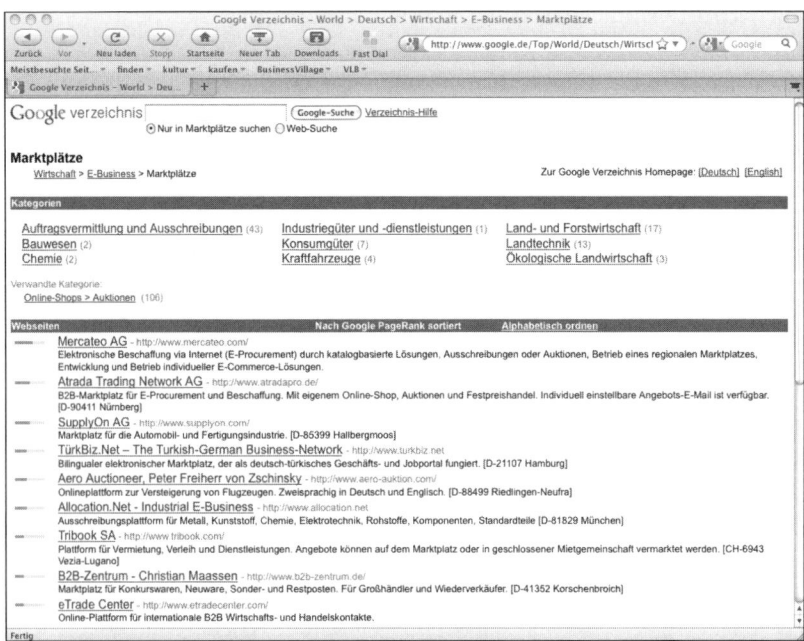

Abbildung 50: Marktplätze bei Google (http://www.google.de/Top/World/Deutsch/Wirtschaft/E-Business/Marktpl%C3%A4tze/)

3.5 Plattformen und Portale für Einkäufer

Spezielle Seiten und Portale für Einkäufer bieten – sozusagen als Türen in die spezielle Internet-Welt des Einkäufers – unterschiedliche Möglichkeiten bei der Suche nach Informationen. Hier findet sich beispielsweise Fachwissen zu Themen wie Lieferantenmanagement, Kennzahlen, Verhandlungsführung oder Projektmanagement. Aber auch rechtliche Informationen zu Vertragsrecht, Schuldrechtsreform bis hin zu Musterverträgen sowie Außenhandelsinformationen, die zum Global Sourcing benötigt werden.

Gesammelt und aufbereitet werden diese Informationen in der Regel von qualifizierten Fachleuten. Teilweise gibt es die Möglichkeit, sich mit anderen Einkäufern in Diskussionsforen auszutauschen. Angeboten werden auch Dienstleistungen wie beispielsweise Lieferantensuche, Beratung, Training und Newsletter.

Beispiele für diese Portale sind unter anderem:

Abbildung 51: Bundesverband Materialwirtschaft Einkauf und Logistik e. V. (http://www.bme.de/)

Abbildung 52: Competence Site (http://www.competence-site.de/)

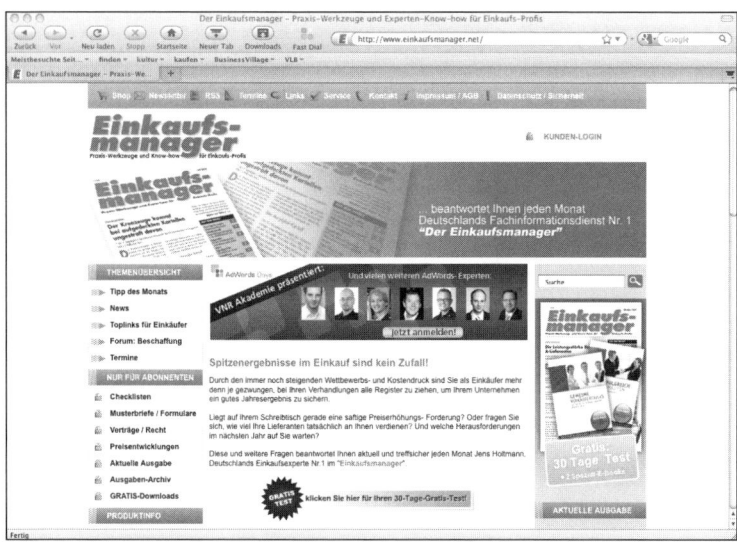

Abbildung 53: Einkaufsmanager (http://www.einkaufsmanager.net/)

Mithilfe dieser und weiterer Portale können Sie Ihr Fachwissen und Einkaufs-Know-how regelmäßig aktualisieren und sich über die aktuellen einkaufsspezifischen Entwicklungen informieren sowie Ihr methodisches Know-how und Fachwissen kontinuierlich festigen und erweitern.

Zwar bleibt es sicher notwendig, ab und an ein Fachbuch oder bestimmte Fachzeitschriften zu lesen. Trotzdem ist das Internet auch hier ein sehr geeignetes Informationsmedium.

Sehr schnell hat man Zugang zu Informationen und Texten von Universitäten, Fachverbänden, Wissensportalen, Fachzeitschriften oder zu Erfahrungsberichten.

Eine Auswahl an Seiten für den Einkäufer:

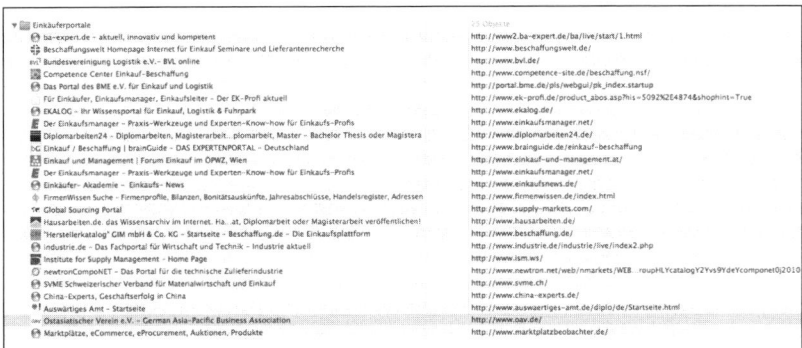

Abbildung 54: Seiten speziell für den Einkäufer

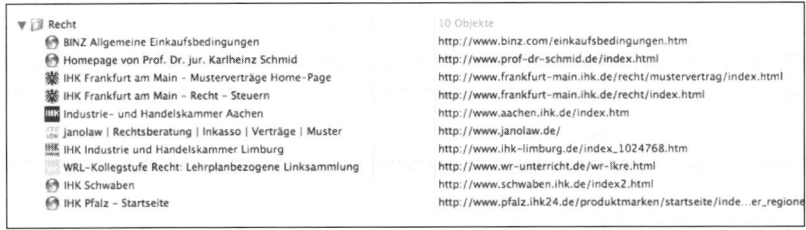

Abbildung 55: Informationen zum Thema Vertragsrecht

Wie bereits erwähnt gibt es spezielle Newsgroups und Diskussionsforen für Einkäufer. Hier können Sie andere Teilnehmer beispielsweise nach günstigen Lieferquellen, Erfahrungen mit bestimmten Beschaffungsmärkten oder sonstigen aktuellen Problemen der Tagesarbeit befragen.

Auf den Seiten des BME, der Competence-Site oder des nachfolgend abgebildeten Einkaufsmanagers gibt es moderierte Diskussionsforen zu verschiedenen Themenkreisen.

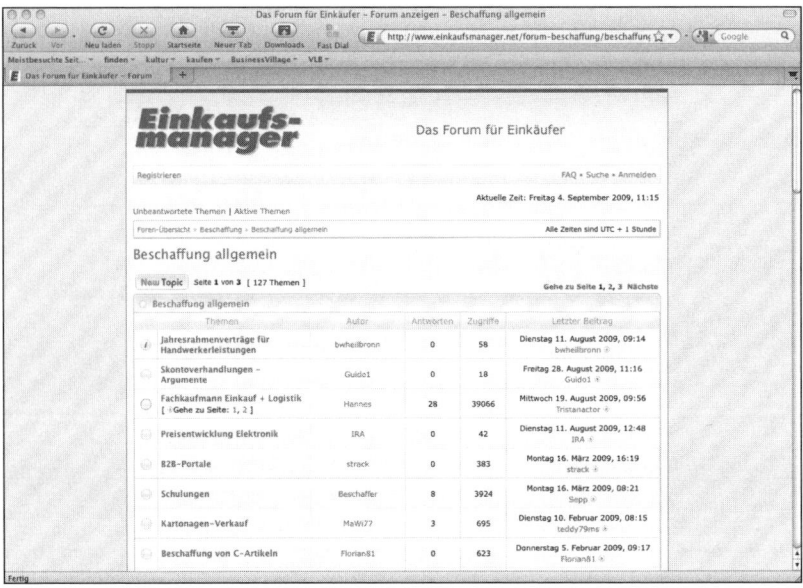

Abbildung 56: Diskussionsforen auf www.einkaufsmanager.net
(http://www.einkaufsmanager.net/forum-beschaffung/beschaffung-allgemein-f1/)

4.
Verhandeln –
Handwerk oder Magie?

4.1 Keine Angst vorm Verkäufer! 114
4.2 Die zehn Erfolgsfaktoren professioneller Verhandlungsvorbereitung................115
4.3 Welchen Weg wähle ich, um meine Ziele zu erreichen? –
    Die Verhandlungsstrategie...123
4.4 Der Ton macht die Musik – Der Verhandlungsstil 127
4.5 Selbstsicheres Auftreten für mehr Erfolg 131
4.6 Richtig argumentieren und Einwände kontern 139
4.7 Gesprächsführung – Vom Small Talk zur Argumentation..................................142

4.1 Keine Angst vorm Verkäufer!

Preis- und Vertragsverhandlungen, Zielvereinbarungsgespräche, Reklamations- oder Feedbackgespräche – es gibt zahlreiche Anlässe, mit Lieferanten zu reden. Dabei wird vor allem Preisverhandlungen eine besondere Bedeutung zugemessen, da hier in kurzer Zeit über viel Geld entschieden wird. Inhaltlich geht es darum, Preise zu reduzieren, Preiserhöhungen abzuwehren oder Rabattstaffeln zu vereinbaren. Diese Verhandlungen werden in vielen Fällen sehr erbittert geführt, da das Ergebnis sehr transparent über Erfolg oder Misserfolg Auskunft gibt. Die Verhandlungspartner stehen daher unter Erfolgsdruck – keiner möchte als Verlierer dastehen.

Aber auch in den anderen Verhandlungen geht es letztendlich um Geld. Eine durch einen Rahmenvertrag abgesicherte Partnerschaft mit einem Zulieferer wird geschlossen, um langfristig Potenziale zu erschließen. Bei Reklamationsgesprächen geht es darum, Schlechtleistung von Lieferanten abzustellen, eventuell sogar Schadensersatz einzufordern. Jeder Einkäufer weiß – und auf den bisherigen Seiten dürfte es noch zusätzlich deutlich geworden sein –, dass ein schlechter Lieferant Geld kostet.

Vielen Einkäufern ist bei diesen Verhandlungen unbehaglich zumute, da sie in Verhandlungstechnik und Rhetorik nicht oder nur unzureichend ausgebildet sind. Während der typische Einkäufer in seinem Berufsleben ein bis zwei Mal ein Seminar zur Verhandlungstechnik besucht, werden Verkäufer regelmäßig in Seminaren und Workshops vorbereitet und trainiert. Sie lernen überzeugend zu argumentieren, Widerstände zu erkennen und damit umzugehen, zu manipulieren und zu beeinflussen. Damit sind gute Verkäufer besser geschult als der Einkäufer. Zudem haben sie viel mehr Übung als der Einkäufer, da sie öfter verhandeln. Manchmal ist das sogar ihre einzige Aufgabe. Der Einkäufer dagegen hat in der Regel neben dem Führen von Einkaufsverhandlungen viele andere Aufgaben, er verhandelt nicht jeden Tag.

Ein weiterer Vorteil der Verkäufer ist ihr Fachwissen über das zu verkaufende Produkt. Sie haben gelernt, die Vorzüge herauszustellen und Ihnen Ihre Bedenken zu nehmen. Der Einkäufer dagegen hat oft gar nicht die Zeit, sich auf technischer oder inhaltlicher Ebene so vorzubereiten, wie es notwendig wäre. Viele Einkäufer sitzen in einer Verhandlung und haben eigentlich gar keine Ahnung, was sie dort einkaufen.

Der Verkäufer ist besser ausgebildet, rhetorisch geschulter, kennt das Produkt besser. Welche Chance haben Sie nun, Ihre Interessen durchzusetzen? Zuerst: Sie sind der Kunde, Sie haben das Geld, und Sie entscheiden, wer es bekommt. Das ist ein großer Vorteil, der Ihnen in den Gesprächen die nötige Sicherheit geben kann. Führen Sie sich diese Position immer wieder vor Augen, und Sie werden entsprechend selbstbewusst auftreten.

Natürlich reicht das allein nicht aus. Gefragt ist zudem eine gute Verhandlungstechnik, die nichts mit Magie zu tun hat. Gute Verhandlungen zu führen ist eine Frage der Übung und der Fleißarbeit, die man investiert – ähnlich wie das Erlernen einer Sportart. Wer gut sein will, braucht Training. Haben Sie dazu noch Talent, ist vielleicht eine Goldmedaille bei den olympischen Spielen möglich. Aber auch ohne Naturtalent sind mit genügend Einsatz solide Leistungen erreichbar.

4.2 Die zehn Erfolgsfaktoren professioneller Verhandlungsvorbereitung

Nach einem Gespräch fallen einem immer die besten Antworten ein. Doch als Verhandlungsprofi sollte Ihnen das nicht passieren. Denn eine nachlässige Vorbereitung, die sich nach außen in einem fehlenden Argument zeigt, kostet in der Regel Geld.

Das Rezept für erfolgreiche Verhandlungen ist deshalb gute Vorbereitung. Dazu gehört, dass Sie Ihre Ziele definieren, aber auch wissen, wie Sie diese erreichen möchten.

Alle Verhandlungen haben zentrale Merkmale beziehungsweise Fragestellungen gemeinsam. Ganz gleich, ob Sie mit Ihren Lieferanten über Preise oder mit Ihren Kindern über das Taschengeld verhandeln – es gibt bestimmte zentrale Fragen und Erfolgsfaktoren.

Die vier zentralen Fragen der Verhandlung
1. Welche Ziele will ich erreichen? 2. Welche Informationen brauche ich für die Verhandlung? 3. Wer nimmt an der Verhandlung teil? 4. Wie will ich meine Ziele erreichen?

Diese Fragen sind auch Bestandteil der zehn Erfolgsfaktoren für die professionelle Verhandlungsvorbereitung, die ich Ihnen im Folgenden vorstelle.

Erfolgsfaktor 1 – Die richtigen Ziele

Setzten Sie sich auch das Ziel, „beim Preis so viel wie möglich rauszuschlagen"? Was ist denn „soviel wie möglich"? Sind es ein Prozent Nachlass oder zehn? Ohne diese Definition im Vorfeld können sie nicht erfolgreich verhandeln, da die nötige Entschlossenheit fehlt. Dies gilt vor allem, wenn Ihr Gesprächspartner rhetorisch geschult ist.

Versuchen Sie deshalb in allen Bereichen, um die es Ihnen bei der Verhandlung geht, so konkret wie möglich zu werden. Dies gilt für den Preis ebenso wie für die Qualität, Lieferpünktlichkeit und vieles mehr. Gute beziehungsweise schlechte Ziele sind beispielsweise:

Gute Ziele	Schlechte Ziele/Keine Ziele
Ich erwarte einen Preisnachlass von 10 Prozent!	Eigentlich ist mir das zu teuer.
Liefertermintreue von 99 Prozent	Lieferungen müssen pünktlicher sein.
Fehlerquote von unter 0,5 Prozent	Sie müssen etwas genauer arbeiten.

Abbildung 57: Beispiele für gute und schlechte Ziele aus der Praxis

Wenn Sie mit klaren Zielen in die Verhandlung gehen, verhandeln Sie entsprechend zielstrebig und steigern so Ihre Chance auf Erfolg.

Erfolgsfaktor 2 – Gut informiert in die Verhandlung
Um diese Ziele definieren zu können, müssen Sie sich entsprechend vorbereiten. Wo liegt der aktuelle Preis und wie möchten Sie für den Nachlass argumentieren? Wie hoch ist die Fehlerquote und welche Nachteile hat dies für Ihr Unternehmen? Kurz: Die richtigen Informationen sind das notwendige Rüstzeug für erfolgreiche Verhandlungen. Bereiten Sie sich entsprechend vor und informieren Sie sich vorab über aktuelle Marktpreise, das Unternehmen des Lieferanten, den Verkäufer, die aktuelle Lieferantenperformance und natürlich über das einzukaufende Produkt. Gerade das fehlende Fach- und Produktwissen wird Einkäufern immer wieder zum Verhängnis. Deshalb gilt: Je besser Sie das einzukaufende Produkt kennen, desto weniger laufen Sie Gefahr, dass Sie über den Tisch gezogen werden.

Erfolgsfaktor 3 – Die richtige Argumentation
Sie kennen alle Hintergründe und haben sich Ihr Ziel gesetzt. Überlegen Sie nun, wie Sie Ihren Standpunkt, Ihre Forderung begründen können. Haben Sie gute Argumente auf Ihrer Seite, die Ihre Ziele untermauern können?

Denken Sie daran: Ein gutes Argument ist schlüssig, nicht widerlegbar und legt nur eine Schlussfolgerung nahe – Ihren Zielen zuzustimmen.

Erfolgsfaktor 4 – Der Perspektivenwechsel
Nicht nur Sie bereiten sich auf die Verhandlung vor. Auch der Verkäufer wird sich im Vorfeld Ziele setzen, nach Begründungen suchen und seine Argumentation vorbereiten. Seien Sie ihm einen Schritt voraus, indem Sie vor der Verhandlung die Perspektive wechseln! Versetzen Sie sich mit Ihrem Hintergrundwissen über ihn und sein Unternehmen in die Lage des Verkäufers. Fragen Sie sich dann: „Was hat der Verkäufer vor? Und wie will er versuchen, dieses Ziel zu erreichen?"

Um sich optimal auf das Gespräch vorzubereiten, sollten Sie diese Fragen für sich beantworten können:

- Was hat der Verhandlungspartner vor?
- Welche Ziele hat er, wie möchte er aus der Verhandlung gehen (Idealposition)?

- Wie wird er seine Ziele „verkaufen", also begründen?
- Mit welchen Einwänden wird er meine Forderungen zurückweisen?
- Wo liegen seine Grenzen, bis wohin wird er gehen?
- Was kann ich ihm anbieten, was hilft ihm weiter, damit er mir entgegenkommen kann?
- Was kann er mir anbieten, wie kann er mir entgegenkommen?
- Wo liegen seine Stärken und Schwächen?
- Welche Macht hat er im Vergleich zu mir?

Erfolgsfaktor 5 – Einwände richtig behandeln
Steht Ihre Argumentation und haben Sie sich überlegt, wie Ihr Gegenüber argumentieren wird, können Sie schon vor der Verhandlung Konflikte vorhersehen. Bereiten Sie sich gezielt darauf vor, wie Sie Ihre Argumente vorbringen und auf die Einwände und Bedenken Ihres Gegenübers eingehen werden.

Erfolgsfaktor 6 – Die strategische Ausgangssituation
Bevor Sie sich, vielleicht mit allen Beteiligten, auf eine Verhandlungsstrategie festlegen, machen Sie sich die Situation, in der Sie sich befinden, noch einmal klar: Welches Risiko besteht für Sie, wenn Sie zu keiner Lösung in der bevorstehenden Verhandlung kommen?

Dabei wird Ihr Risiko von folgenden Faktoren bestimmt:
- Zeitdruck – haben Sie Zeit?
- Marktmacht – wie viel Macht hat der Lieferant verglichen mit mir?
- Wettbewerb – gibt es mögliche Alternativen?
- Produktkomplexität – wie einfach ist ein Lieferantenwechsel?

Erfolgsfaktor 7 – Verhandlungsstrategie und Verhandlungsstil
Entscheiden Sie sich, mit welcher Strategie Sie in die Verhandlung gehen wollen. Möchten Sie hart oder weich verhandeln, sind Sie kompromissbereit oder nicht? Vielleicht gibt es Punkte, bei denen Sie keinen Kompromissspielraum haben und weitere, bei denen Sie bereit sind, Ihrem Verhandlungspartner entgegenzukommen. Schauen Sie sich dazu Ihre Argumentation an. Ist diese schlagkräftig und schlüssig oder eher wackelig? Auch über den Verhandlungsstil müssen Sie sich Gedanken machen. Ehrlich, fair und höflich oder doch lieber der Griff in die Trickkiste?

Die Verhandlungsstrategie entscheidet wesentlich über Ihren Erfolg mit. Deshalb wird dieser Punkt später etwas ausführlicher behandelt.

Erfolgsfaktor 8 – Das taktische Vorgehen
Ihre Strategie muss nun handwerklich umgesetzt werden. Dazu gehören folgende Punkte:

- Reihenfolge der zu besprechenden Punkte
- Strukturierung und Reihenfolge der eigenen Argumente – Aufbau von Argumentationsketten
- Unterbrechungen (Pausen, Vertagungen) planen
- Wie viel Druck soll erzeugt werden; wie/wo soll Druck erzeugt werden?
- Auftreten, Rolle je nach gewählter Strategie planen
- Taktische Rollenverteilung im Team festlegen

Erfolgsfaktor 9 – Die Gesprächsplanung
Gerade bei komplexen Verhandlungsfragen kommt es immer wieder vor, dass mehrere Personen aus dem eigenen Unternehmen an Verhandlungen teilnehmen. So soll sichergestellt werden, dass alle fachlichen Fragen ausreichend berücksichtigt und eine für alle optimale Lösung gefunden werden kann. Damit steht bereits fest, dass jeder Einzelne in Ihrem Team eigene Interessen verfolgt. Für Techniker stehen naturgemäß technische Lösungen im Vordergrund. Kosten, vertragliche Bedingungen, strategische Überlegungen interessieren ihn erst in zweiter Linie.

Idealerweise stimmen Sie als Einkäufer und Verhandlungsführer vorher Inhalte, Ziele und Vorgehensweise ab. Besprechen Sie sich mit teilnehmenden Technikern und holen Sie diese in Ihr Boot. Damit alles gut verläuft, sollten Sie deshalb bei der Gesprächsplanung folgende Punkte berücksichtigen:

- Verhandlungsführer bestimmen
- Vorgespräche zur internen Anstimmung bezüglich Strategie und Taktik mit beispielsweise Technikern führen
- Vorliegende Angebote besprechen, Stärken und Schwächen der jeweiligen Anbieter herausstellen
- Chronologischen Gesprächsablauf abstimmen – Agenda festlegen
- Rollenverteilung im Gespräch festlegen

- Falls notwendig: Protokollführer bestimmen
- Vertragsentwurf, Verhandlungsprotokoll vorbereiten

Erfolgsfaktor 10 – Organisation
Neben der fachlichen und psychologischen Vorbereitung gilt es auch, den Termin selbst zu organisieren. Dabei sollten folgende Punkte berücksichtigt werden:

- Ort und Zeit der Verhandlung festlegen
- Teilnehmer (Lieferanten, eigene Firma) einladen
- Eventuell benötigte Fachleute auf Abruf bereithalten
- Reservierung des Raumes mit entsprechender Ausstattung (beispielsweise Flip-Chart, Overhead, Beamer)
- Sitzordnung bestimmen
- Bereitstellung von Unterlagen: Dokumente, Zeichnungen, Angebote, technische Daten, Vergleichswerte anderer Anbieter
- Getränke (Kaffee, Kaltgetränke) und Verpflegung (Kekse, eventuell Mittagessen) organisieren
- Eventuell Unterkunft, Transport der Gäste (bei Lieferanten mit weiter Anreise, beispielsweise aus China)
- Betriebsbesichtigung oder Werksrundgang planen

Diese organisatorischen Details sind aus mehreren Gründen enorm wichtig. Zum einen haben Sie beim Termin den Kopf für die Verhandlung frei und laufen nicht mit der Kaffeekanne durchs Haus. Zum anderen ist das eine Frage der Wertschätzung für den Gesprächspartner. In einer gastfreundlichen Umgebung wird er sich wohler fühlen und stärker am Aufbau einer konstruktiven Gesprächsatmosphäre interessiert sein. Fühlt man sich gut behandelt, entsteht leichter eine gemeinsame Wellenlänge und das Entgegenkommen kostet nicht zu viel Überwindung.

Der wichtigste Grund ist allerdings das Bild, dass Sie Ihrem Gegenüber vermitteln. Der Raum ist reserviert, notwendige Dokumente liegen kopiert bereit, alle Teilnehmer erscheinen pünktlich mit einer Agenda in der Hand, sind ordentlich und angemessen gekleidet, die Agenda steht auf dem Flip Chart für alle gut lesbar, Kaffee und Kekse stehen auf dem Tisch. Was, glauben Sie, geht in dem Verkäufer vor?

Ganz einfach: Er wird davon ausgehen, dass Sie sehr gut vorbereitet sind. Von Spielchen und Überrumpelung wird er nun hoffentlich Abstand nehmen und Ihnen mit dem nötigen Respekt gegenübertreten. Er sieht, dass er es mit Profis zu tun hat.

Checkliste Verhandlungsvorbereitungen

Zielformulierung
- ❑ Ziele klar definiert (Mengen, Termine, Qualität, kommerzielle Bedingungen, Kosten, Preise)
- ❑ Kompromissspielräume definiert
- ❑ Zugeständnisse
- ❑ Was muss entschieden werden?
- ❑ Was kann vertagt werden?

Informationssammlung
- ❑ Angebotsvergleiche
- ❑ Zeichnungen, Datenblätter, Spezifikationen
- ❑ Konkurrenzinformationen
- ❑ Referenzen
- ❑ Lieferanten-Auskunft
- ❑ Info über Verkäufer
- ❑ Lieferantenbeurteilung: Mängel, Reklamationen, Qualitätskosten
- ❑ Information über Lieferanten aus Fachabteilungen
- ❑ Eigener Vertragsentwurf
- ❑ DIN/VDE; Normen und Richtlinien
- ❑ Einkaufsbedingungen
- ❑ Technische Alternativen
- ❑ Formblätter für Garantien und Bürgschaften
- ❑ Verhandlungsprotokoll

Checkliste Verhandlungsvorbereitungen (Fortsetzung)

Argumentationsaufbau/Taktik
- ❏ Reihenfolge der zu besprechenden Punkte
- ❏ Welche Argumente gibt es aus Lieferantensicht?
- ❏ Eigene Argumente
- ❏ Konfliktpunkte und Einwände
- ❏ Wie kontern wir Lieferanteneinwände?

Zielformulierung
- ❏ Argumentationsketten – Reihenfolge der Argumente
- ❏ Win-win, Win-lose oder Kompromiss?
- ❏ Verhandlungsführer festlegen
- ❏ Wer ist für welche Themen verantwortlich?
- ❏ Rollenverteilung im Team
- ❏ Rolle des Einkäufers
- ❏ Gesprächsablauf/Agenda
- ❏ Unterbrechungen/Vertagungen

Organisation
- ❏ Teilnehmer festlegen
- ❏ Teilnehmer einladen
- ❏ Vorbesprechung
- ❏ Raum/Ort
- ❏ Sitzordnung
- ❏ Kleidung
- ❏ Protokollführer
- ❏ Unterlagen vorab verteilt, zum Bespiel Angebotsvergleich, Lieferantenbewertung
- ❏ Unterlagen zum Verteilen in Verhandlung kopiert
- ❏ Bewirtung
- ❏ Werksrundgang
- ❏ Hilfsmittel, wie Overhead etc.
- ❏ Hotel/Anreise Gast

4.3 Welchen Weg wähle ich, um meine Ziele zu erreichen? – Die Verhandlungsstrategie

Ein wichtiger Punkt bei der Gesprächsvorbereitung ist die Definition der Verhandlungsstrategie. Stellen Sie sich vor, Sie wollen bei einem Lieferanten einen Preisnachlass von sechs Prozent erreichen. Die Wahrscheinlichkeit, dass er sofort zustimmend nickt und Ihnen neue Preislisten zuschickt, ist denkbar gering. Eher erklärt er Ihnen, warum das nicht geht. Argumente sind beispielsweise gestiegene Rohstoffkosten, höhere Tariflöhne, steigende Energiekosten sowie höhere Kosten für den Transport aufgrund der Maut. Das Dilemma: Alle ins Feld geführten Argumente stimmen. Der Einkäufer hat nun zwei Möglichkeiten: Er kann den Lieferanten bedauern und seine Forderungen zurückziehen. Oder aber er kann versuchen, trotz aller guten Argumente oder Gründe der Verkäuferseite seine Forderungen durchzusetzen. Ihre Firma wird es zu schätzen wissen, wenn Sie die zweite Alternative bevorzugen.

Gibt es genug attraktive Konkurrenzangebote, kann man den Lieferanten ohne aufwendige Argumentation auffordern, auf die eigenen Ziele einzugehen. Wenn er dieses nicht will oder kann, haben Sie entsprechende Alternativen auf dem Beschaffungsmarkt. Hier ist es relativ einfach für den Einkäufer, Sie können eigentlich nichts falsch machen. Hat der Lieferant dagegen eine stärkere Position, weil er Monopolist ist oder das Angebot zu knapp ist, sieht es anders aus. Egal ob Sie bluffen, Kompromisse machen, auf Partnerschaft setzen oder einen langfristigen Vertrag anbieten – um hier ans Ziel zu kommen, ist Kreativität gefragt.

Hart oder weich – Welche Strategie ist die richtige?

Doch bevor Sie kreativ werden, sollten Sie eine Grundsatzentscheidung treffen – und zwar die, ob Sie hart oder weich verhandeln wollen. Hartes Verhandeln bedeutet, die eigenen Ziele kompromisslos durchzusetzen – zur Not auch zum Schaden des anderen. Dies nennt man neudeutsch auch Win-lose-Strategie. Es gibt einen Gewinner, den Einkäufer, und einen Verlierer, den Verkäufer.

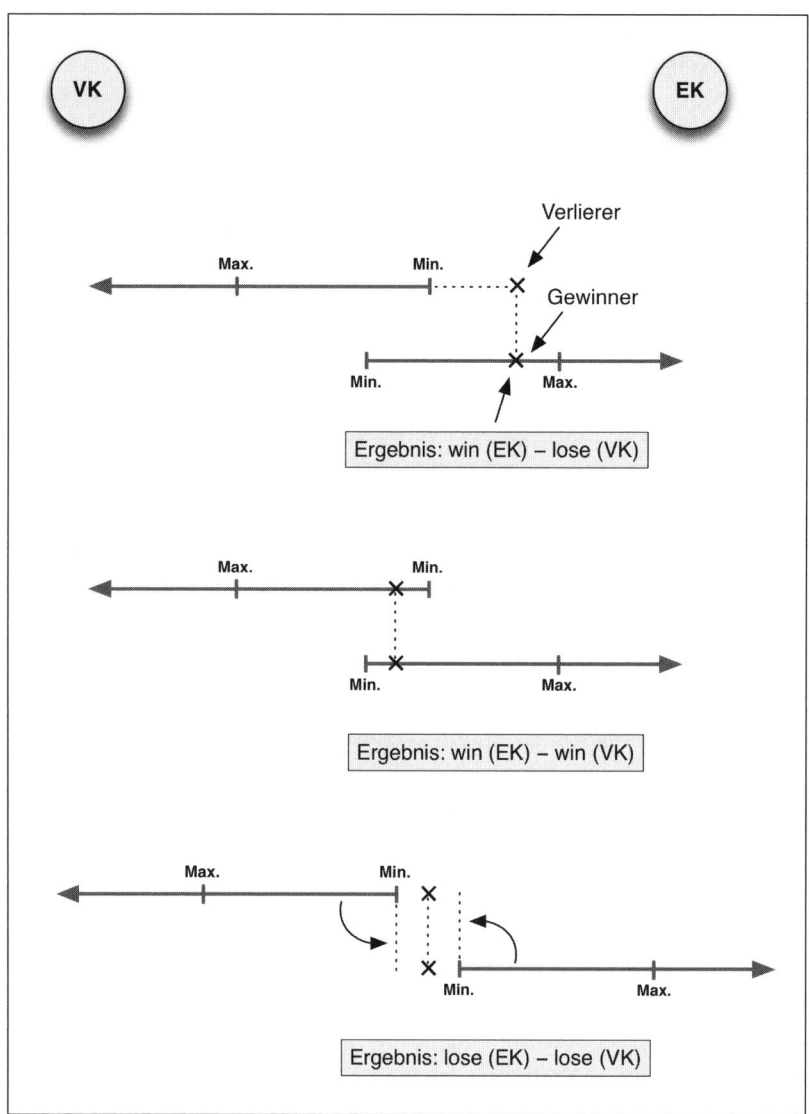

Abbildung 58: Grafische Darstellung einer Win-win-, Win-lose- und einer Lose-lose-Situation (Kompromiss)

Weiches Verhandeln bedeutet dagegen, die Interessen des Gesprächpartners zu berücksichtigen. Grundsätzlich ist man an einer Lösung interessiert, die beiden Seiten nützt. Entsprechend nennt man diese Verhandlungsstrategie auch Win-win-Strategie.

Natürlich gibt es auch immer wieder Fälle, bei denen nicht beide Seiten zufriedengestellt werden können. Win-win ist einfach nicht möglich, sind die Interessensgegensätze zu groß. Eine Lösung ist die Suche nach einem Kompromiss, bei dem beide Seiten ein wenig nachgeben. Es ist eine Lose-lose-Situation entstanden.

Ob Sie hart oder weich verhandeln werden, hängt von verschiedenen Faktoren ab. Eine Rolle dürften dabei, neben Ihren charakterlichen Eigenschaften, auch die Wichtigkeit der Verhandlungsergebnisse sowie die Unternehmenskultur in Ihrer Firma spielen. Damit Sie die geeignete Strategie besser für sich definieren können, bietet Abbildung 59 einen Überblick über die wichtigsten Unterschiede zwischen harten und weichen Verhandlungen.

Ein weiterer Faktor für die Wahl der Verhandlungsstrategie ist die Abhängigkeit vom Lieferanten. Je geringer das Risiko ist, das benötigte Produkt nicht pünktlich und in ausreichender Menge beschaffen zu können, umso härter und kompromissloser können Sie verhandeln. Wie groß das Beschaffungsrisiko ist, hängt von folgenden Faktoren ab:

Wettbewerb
Gibt es genug Wettbewerb, hat man bessere Chancen auf einen guten Preis. Sie wären ein schlechter Kaufmann, wenn Sie dies nicht nutzen würden. Hat der von Ihnen bevorzugte Lieferant nicht den besten Preis, können Sie ihn hier risikolos unter Druck setzen, da Sie jederzeit eine Alternative wählen können.

Marktmacht
Möchten Sie ein großes Einkaufsvolumen oder einen langfristigen Rahmenvertrag vergeben? Dann sind Sie wahrscheinlich ein wichtiger Kunde für Ihren Lieferanten. Ihr Verhandlungspartner wird großes Interesse an einem Abschluss haben.

Hartes Verhandeln	Weiches Verhandeln
Hartes Verhandeln ist ein rücksichtsloser Kampf für den eigenen Sieg über den anderen – zur Not auch zum Schaden des anderen. Der Verhandlungspartner wird als Gegner betrachtet, den es zu bezwingen gilt. Kampfmittel können Drohungen, Tricks, Manipulationstechniken und falsche Versprechen sein. Durch Zähigkeit, Taktieren und Beharrlichkeit wird der Gegner „weich gekocht". Es geht *nicht* um Annäherung, Kooperation, Ausgleich der Interessen.	Weiches Verhandeln berücksichtigt auch die Interessen der Gegenseite. Ziel ist ein Ergebnis, welches beiden Seiten nutzt. Harte Wortgefechte sind durchaus möglich, dennoch wird immer die Beziehung zum Gesprächspartner berücksichtigt. Konfrontationen sind nach Möglichkeit zu vermeiden. Der Verhandlungspartner soll nicht vernichtet oder unterworfen werden. Es wird ein gemeinsames Ergebnis angestrebt, auch wenn die Gegner vollkommen unterschiedliche Vorstellungen haben. Beide Parteien sollen mit dem Ergebnis zufrieden sein.

Abbildung 59: Hartes versus weiches Verhandeln (Kompromiss)

Zeitfaktor

Haben Sie genug Zeit, können Sie härter verhandeln, als wenn Sie schnell zu einem Abschluss kommen müssen. Sie können eine Verhandlung sogar unterbrechen und vertagen. Schicken Sie einen Lieferanten ruhig mal ohne Abschluss nach Hause. Da Sie das bisher bestehende Angebot bereits sicher haben, gehen Sie kein Risiko ein – es kann nur noch besser werden. Sie dürfen allerdings die Tür nicht zuschlagen, sondern müssen einen Abschluss immer als grundsätzlich denkbar erscheinen lassen. Fordern Sie den Lieferanten auf, nach weiteren Möglichkeiten zu suchen, Ihnen entgegenzukommen. So erhöhen Sie den Druck und verunsichern den Verkäufer. Er bekommt das Signal, dass er an seine Grenzen oder darüber hinausgehen muss, um den Auftrag zu bekommen.

Produkt
Verhandeln Sie ein Produkt oder eine Dienstleistung, das beziehungsweise die technisch wenig komplex ist, wie zum Beispiel Standard- und Normteile, gibt es meist mehr Wettbewerb als bei technischen Spezialitäten. Man kann ohne großen Aufwand den Lieferanten wechseln. Außerdem sind hier schwere Qualitätsprobleme eher unwahrscheinlich.

Rohstoffabhängigkeit
Sind Rohstoffe wie Stahl, Öl, Kunststoff oder Treibstoff gerade teuer oder knapp, wirkt sich dies natürlich auch auf die Verhandlungen aus. Manchmal kann ein Einkäufer froh sein, überhaupt genug Material zu bekommen. Eine harte Verhandlungsstrategie bietet sich hier nicht an.

4.4 Der Ton macht die Musik – Der Verhandlungsstil

Haben Sie sich dazu entschieden, hart in der Sache zu sein, erfordert dies keinen rauen oder ruppigen Ton. Hier machen viele Einkäufer einen Denkfehler, denn Unhöflichkeit bringt niemanden weiter. „Hart aber herzlich" oder „hart in der Sache, weich zum Menschen" ist hier das bessere Rezept. Der Unterschied zwischen einem freundlichen und einem unpersönlichen Verhalten fängt bei der Wortwahl an. So sind Formulierungen wie: „Wir möchten gerne gemeinsam mit Ihnen versuchen ...". typisch für den weichen Verhandlungsstil. Haben Sie sich für den harten Stil entschieden, werden Sie eher Formulierungen wie: „Wir erwarten von Ihnen ..." wählen. Das ist immer noch höflich, aber sehr bestimmt.

„Ich habe nichts anderes von Ihnen/Ihrer Firma erwartet. Mir war klar, dass Sie das nicht hinkriegen!" – mit dieser Formulierung werden Sie bei einigen Gesprächspartnern einen gewissen Druck aufbauen. Höflich ist das aber sicher nicht.

Welche Formulierungen Sie wählen, hängt auch davon ab, ob Sie fair bleiben möchten – und was Fairness für Sie konkret in diesem Moment bedeutet.

Ist es beispielsweise fair, dem Lieferanten die Pistole auf die Brust zu setzen? Beispielsweise, indem Sie klar sagen: „Entweder ich bekomme heute den geforderten Preisnachlass oder Sie können gleich wieder nach Hause fahren!" Natürlich ist das fair, denn Sie spielen mit offenen Karten. Sie belügen nicht, Sie betrügen nicht. Gerade hier kommt es aber auf den Ton und die Formulierung an. Die obige Formulierung ist nicht besonders höflich und deshalb nicht schlau. Überlegen Sie einmal, wie sich fühlen würden, wenn man mit Ihnen so „umspringt".

Sie könnten genauso gut sagen: „Ich wollte mich heute noch mal mit Ihnen treffen, um über einen Preisnachlass zu reden. Sie sind ein interessanter Lieferant, deshalb möchte ich jede Möglichkeit, einen für uns unverzichtbaren Preisnachlass zu bekommen, mit Ihnen diskutieren. Wenn Sie wirklich keinen Spielraum mehr haben, dann fürchte ich, wird es diesmal nichts mit einer Zusammenarbeit. Dann trinken wir jetzt noch einen Kaffee zusammen und versuchen es bei der nächsten Ausschreibung noch einmal." Die enthaltene Botschaft ist in beiden Fällen die gleiche. Im zweiten Fall jedoch können Sie jederzeit wieder auf den Lieferanten zugehen.

Tipp: Bad guy – good guy

Nehmen an der Verhandlung mehrere Teilnehmer aus Ihrem Unternehmen teil, können Sie auch die bekannte und bewährte Rollenverteilung „bad guy – good guy" wählen. Dabei baut der Böse immer wieder Druck auf, droht die Verhandlung abzubrechen und schmettert die Argumente der Gegenseite mit unfairen Techniken ab. Der Gute beschwichtigt, appelliert an den Gesprächspartner den Abbruch durch Zugeständnisse zu verhindern und ist besorgt, weil er doch dem Lieferanten gerne den Auftrag geben möchte. Während der Verhandlung kann dies so aussehen:

Einkäufer EK und der Qualitätsmanager QM verhandeln mit dem Verkäufer VK über die Zusammenarbeit des nächsten Jahres. Ziel ist es, einen Preisnachlass von zehn Prozent zu erzielen, was nach Einschätzung des Einkäufers schwer wird. Er glaubt aber, dass der Verkäufer diesen Nachlass als äußersten Rabatt in der Tasche hat. Da er nichts zu verschenken hat, entschließt sich EK deshalb gemeinsam mit QM über das Spiel „der Gute und der Böse" den entsprechenden Druck aufzubauen.

Tipp: Bad guy – good guy (Fortsetzung)

EK: Schön, dass Sie da sind, sind Sie gut hergekommen?
VK: Danke, ja. Guten Tag Herr QM.
QM: Guten Tag.
VK: Herr EK, was macht das Bergsteigen? Haben Sie wieder ein paar Gipfel geschafft?
EK: Ja, gerade letztes Wochenende war ich mit ...
QM: Entschuldigen Sie, dass ich das hier unterbreche. Ich bin viel zu ärgerlich, als dass ich mich mit diesen Belanglosigkeiten aufhalten möchte. Wissen Sie eigentlich, was hier los ist? Ihre Lieferungen halten manchmal den ganzen Laden auf. Nichts stimmt: zu spät, zu wenig, Falschlieferungen ...
VK: Das tut mir leid, davon weiß ich gar nichts. Bis auf einige Reklamationen, die sich im normalen Rahmen bewegen, haben wir von Ihnen nichts gehört.
QM: Jetzt hören Sie auf. Oder wollen Sie behaupten, ich spinne. Ich kann doch nichts dafür, wenn Sie von nichts wissen.
VK: Jetzt werden Sie aber unfair. Ich ...
QM: Unfair? Uns die Zeit zu stehlen und schlechte Qualität an den Kunden zu liefern – das ist unfair. Reklamationen in normalen Maß. Hören Sie doch auf.
VK: Was können wir denn tun, um Sie zufriedenzustellen? Wo genau liegen denn die größten Probleme?
QM: Schon wieder nur reden! Wissen Sie, ich habe meinem Kollegen EK bereits mitgeteilt, dass ich lieber einen anderen Lieferanten ins Boot holen möchte. Ich habe es wirklich satt.
EK: Ich muss mich jetzt hier mal einmischen. Herr VK, es stimmt, dass wir bereits Alternativen geprüft haben, da Kollege QM Sie auf unsere Black-List gesetzt hat.
Ich persönlich arbeite gerne mit Ihnen zusammen und möchte noch einen letzten Versuch starten, die Zusammenarbeit fortzusetzen. Was können Sie uns anbieten, um Herrn QM zu besänftigen und uns umzustimmen?

Dieser Dialog ist zwar stark gekürzt, gibt aber den grundsätzlichen Verlauf des Gesprächs ganz gut wieder. Wenn man das geschickt anstellt, kann diese Technik, so alt sie auch sein mag, gute Erfolge erzielen.

Entscheiden müssen Sie sich als Einkäufer auch, ob Sie ehrlich sein wollen. „Ich habe da ein Angebot, das zehn Prozent günstiger ist als Ihres!" Jeder kennt diese Taktik. Handelt es sich tatsächlich schon um eine Lüge, oder blufft der Einkäufer im normalen Stil? Die meisten werden sagen, dass so etwas dazugehört. Wie sieht es aber aus, wenn man Informationen, Ideen oder Lösungen, die man aus dem Angebot eines Lieferanten hat, zu einem anderen Lieferanten trägt, der besser in Ihre Pläne passt oder billiger ist? Was machen Sie, wenn ein Lieferant Sie fragt, ob Sie nicht einen Vorschlag haben, die Kosten zu optimieren? Sie sehen einen Weg – nur stammt die Idee von einem Konkurrenten.

Wie sieht es aus, wenn Sie einen Lieferanten den Stückpreis für ein Einkaufsteil kalkulieren lassen, der auf einer bestimmten Abnahmemenge beruht? Wohl wissend, dass Sie höchstens die Hälfte brauchen? Wenn der Lieferant sich nun auf Ihr Wort verlässt, gerät die Kalkulation für ihn in eine Schieflage. Ist das ehrlich? Die Frage lässt sich nicht so einfach beantworten. Es hängt in erster Linie von Ihnen ab. Jeder definiert die Begriffe Fairness, Höflichkeit und Ehrlichkeit für sich individuell.

Aber auch Gepflogenheiten Ihres Unternehmens und der Branche, in der Sie tätig sind, spielen ebenso eine Rolle wie die wirtschaftliche Situation Ihres Unternehmens. Jeder, dessen Firma schon mal in einer schwierigen, vielleicht sogar die Existenz bedrohenden Situation war, weiß: Jetzt wird auch mal zu zweifelhaften Tricks gegriffen. Es geht ums Überleben und damit um Arbeitsplätze.

Fazit

Ihr Verhandlungsstil wird, egal ob Sie hart oder weich verhandeln, durch Ihre persönliche Auslegung von Höflichkeit, Fairness und Ehrlichkeit geprägt.

4.5 Selbstsicheres Auftreten für mehr Erfolg

Mit guter Gesprächsvorbereitung sind Sie aus der fachlichen Perspektive auf der richtigen Seite. Sie erreichen aber damit noch mehr: Gute Vorbereitung entscheidet mit darüber, wie selbstbewusst Sie auftreten. Eine innere Sicherheit gewinnen Sie nur durch eine professionelle Vorbereitung. Und diese merkt Ihr Gegenüber Ihnen an. Ihm wird Entschlossenheit signalisiert. In der Regel wird Ihr Gegenüber nun von dem Versuch, Sie „über den Tisch zu ziehen", Abstand nehmen.

Doch ganz so einfach ist es gar nicht, selbstsicher aufzutreten. Damit es Ihnen gelingt, müssen Sie sich klar machen, wie Sie auf Menschen wirken. Allein dies fällt vielen unsicheren Menschen schwer. Die Wirkung, die Sie auf andere haben, wird vor allem von folgenden Faktoren bestimmt:

Faktor 1: Die Sachebene
Ihr Verhandlungspartner hört, was Sie sagen – also den Inhalt Ihrer Botschaft beziehungsweise Forderung. Das ist die sogenannte Sachebene, auf der es um sachlichen Inhalt oder Fakten geht.

Faktor 2: Die Beziehungsebene
Der zweite wichtige Faktor ist die Frage, wie Sie etwas sagen. Hier geht es um den körperlichen Ausdruck, also um die Körpersprache, Ihr Aussehen, Ihre Bewegungen.

Aber auch Ihre Stimme, genauer gesagt die Art und Weise, wie Sie sprechen, Botschaften verpacken und die Stimme einsetzen, ist hier entscheidend. Welche Wörter betonen Sie? Sprechen Sie ruhig oder hektisch, laut oder leise? Stimme und körperlicher Ausdruck bilden die sogenannte Beziehungsebene.

Psychologische Untersuchungen zu diesem Thema haben ergeben, dass diese Wirkungsfaktoren unterschiedlich starke Rollen spielen, wenn es um die Wirkung auf andere geht. Das Verblüffende ist, das der Inhalt eine völlig untergeordnete Rolle spielt.

Inhaltsebene

 7 % entfallen auf den Inhalt des Gesagten

56 % entfallen auf Körpersprache, Aussehen, Statussymbole, Geruch, ...
37 % entfallen auf Klang der Stimme, Tonfall ...

Beziehungsebene

Abbildung 60: Unterschiedlicher Einfluss der Wirkungsfaktoren

Dreiundneunzig Prozent der Wirkungsfaktoren sind demnach unabhängig vom Inhalt. Der Großteil der Botschaft wird auf der Beziehungsebene übertragen, auf der es sehr stark um Bauchgefühle, Sympathie, Gespür und Zwischentöne geht. Und tatsächlich wird die Entscheidung für einen Lieferanten immer wieder von der „Chemie" zwischen zwei oder mehreren Menschen entschieden. Oft kommen so die langjährigen Geschäftsbeziehungen zwischen Fachabteilungen und Lieferanten zustande.

Damit ist allerdings nicht gesagt, dass der Inhalt unwichtig ist. Damit Ihre Botschaft, die Sie vermitteln möchten, richtig bei Ihrem Gesprächspartner ankommt, müssen Sie diese richtig verpacken. Dies gelingt Ihnen, wenn Sie die drei Kommunikationskanäle nonverbaler Ausdruck (Körper), verbaler Ausdruck (Stimme) und Inhalt aufeinander abstimmen. Es reicht nicht aus, wenn Sie die Botschaft einfach nur sagen.

Wie diese drei Faktoren ein Bild ergeben, zeigt folgendes Beispiel:
Sie möchten Ihrem Gesprächspartner zu verstehen geben, dass Sie von ihm nun den letzten Preis erwarten. Auf dessen Basis möchten Sie sich entscheiden, ob Sie annehmen oder nicht. Wenn Sie nun die Schultern hängen lassen, unsicher auf den Boden schauen und mit leiser, zitternder Stimme sagen, dass Sie jetzt gerne zum Schluss kommen und sein letztes Angebot hören möchten, macht dies wenig Eindruck. Denn egal was Sie gesagt

haben, die Art, wie Sie es gesagt haben, vermittelt nicht die nötige Entschlossenheit. Dazu gehört eine andere verbale und nonverbale Präsenz.

Wenn Sie also eine Botschaft entschlossen, überzeugend und glaubwürdig kommunizieren wollen, müssen alle drei Wirkungsebenen entsprechend eingesetzt werden. Wichtig ist auch, dass auf allen drei Ebenen die gleiche Botschaft („Ich will ...", Ich erwarte von Ihnen ...") übertragen wird, damit ein glaubwürdiges und authentisches Bild vermittelt wird.

Fazit

Der Inhalt Ihrer Botschaft muss durch Stimme und körperliche Erscheinung unterstrichen werden. Inhalt, Stimme und Körper müssen aufeinander abgestimmt sein, damit Sie glaubwürdig und authentisch wirken. Nur so werden Sie in Verhandlungen ernst genommen und vermitteln den von Ihnen gewünschten Eindruck.

Warum ist es aber so wichtig, eine entsprechende Wirkung auf Ihren Gesprächpartner zu erzielen, egal ob diese Wirkung positiv, ehrlich, nett, aggressiv oder entschlossen sein soll? Ganz einfach: Sie steuern indirekt das Verhalten Ihres Gegenübers.

Angenommen, Sie vermitteln einen unsicheren und nervösen Eindruck. Ihr Verhandlungspartner wird automatisch nach Ihren Schwachstellen suchen. Dies kann eine schlechte Vorbereitung sein oder aber die fehlende Überzeugung hinsichtlich Ihrer Ziele. Was glauben Sie, wie er sich nun verhalten wird? Meinen Sie, er verspürt den Druck, Ihnen entgegenzukommen? Bestimmt nicht, vielleicht nimmt er Sie gar nicht richtig ernst.

Nun stellen Sie sich vor, Sie wirken sehr sicher und souverän auf Ihren Verhandlungspartner. Er spürt förmlich Ihren Willen, sich durchzusetzen, und nimmt Sie als professionellen Gesprächspartner wahr, mit dem man besser keine Spielchen treibt. Wichtig ist dabei jedoch, dass Sie direkt zu Beginn des Gespräches – also bereits bei der Begrüßung – den gewünschten Eindruck vermitteln. Ganz nach dem Motto: Für einen ersten Eindruck gibt es keine zweite Chance.

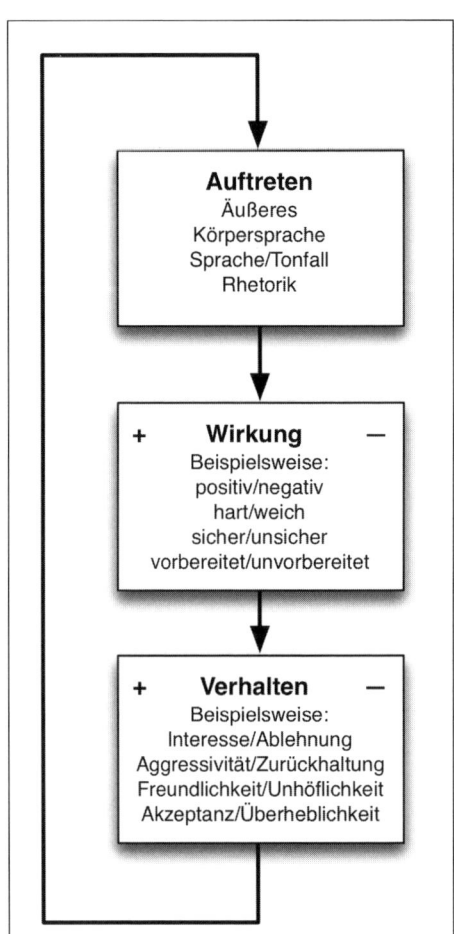

Abbildung 61:
Regelkreis Auftreten-Wirkung-Verhalten

Wodurch entsteht nun aber der Eindruck, den jemand von Ihnen gewinnt oder den Sie von Ihrem Gesprächpartner gewinnen? Wie entsteht das, was als Ausstrahlung bezeichnet wird? Um diese Frage zu beantworten, müssen wir die Begriffe Körper und Stimme noch genauer untersuchen.

Der körperliche oder nonverbale Ausdruck umfasst zum einen das, was gemeinhin als Körpersprache bezeichnet wird und zum anderen die äußere Erscheinung eines Menschen. Die Körpersprache wird geprägt durch:

Mimik
Mimik, also den Ausdruck über das Gesicht. Klassische mimische Ausdrucksformen sind Lächeln, Stirnrunzeln und Augenrollen. Über die Mimik werden sehr stark Emotionen und Stimmunge wie Freude, Trauer, Enttäuschung, aber auch Sicherheit, Arroganz und Offenheit transportiert. Mimik ist nur schwer zu kontrollieren, man kann oft sehr gut sehen, in welcher Verfassung jemand ist.

So können Sie beispielsweise an einem Stirnrunzeln Ihres Gegenübers schnell Skepsis oder Ablehnung gegenüber Ihren Ausführungen erkennen, ohne dass er etwas gesagt hat. Nun können Sie entsprechend reagieren und Ihre Bemühungen verstärken oder auch fragen, warum er zweifelt.

Blickkontakt
Der Blick in die Augen Ihres Gesprächpartners ist ein mächtiges Kommunikationsmittel. Durch die Signalisierung von Gesprächsbereitschaft und Aufmerksamkeit können Sie beispielsweise den Gesprächsverlauf steuern. Ein abschweifender Blick signalisiert eher Langeweile oder Desinteresse.
Achten Sie deshalb bei Ihren Kernbotschaften immer darauf, Ihrem Gesprächspartner in die Augen zu schauen. Weichen Sie dem Blick bei Forderungen aus, nimmt Ihr Gegenüber das wahr und zweifelt wahrscheinlich an Ihrer Entschlossenheit.

Gestik
Gesten entstehen durch Bewegung der Hände und Arme. Gesten unterstützen, begleiten und unterstreichen das, was Sie sagen. Stellen Sie sich vor, Sie zählen etwas auf, beispielsweise Reklamationsfälle Ihres Lieferanten. Wenn Sie also sagen „Erstens …, zweitens …,drittens …" können Sie das

durch eine entsprechende Aufzählgeste mit den Fingern begleiten. Die Wirkung der formulierten Botschaft verstärkt sich, da Ihr Gegenüber nicht nur hört, was Sie sagen, sondern auch sieht, dass es sich um mehrere Reklamationsfälle handelt.

Haltung (Kopf und Körper)
Unter Körperhaltung verstehen wir die Erscheinung des ganzen Körpers, sozusagen von Kopf bis Fuß. Wie würden Sie eine selbstbewusste und sichere, aber freundliche Körperhaltung beschreiben? Wahrscheinlich geht es allen ähnlich: Aufrechte Haltung, fester, aber nicht verkrampfter Stand, sich dem Gegenüber zuwenden, offene Körperhaltung, das Gesicht zuwenden, Blickkontakt suchen und das Gegenüber anlächeln.

Weiter zählen zur Körpersprache auch noch Dinge, die nur sehr schwer zu beeinflussen sind, weil sie nicht bewusst gesteuert werden können. Dazu gehören beispielsweise Schwitzen bei Nervosität oder hektische Flecken bei Aufregung.

Sicher kann man Körpersprache ein Stück weit lernen. Das Pokerface, um dem Verhandlungspartner nichts über seine Emotionen und Gedanken zu verraten, oder bestimmte Gesten für bestimmte Situationen kann man einstudieren. Allerdings darf es nicht gekünstelt wirken. Bleiben Sie authentisch und achten Sie darauf, dass Ihre Körpersprache zu Ihnen passt. Sind Sie ein eher ruhigerer Typ, wird man Ihnen ein einstudiertes sizilianisches Temperament nur schwer abnehmen.

Schwierig wird es bei den kleinen unbewussten nonverbalen Äußerungen, die Unsicherheit verraten können. Nehmen Sie zum Beispiel Dinge wie das Vermeiden des Blickkontaktes, fahrige Gesten, zum Beispiel ratlos am Kopf kratzen oder Schwitzen, wenn Sie nicht mehr weiter wissen. Das wollen Sie natürlich nicht. Schließlich könnte Ihr Gegenüber Ihre Schwächen ausnutzen.

Doch was können Sie dagegen tun? Es macht ja wenig Sinn, wenn Sie sich ganz auf jede noch so kleine Bewegung konzentrieren oder jeden Gesichtsausdruck hinterfragen und kontrollieren. Die Aufmerksamkeit, die Sie darauf verlegen, fehlt Ihnen bei der Verhandlung selbst.

Die Antwort klingt einfach: Seien Sie einfach nicht unsicher, und Sie hinterlassen keinen unsicheren Einruck. Egal ob Haltung, Mimik oder Gestik – alle nonverbalen Kommunikationsformen werden durch Ihre innere Einstellung geprägt. Ihr Gegenüber sieht Ihnen sozusagen an der Nasenspitze an, ob Sie sich wohl in Ihrer Haut fühlen, entschlossen, souverän und sicher sind. Statt hier Gesten zu üben und einzustudieren, verwenden Sie die Zeit lieber dazu, Ihre innere Überzeugung und Einstellung zu festigen. Der Rest kommt dann von ganz allein.

Hier schließt sich der Kreis zur professionellen Vorbereitung, die Ihnen oft schon die nötige Sicherheit gibt. Sie wissen, was auf Sie zukommt, haben sich auf Einwände und Gegenargumente vorbereitet und sich mit den eigenen Leuten abgestimmt. Die Ziele sind definiert und Sie haben sich Ihre Strategie und Taktik entsprechend zurechtgelegt. Die Angst, überrumpelt zu werden, ist unbegründet. Das sollte Ihnen die nötige Sicherheit geben.

Fazit

Die Art und Weise, wie Sie durch Körpersprache, Aussehen und Einsatz Ihrer Stimme auftreten, ist der Spiegel Ihrer inneren Einstellung. Versuchen Sie – statt zu schauspielern – innerlich gefestigt und sicher zu sein, und Sie werden sicher wirken.

Äußere Erscheinung

Zur nonverbalen Sprache gehört auch die äußere Erscheinung eines Menschen. Diese wird im Wesentlichen durch Faktoren wie Kleidung, Frisur und Rasur, Geruch, Schmuck und Uhren sowie Statussymbole wie beispielsweise Handy und Auto geprägt.

Hier gibt es einfache und allgemeingültige Regeln. Die äußere Erscheinung sollte dem Anlass angemessen, gepflegt und nicht zu auffällig oder gar aufdringlich sein. Generell drücken sich Menschen über ihr Erscheinungsbild aus, daher sollte dieses zu Ihnen und Ihrer Persönlichkeit passen. Sie sollen sich wohl in Ihrer Haut fühlen, was wiederum zur Selbstsicherheit beiträgt.

Was angemessen und gepflegt bedeutet, müssen Sie selber entscheiden. Es hängt viel von den Gepflogenheiten des Umfeldes ab, in dem Sie arbeiten. Die Branche, Ihre Funktion und die inoffiziellen Regeln bei Ihnen im Unternehmen spielen eine Rolle. Wenn bei Ihnen in der Firma bei Lieferantenverhandlungen Anzug oder Kostüm getragen wird, können Sie nichts falsch machen, wenn Sie sich anpassen.

Gerade an Kleidung, Geruch (beispielsweise Körper- und Mundgeruch, Rasierwasser, Parfüm) und Frisur oder Rasur erkennt man schnell, ob sich jemand sorgfältig pflegt oder nachlässig ist. Auch ein Blick auf die Fingernägel verrät viel. Von einem nachlässigen Äußeren wird gern auf die Qualität der Arbeit, beispielsweise auf die Verhandlungsvorbereitung, geschlossen.

Ein richtiges Augenmaß verlangen auch Schmuck und Statussymbole. Die Devise ist: nicht protzen oder um jeden Preis auffallen. Schnell entsteht der Eindruck des Aufschneidens und Angebens. Mit Blick auf den Verhandlungserfolg ist ein dezenteres Verhalten vorteilhaft.

Verbaler Ausdruck – Einsatz der Stimme
Der verbale Ausdruck wird geprägt durch Lautstärke, Sprechgeschwindigkeit, Stimmlage, Sprachmelodie und Betonung. Diese Dinge werden stark durch die Atmung beeinflusst. Wer nervös wird – beispielsweise weil er vor vielen Leuten einen Vortrag oder eine Rede halten soll – atmet unregelmäßiger und flacher. Das wird sich unweigerlich auf Ihren verbalen Ausdruck übertragen. Man redet zu schnell, die Stimmlage ist zu hoch, man redet lauter oder leiser als angemessen oder gar monoton. Hier gilt: Wer sicher ist, atmet ganz natürlich und profitiert von einer festen Stimme. Wenn Sie jetzt noch die Stimme interessant und mitreißend einsetzen, also mit Sprechgeschwindigkeit, Lautstärke und Modulation spielen, um bestimmte Passagen einer Verhandlung hervorzuheben, wird Ihr Gegenüber erst recht beeindruckt sein.

> **Fazit**
>
> Über die verbale und nonverbale Sprache übermitteln Sie Ihrem Verhandlungspartner eine bestimmte Botschaft, ohne diese tatsächlich auszusprechen. Sie übermitteln ihm
>
> a. Ihre Einstellung zu sich selbst – beispielsweise „Ich bin sicher und ich fühle mich wohl in meiner Haut"
>
> b. Ihre Einstellung zum Verhandlungspartner – beispielsweise „Sie sind mir sympathisch und ich möchte mich mit Ihnen gut verstehen" und
>
> c. Ihre Einstellung zur Sache – beispielsweise „Es ist mir ernst und ich bin entschlossen"

4.6 Richtig argumentieren und Einwände kontern

Haben Sie aufgrund der Marktsituation genug Lieferanten zur Auswahl, müssen Sie nicht argumentieren. Sie stellen einfach Forderungen, ohne diese begründen zu müssen. Das ist einfach. Schwierig wird es hingegen, wenn Sie Ihren Verhandlungspartner überzeugen und seine Bedenken und Einwände zerstreuen müssen. Vielleicht gibt es nicht viele infrage kommende Lieferanten oder Sie sind auf einen ganz bestimmten Lieferanten angewiesen, da ein Wechsel auf einen anderen Lieferanten nur unter großem Aufwand möglich wäre. Nun müssen Sie argumentieren.

Ein Argument, welches in Verhandlungen herangezogen wird, soll den Standpunkt, die Forderung oder das Verhandlungsziel begründen. Argumente sind unterschiedlich gut geeignet, um Standpunkte zu untermauern. Starke Argumente machen es sehr wahrscheinlich, dass Ihr Gegenüber Ihrer Forderung nachgibt, da Ihr Standpunkt wenig angreifbar und schlüssig unterstützt wird. Je mehr Schwachstellen oder Ansatzpunkte für Einwände Ihre Argumente haben, desto schwächer wird Ihre Argumentation. Die Verknüpfung Ihrer Argumente, Sie haben hoffentlich mehrere, nennt man Argumentationsketten.

Argumente für Standpunkte, die eigentlich gar keine echten Begründungen darstellen, nennt man Scheinargumente. Diese basieren nicht auf Fakten und gehören eher in den Bereich der Trickkiste und der Manipulation. Sie lassen sich leicht an Formulierungen erkennen. Dazu gehören beispielsweise *„Dass es so nicht geht, muss ich Ihnen wohl nicht weiter erklären"* und *„Das müssen Sie mir einfach mal so glauben"*.

Wer überzeugen möchte, kommt mit diesen (Nicht-)Argumenten nicht weit. Bereiten Sie sich lieber entsprechend vor und bauen Sie im Vorfeld der Verhandlung eine Argumentation auf. Dazu gibt es verschiedene Wege. Machen Sie sich eine Liste mit Argumenten, mit denen Sie den eigenen Standpunkt erklären können. Versuchen Sie die Stärke und Plausibilität Ihrer Argumente einzuschätzen. Fragen Sie sich dabei:

- Wie sehr unterstützt das Argument meinen Standpunkt?
- Wie plausibel ist das Argument für meinen Verhandlungspartner?
- Macht mein Argument es meinem Verhandlungspartner leicht, meiner Forderung nachzukommen?
- Gibt es Einwände des Verkäufers gegen meine Argumente?
- Kann er meine Argumentation intern selber nutzen, um die Zustimmung zu meiner Forderung zu begründen?

Eine gute Argumentation berücksichtigt ebenso die Argumente der Gegenseite. Überlegen Sie sich, welche Begründungen der Verhandlungspartner ins Feld führen kann, um seine Forderungen zu untermauern oder Ihre Forderungen zurückzuweisen.

Einige Gegenargumente sind so offensichtlich, dass Sie schon vor der Verhandlung wissen: Ihr Gegenüber wird davon Gebrauch machen. Sich nun auf seine Schlagfertigkeit in der Verhandlung zu verlassen, ist fahrlässig. Der echte Verhandlungsprofi überlegt sich vor der Verhandlung, wie er auf die Gegenargumentation eingeht, wie er sich verhält und welche eigenen Argumente er dagegen stellt.

Eigene Argumente	Ziel, Forderung, Standpunkt	Gegenargumente
Das kann sein (Achtung! Rohstoffe sind tatsächlich um 12 % gestiegen!), aber …	Wir können Ihre Preiserhöhung nicht akzeptieren.	Die Rohstoffpreise sind gestiegen.
… bevor wir über Preiserhöhungen reden, würde uns interessieren, was Sie getan haben, um intern Kosten zu senken und nicht alles einfach so an uns durchzureichen.		
oder: … unsere Kunden werden auch keine Preiserhöhung akzeptieren. Da können wir Ihnen nicht entgegenkommen.		
oder: … weshalb haben Sie die Preise nicht entsprechend abgesichert?		
oder: … wir möchten wissen, wie stark die Rohstoffe ins Produkt eingehen und ob wir vielleicht Wege finden, die Preiserhöhung zu vermeiden. Dazu müssen Sie Ihre Kalkulation offenlegen.		
Da haben wir andere Informationen. Nicht alle haben die Preise angehoben (Wahrheit oder Bluff?).		Alle Mitwettbewerber haben die Preise bereits angehoben.

Abbildung 62: Vorbereitung auf Gegenargumente

Einige Gegenargumente oder Einwände werden Ihnen erst bewusst, wenn Sie tatsächlich die Perspektive Ihres Gegenübers einnehmen und sich überlegen, wie Sie an seiner Stelle die Verhandlung bestreiten würden. Überprüfen Sie Ihre eigene Argumentation nun daraufhin. Haben Sie noch keine schlüssigen und schlagkräftigen Antworten, müssen Sie weiter daran arbeiten. Gehen Sie nicht davon aus, dass Ihr Gegenüber vielleicht gar nicht auf die Idee kommt, diese Einwände oder Gegenargumente zu nutzen. Gehen Sie vielmehr davon aus, dass er sich noch besser vorbereitet als Sie.

4.7 Gesprächsführung – Vom Small Talk zur Argumentation

Beim Wort Gesprächsführung liegt für den Verhandlungsprofi die Betonung auf -führung. Der Einkäufer repräsentiert das einkaufende Unternehmen und ist damit der Kunde. Nehmen Sie sich das Recht heraus, als Verhandlungsführer und damit auch als Gesprächsführer aufzutreten. Damit obliegt Ihnen aber auch die Aufgabe, das Gespräch vernünftig zu strukturieren, zu leiten und zu kontrollieren.

Eine Einkaufsverhandlung kann in verschiedene Phasen unterteilt werden:

1. Gesprächseinstieg

Warming Up:
Der Einstieg des Gesprächs beginnt mit dem Warming Up, oft auch Ice-Breaking genannt. Hier begrüßt man sich, tauscht die Visitenkarten aus und geht dann zum Small Talk über. Diese Phase dient dazu, eine Beziehung aufzubauen. Viele Einkäufer unterschätzen diesen Gesprächseinstieg. Psychologische Untersuchungen besagen, dass der erste Eindruck, den man von einem Menschen gewinnt, in den ersten drei Sekunden entsteht. Da haben Sie noch keine einzige Forderung gestellt oder Argumente ausgetauscht. Wenn Sie sicher und souverän durch das Warming Up führen, nimmt der Verkäufer den Eindruck Ihrer Selbstsicherheit mit in die eigentliche Verhandlung.

Small Talk-Themen sind immer unverbindlich und machen es beiden Seiten leicht, einen gemeinsamen Nenner zu finden und so eine positive Atmosphäre aufzubauen. Fettnäpfchen und heikle Themen, bei denen unterschiedliche Auffassungen zutage treten können, wie beispielsweise Politik, sind tunlichst zu vermeiden.

Kennt man sein Gegenüber bereits, ist es leichter, Themen zu finden. Greifen Sie Interessen des anderen als Thema auf. So entsteht leichter eine positive Gesprächsatmosphäre und Sie führen bereits das Gespräch. Schwieriger ist es, wenn Sie Ihr Gegenüber noch nicht kennen. Hier sollten Sie eher zu allgemeinen Themen greifen. Merken Sie sich aber, was Ihr Gesprächspartner erzählt. Hören Sie heraus, wofür er sich interessiert – das ist wichtig für folgende Verhandlungen. Hier kann man viel von Verkäufern lernen. Ich habe mir von meinen Gesprächspartnern regelmäßig „Steckbriefe" angelegt und wusste, wo derjenige seinen Urlaub verbringt, ob er Kinder hat oder bestimmte Hobbys.

Abbildung 63: Themen für Small Talk

Thema/Agenda:
Nach dem Small Talk dreht sich das Gespräch um das eigentliche Thema. Zunächst muss ein Einstieg in die Verhandlung gefunden werden – und dies möglichst von Ihnen. Damit untermauern Sie Ihren Anspruch auf die Gesprächsführung und machen deutlich, wer der Kunde ist.

Ein möglicher Einstieg, der zudem noch die geplante Agenda vorstellt, könnte beispielsweise so aussehen:

„Ich möchte Sie, Herr/Frau Meier, begrüßen. Wir sind hier heute zusammengekommen, um über Ihr Angebot für die Maschine xy zu reden. Ich würde Ihnen zuerst gern die Gelegenheit geben, Ihr Unternehmen zu präsentieren, damit wir uns ein genaues Bild machen können. Dann möchte ich Ihnen gerne unser Unternehmen vorstellen.

Bevor wir dann über Vertragskonditionen und Preise reden, gibt es noch einige technische Fragen zu klären. Dazu sind unsere Herren Müller und Schulz da, die bei uns für die Produktionsmaschinen verantwortlich sind.

Anschließend würden wir Sie gern in unsere Kantine zum Essen einladen. Es bietet sich an, auf dem Weg dahin durch unsere Produktion zu gehen. Das ist sicherlich interessant für Sie. Nach dem Mittagessen kommen wir dann zum kaufmännischen Teil. Wir haben geplant, bis vier Uhr fertig zu sein. Ich hoffe, das deckt sich mit Ihren Vorstellungen."

Die Agenda kann durchaus schon im Vorfeld dem Lieferanten zugeschickt werden, damit er sich entsprechend vorbereiten kann.

2. Präsentation der Verhandlungspartner
Geben Sie dem Verkäufer eines neuen Lieferanten die Gelegenheit, sein Unternehmen vorzustellen. Auch Verkäufer bereits etablierter Lieferanten können kurz ein paar Dinge zur aktuellen Geschäftssituation präsentieren.

Sicher werden Sie schon viel durch Ihre Recherche wissen. Trotzdem ist es nicht nur höflich, sondern auch sinnvoll, aufmerksam zuzuhören und zu beobachten. Achten Sie auf Körpersprache und Rhetorik, tritt der Verkäufer selbstsicher auf, ist er von einem erfolgreichen Ergebnis überzeugt?

Interessant ist auch, wie der Verkäufer bestimmte Sachverhalte darstellt, etwa ob die Firma Gewinne oder Verluste macht. Daraus können Sie schon Rückschlüsse auf die bevorstehende Verhandlung ziehen. Wenn der Verkäufer mit einer Preiserhöhungsforderung auf Sie zukommen will, wird er sicherlich nicht mit Umsatzsteigerungen und Gewinnen prahlen.

Während des Gespräches verkörpern Sie für Ihren Gesprächspartner Ihr Unternehmen. Vergessen Sie deshalb nicht, sich und Ihr Unternehmen vorzustellen. Ein paar aussagekräftige Folien in einer professionellen Präsentation, die Sie als interessanten Kunden darstellen, werden den Verkäufer sicher beeindrucken. Meiner Erfahrung nach machen das nur ganz wenige Einkäufer, dabei ist es enorm wichtig.

> **Tipp**
>
> Besorgen Sie sich eine Unternehmenspräsentation über Ihre Firma beim Vertrieb oder Marketing. Dort sind die wesentlichen Daten bereits zusammengetragen. Ändern und ergänzen Sie diese um Daten über die Beschaffungsseite, beispielsweise Einkaufsvolumen, Organisation des Einkaufs, laufende Projekte, Zahl der Lieferanten. Stellen Sie Ihr Licht nicht unter den Scheffel.

In dieser Phase bietet sich für potenzielle neue Lieferanten eine Werksbesichtigung an. So kann er sich anschließend besser vorstellen, wie Sie seine Produkte oder Leistungen einsetzen wollen. Schließlich wollen Sie den Verkäufer davon überzeugen, dass Sie ein wichtiger Kunde sein können.

3. Eigentliche Verhandlung

Nun beginnt die eigentliche Verhandlung. Gehen Sie entlang der Agenda die einzelnen Besprechungspunkte durch. Zunächst werden die gegensätzlichen Standpunkte dargestellt, begründet und nach Lösungen gesucht. Sie versuchen natürlich, mit der von Ihnen gewählten Strategie, mit den zur Verfügung stehenden Mitteln und Argumenten, Ihr gewünschtes Ergebnis zu erzielen.

Ob Sie sich durchsetzen oder Ihr Verhandlungspartner (Win-lose-Lösung), Sie eine Lösung finden, die beide Seiten zufriedenstellt (Win-win-Lösung) oder beide Seiten für eine Einigung weiter als geplant nachgeben müssen (Lose-lose-Löung), werden Sie erst am Ende der Verhandlung wissen.

Oft wird, auch wenn man in einzelnen Punkten zu keiner Lösung gekommen ist, jetzt ein Lösungspaket geschnürt. Dabei gibt jeder ein wenig in seinen Forderungen nach und geht einen Schritt auf den Gegenüber zu. Wenn Ihnen der Verkäufer beispielsweise keinen weiteren Preisnachlass geben kann, kann er Ihnen mit einem längerfristigen Vertrag entgegenkommen, den Sie nicht unbedingt wollten. Hier ist dann Kompromissbereitschaft gefragt. Das wäre dann eine Mischung aus win-win und win-lose, da Sie ein Ziel durchsetzen konnten, bei einem anderen aber nachgeben mussten.

4. Zusammenfassung und Ergebnis
Egal, wie die Verhandlung ausgegangen ist: Fassen Sie zum Abschluss noch einmal das Gesagte zusammen. Vergewissern Sie sich, dass beide Parteien das gleiche Verständnis vom Ergebnis haben. Es muss auch klar sein, wer jetzt was bis wann tut, falls weitere Aktionen notwendig sind.

In dieser Phase kann auch ein während der Verhandlung geführtes Verhandlungsprotokoll vervollständigt und von beiden Parteien abgezeichnet werden. So hat der Verkäufer etwas in der Hand, was er mitnehmen kann.

5. Gesprächsausstieg
Nach dem Ende der offiziellen Verhandlung wird es wieder ein wenig lockerer. Alles ist gesagt, das Protokoll ist unterschrieben und amErgebnis oder auch Nicht-Ergebnis wird in dieser Phase nichts mehr geändert. Deshalb geht man wieder zum Small Talk über. Ist die Verhandlung für beide Parteien gut gelaufen, trinkt man vielleicht noch einen Kaffee zusammen.

Vorsicht: Jetzt, wenn die Wachsamkeit nachlässt, neigen Menschen dazu, Dinge zu sagen, die sie in der Verhandlung nie ausgesprochen hätten. Stellen Sie sich vor, Sie fragen Ihren Verhandlungspartner: *„Herr Meier, nun mal unter uns. Wir sind doch beide Profis, wir müssen uns doch jetzt nichts mehr vormachen. Sie können doch mehr als zufrieden sein, oder?"* Diese Frage ist ein wenig hinterhältig, da Sie mit einer Mischung aus Suggestiv- und Fangfrage arbeiten. Wenn Ihr Gegenüber nun denkt, dass er Ihnen sowieso nichts vormachen kann und Ihnen zustimmt, haben Sie die Gewissheit: Da war mehr drin. Nach meiner Erfahrung neigen gerade unerfahrene Verkäufer dazu, bei einem guten Ergebnis sogar etwas stolz in einfache Fallen zu tappen.

Bringen Sie Ihre Gäste beim Abschied zum Ausgang, bei ausländischen Gästen fährt man diese vielleicht noch zum Flughafen.

5.
Lieferanten managen – oder: Trennen Sie die Spreu vom Weizen!

5.1 Wie manage ich eigentlich einen Lieferanten? 150
5.2 Den richtigen Lieferanten auswählen 152
5.3 Gute Lieferanten, schlechte Lieferanten: Kennzahlen zur Leistungsmessung 154
5.4 Steuerung und Kontrolle der Lieferanten..163
5.5 Klassifizierung von Lieferanten – Lieferanten sind unterschiedlich.................169
5.6 Optimierung der Lieferantenzahl 175
5.7 Die Arbeit vor Ort: Besuche und Audits 178
5.8 Entwicklung und Förderung von Lieferanten 186
5.9 Lieferantenintegration..192

5.1 Wie manage ich eigentlich einen Lieferanten?

Lieferantenmanagement ist bei Einkäufern ein gern genutztes Wort. Paradox, denn die wenigsten Einkäufer haben eine genaue Vorstellung davon, was es eigentlich bedeutet und beinhaltet.

Grund genug, den Begriff hier einmal näher zu betrachten. Stellen Sie sich vor, einer Ihrer Lieferanten hat die Produkte nicht so geliefert, wie sie bestellt wurden. Sie rufen nun den Lieferanten an, reklamieren die fehlerhafte Lieferung und fordern ihn auf, nachzubessern. Ihr Geschäftspartner reagiert umgehend und sendet wie versprochen die ausstehende Bestellung mit Sondertransport oder schickt die fehlende Menge.

Ist das bereits Lieferantenmanagement? Ja, der Lieferant wurde „gemanaged". Aber Reklamationsbearbeitung ist nur eine von vielen Aufgaben, die man dem Lieferantenmanagement zurechnet. Konkret geht es darum, die Beziehungen zu den Lieferanten durch ein gezieltes aktives Handeln optimal zu gestalten und die Leistung in Bezug auf Kosten, Qualität und logistische Anbindung zu steigern. Voraussetzung dafür ist die richtige Auswahl der Lieferanten und deren Entwicklung in die gewünschte Richtung.

Folgende Abbildung 64 gibt einen Überblick über die Aufgaben und Möglichkeiten eines modernen Lieferantenmanagements.

Deutlich wird, dass das Lieferantenmanagement beim Finden und Auswählen geeigneter Lieferanten beginnt. Sind die Lieferanten geprüft und zugelassen, wird ihre Leistung bewertet und optimalerweise über Kennzahlen transparent gemacht. Diese sollten so gewählt sein, dass Störungen und Fehler zeitnah erkannt werden. Durch kurzfristige operative Maßnahmen versucht man nun, den Lieferanten so zu steuern, dass das Tagesgeschäft reibungslos abläuft.

Die Grundlage des Lieferantenmanagements ist die abgebildete Steuerung und Kontrolle der Lieferanten oder der Lieferantenbasis. Darüber hinaus sind aber auch die eher strategisch ausgerichteten Aktivitäten wie die Lieferantenentwicklung und die Lieferantenintegration wichtige Elemente.

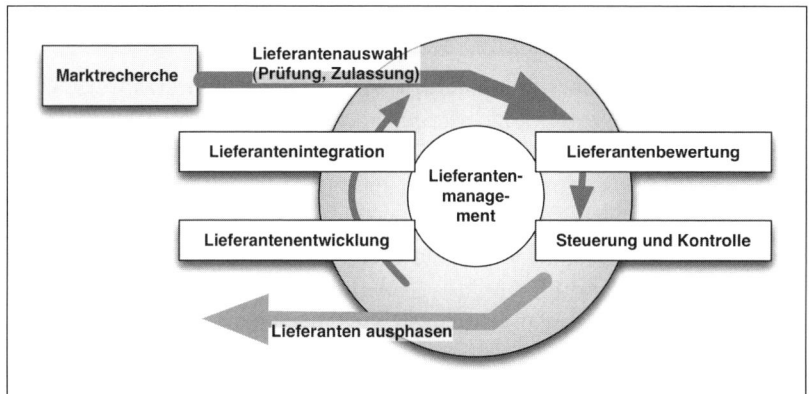

Abbildung 64: Aufgaben des Lieferantenmanagementsk

Dabei beinhaltet die Lieferantenentwicklung alle Aktionen zur Unterstützung der eigenen Lieferanten. Hierzu gehören die Lieferantenförderung, also die Entwicklung eines bestehenden Lieferanten zu besserer Leistung und höherer Performance als bisher, sowie der Lieferantenaufbau. Darunter versteht man die Entwicklung eines potenziellen neuen oder alternativen Lieferanten.

Ein Sonderfall ist die Lieferantenintegration. Damit ist die enge logistische Anbindung des Lieferanten gemeint, um Kosten-, Qualitäts- und Zeitvorteile zu erzielen. Das bekannteste Beispiel hierfür ist die Automobilindustrie, wo Lieferanten mit der Maßgabe, niedrigere Gesamtkosten zu erzielen, immer größere Teile der Wertschöpfung erbringen müssen. Lieferte früher ein Lieferant nur Kabel oder Zündkerzen, so fordern die Hersteller heute die Anlieferung der ganzen Motorelektronik oder anderer vormontierter Baugruppen des späteren Endprodukts direkt an die Montage-Linie nach dem Just-in-Time Konzept. Der Lieferant wird sozusagen in die eigene Supply Chain integriert.

In der Praxis ist es häufig nicht eindeutig zu trennen, welche Maßnahmen der Steuerung, der Entwicklung oder der Integration von Lieferanten zuzuordnen sind. Oft dienen einzelne Aktivitäten mehreren Zwecken.

5.2 Den richtigen Lieferanten auswählen

Das Vorgehen bei Auswahl und Zulassung von Lieferanten hängt davon ab, welche Produkte Sie von ihm kaufen möchten. Handelt es sich etwa um Büromaterial, dann legen Sie die Stammdaten des Lieferanten in Ihrem System ab und geben ihn frei. Ein einfacher Lieferantenfragebogen mit den entsprechenden Daten, die benötigt werden, um Bestellungen zu schreiben und Rechnungen zu bezahlen, reicht hier völlig aus.

Anders verhält es sich bei komplexen Aufträgen. So wird ein Automobilhersteller, der einen neuen Lieferanten für komplette Klimaanlagen sucht, in Auswahl, Prüfung und Freigabe des Lieferanten mehr Sorgfalt und Gründlichkeit aufwenden müssen. Ein Büromateriallieferant ist schnell gewechselt. Nicht aber ein Lieferant für hochkomplexe Teile, der zu einem strategischen Partner wird, mit dessen Qualität auch das eigene Produkt eng verknüpft ist.

Die folgende Abbildung 65 gibt einen Überblick über einen möglichen Prozess der Lieferantenzulassung. Ob Sie jeden einzelnen Schritt durchführen, hängt vom Produkt und der Bedeutung des Lieferanten ab. Die Lieferantenselbstauskunft ist eine gute Basis für die Vorauswahl möglicher Lieferanten. Nutzen Sie dazu die Checkliste in Kapitel 2.4. Sortieren Sie alle Lieferanten mit zu geringer Produktionskapazität oder fehlenden Zertifizierungen aus. Bei allen anderen Anbietern erfolgt nun die Lieferantenbewertung.

Hier wird der Lieferant anhand fest definierte gewichteter Kriterien, die abteilungsübergreifend beispielsweise von Einkauf, Produktion, Technik und der Qualitätsabteilung festgelegt werden, einer genauen Prüfung unterzogen. Besuchen Sie den Lieferanten und führen Sie je nach Wichtigkeit und Risiko ein Audit durch. Fehlen Voraussetzungen für die Zulassung, wird dies kommuniziert. Besprechen Sie mit dem Lieferanten gemeinsam, welche Maßnahmen und Aktionen aus Ihrer Sicht notwendig sind. Möchten Sie beispielsweise, dass Reklamationen transparenter erfasst und systematischer bearbeitet werden, müssen Sie mit dem Lieferanten entsprechende Maßnahmen festlegen und einen Zeitplan vereinbaren. Erfüllt der Lieferant schließlich alle Kriterien, so können Sie den Lieferanten freigeben und zulassen.

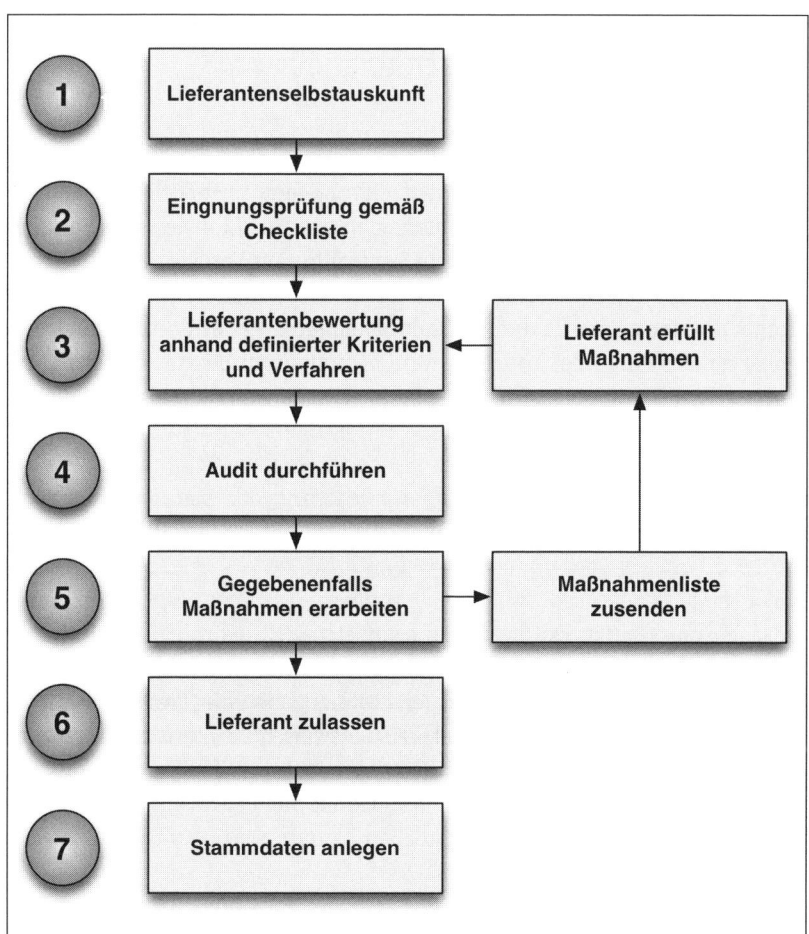

Abbildung 65: Typischer Prozess zur Lieferantenzulassung

5.3 Gute Lieferanten, schlechte Lieferanten: Kennzahlen zur Leistungsmessung

Die Bewertung von Lieferanten hat zwei Aspekte. Erstens möchte der Einkäufer stets über die aktuelle Lieferleistung des Lieferanten informiert sein, um bei schlechter Leistung entsprechend schnell reagieren zu können. Hier steht das kurzfristige operative Controlling im Vordergrund. Zweitens dient die Lieferantenbewertung auch zur strategischen Bewertung und Betrachtung eines Lieferanten. Anhand geeigneter Kriterien soll die generelle Leistungsfähigkeit beurteilt werden, um so durch strategisches und langfristig ausgerichtetes Handeln Potenziale (Kosten, Qualität, Logistik) zu erschließen.

Generell sind für die Analyse und Optimierung der Lieferantenleistung festgelegte und messbare Bewertungskriterien notwendig, die über Kennzahlen erfasst werden.

Trotz aller messbaren Kriterien sind natürlich auch die subjektive Meinung des Einkäufers, sein Bauchgefühl und seine Intuition wichtig. Deshalb werden in der Praxis Bewertungsverfahren etabliert, die objektive Kriterien mit subjektiven kombinieren. So wird beispielsweise die objektive Kennzahl der Reklamationsquote mit dem subjektiv bewerteten Kommunikationsverhalten des Lieferanten verknüpft. Wichtig ist auch hier, ein Verfahren zu finden, das die subjektiven oder weichen Kriterien messbar macht.

Ohne diese Bewertungssysteme muss sich der Einkäufer auf seine Erfahrung und seine Erinnerung verlassen. Dies wird bei ein oder zwei Stamm-Lieferanten kein Problem sein. Bei mehreren oder wechselnden Lieferanten verliert man aber leicht den Überblick. Zudem mag man sich gar nicht vorstellen, was passiert, wenn der Einkäufer mitsamt seinem Wissen das Unternehmen verlassen sollte.

Kriterien zur Lieferantenbewertung

Wie gut oder schlecht ein Lieferant ist, hängt von unterschiedlichen Kriterien und ihrer Gewichtung ab. Welche dies sind, sollte möglichst frühzeitig definiert werden – und zwar mit allen Beteiligten aus der technischen Abteilung, den Fachabteilungen und der Qualitätssicherung. Die zu definierenden Kriterien sollen sowohl die operative kurzfristige Leistung darstellen, als auch zur Gesamtbewertung des Lieferanten herangezogen werden können. Zur kurzfristigen Steuerung der aktuellen Leistung werden beispielsweise Kennzahlen wie Liefertermintreue, Anzahl von Reklamationen oder die Fehlerquote genutzt. Um kurzfristig reagieren zu können, müssen die Kennzahlen in regelmäßigen Abständen – beispielsweise monatlich – erhoben und ausgewertet werden.

Die Bewertung der langfristigen Leistungsfähigkeit eines Lieferanten mit den entsprechenden Kriterien wird dabei in der Regel in längeren Abständen vorgenommen, beispielsweise einmal im Jahr. Die Entwicklung lässt sich dann im Vergleich mit früheren Bewertungsergebnisse beurteilen.

Welche Kriterien Sie zur Lieferantenbewertung heranziehen können, zeigt folgender Überblick:

Mögliche Kriterien zur Lieferantenbewertung
Leistungskriterien:
Preise und Kosten
Preisniveau im Vergleich zur Konkurrenz
Preisentwicklung
Liefer- und Zahlungsbedingungen
Kostentransparenz
Qualität:
Produktqualität: Fehlerrate, Anzahl der Reklamationen, Fehlmengen
Termintreue
Fehlerkosten durch: Fertigungsstopp, Nacharbeit, Rücksendung, Reklamationen

Mögliche Kriterien zur Lieferantenbewertung (Fortsetzung)
Qualitätsmanagement: vorliegende Zertifizierungen Ergebnisse von Audits Optimierungsprogramme (beispielsweise KVP (kontinuierlicher Verbesserungsprozess), Kaizen, Six-Sigma) Verbesserungsmaßnahmen zur Verhinderung weiterer Fehler Bearbeitung von Reklamationen **Technische Leistungsfähigkeit:** Maschinenpark, technische Ausstattung Umweltorientierung Innovationsfähigkeit, technische Innovationen Investitionen in Forschung und Entwicklung **Zusammenarbeit:** Zuverlässigkeit Kommunikationsverhalten Hilfsbereitschaft bei Störfällen Reaktionszeit auf Reklamationen Kulanz Vorabinformation bei Störungen Flexibilität bei Mengen- und Terminänderungen **Allgemeine Merkmale:** Stellung/Bedeutung beim Lieferanten Räumliche Entfernung, Standort Finanzielle Situation des Lieferanten

Abbildung 66: Mögliche Kriterien zur Lieferantenbewertung

Stehen die Bewertungskriterien fest, geht es um die Frage, wie diese messbar gemacht – also in Kennzahlen umgesetzt – werden sollen. Berechenbare Kennzahlen müssen verlässlich (reliabel) sein. Soll beispielsweise die

Anzahl der verspäteten Lieferungen bestimmt werden, so muss dieses Kriterium auch genau erfasst werden können. So kann es ein Problem werden, wenn die Wareneingänge nicht tagesgenau erfasst werden und das tatsächliche Lieferdatum von dem Datum der Einbuchung abweicht. Wenn Sie sich nun eine Auswertung anschauen und daraufhin einen Lieferanten wegen verspäteter Termine rügen, wird dieser sich wundern, da er ganz anderes Zahlenmaterial hat.

Eine weitere Bedingung ist die Validität. Anders ausgedrückt: Eine Kennzahl muss das Kriterium messen, für das sie vorgesehen ist. So sagt zum Beispiel die Anzahl der verspäteten Lieferungen, auch wenn sie exakt zu bestimmen ist, nichts über die Liefertermintreue aus. Hier muss eine Verhältniskennzahl gebildet werden. Die Anzahl der verspäteten Lieferungen wird zur Gesamtzahl aller Lieferungen ins Verhältnis gesetzt. Stellen Sie sich zwei Lieferanten vor, die beide beispielsweise zehn verspätete Lieferungen haben. Sind die beide gleich gut oder schlecht? Wenn der eine Lieferant nur zehn, der andere dagegen mehrere hundert Sendungen hatte, ist das natürlich ein großer Unterschied. Außerdem müssen Sie noch entscheiden, ob die Länge der Verspätung in die Berechnung eingehen soll.

Doch wie berechnet man diese Kriterien? Hierzu gibt es Formeln, wie beispielsweise die beiden folgenden für die Kriterien Liefertermine und Fehlerquote:

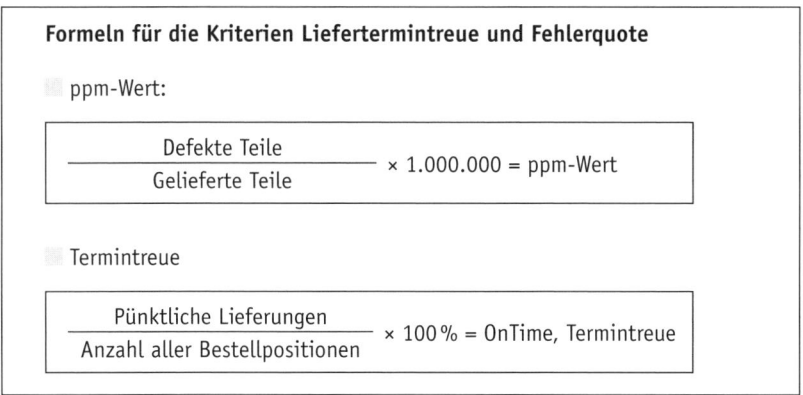

Abbildung 67: Formeln zur Liefertermintreue und Fehlerquote

Nun sagen die Ergebnisse an und für sich wenig aus. Ermitteln Sie beispielsweise eine Liefertermintreue von 93 Prozent, kann dies sowohl gut als auch schlecht sein. Wie Sie das Ergebnis bewerten, hängt von verschiedenen Faktoren ab. Dazu gehören die Besonderheiten verschiedener Materialgruppen. Sonderanfertigungen von Konstruktionsteilen sind meist nicht so termintreu wie standardisiertes Serienmaterial. Betrachten Sie nur den prozentualen Anteil der pünktlichen Lieferung, verzerrt dies das Bild. Gefragt ist deshalb ein Bewertungsmaßstab. Dieser muss widerspiegeln, welche Zahlen Sie als sehr gut oder schlecht bewerten. Ob Sie nun Punkte vergeben, beispielsweise 0 Punkte für sehr schlecht und 4 Punkte für sehr gut, oder ob Sie nach dem Schulnotensystem bewerten, hängt unter anderem davon ab, wie fein Sie die Bewertungen unterteilen wollen.

Kriterien	Bewertung				
	0	1	2	3	4
Qualität – Fehler	>35.000 ppm	15.000 – 35.000 ppm	2.000 – 15.000 ppm	250 – 2.000 ppm	0 – 250 ppm
Termintreue	<76%	76% – 86%	86% – 93%	93% – 98%	>98%

Abbildung 68: Praxisbeispiel Bewertungsmaßstab

Einige Unternehmen setzen eine Art Ampelfunktion ein, bei der schlechte Lieferanten rot hervorgehoben, zu beobachtende Lieferanten gelb gekennzeichnet und gute Lieferanten grün dargestellt werden. Gerade bei einer großen Zahl von Lieferanten hat sich dieses System aufgrund seiner Übersichtlichkeit bewährt.

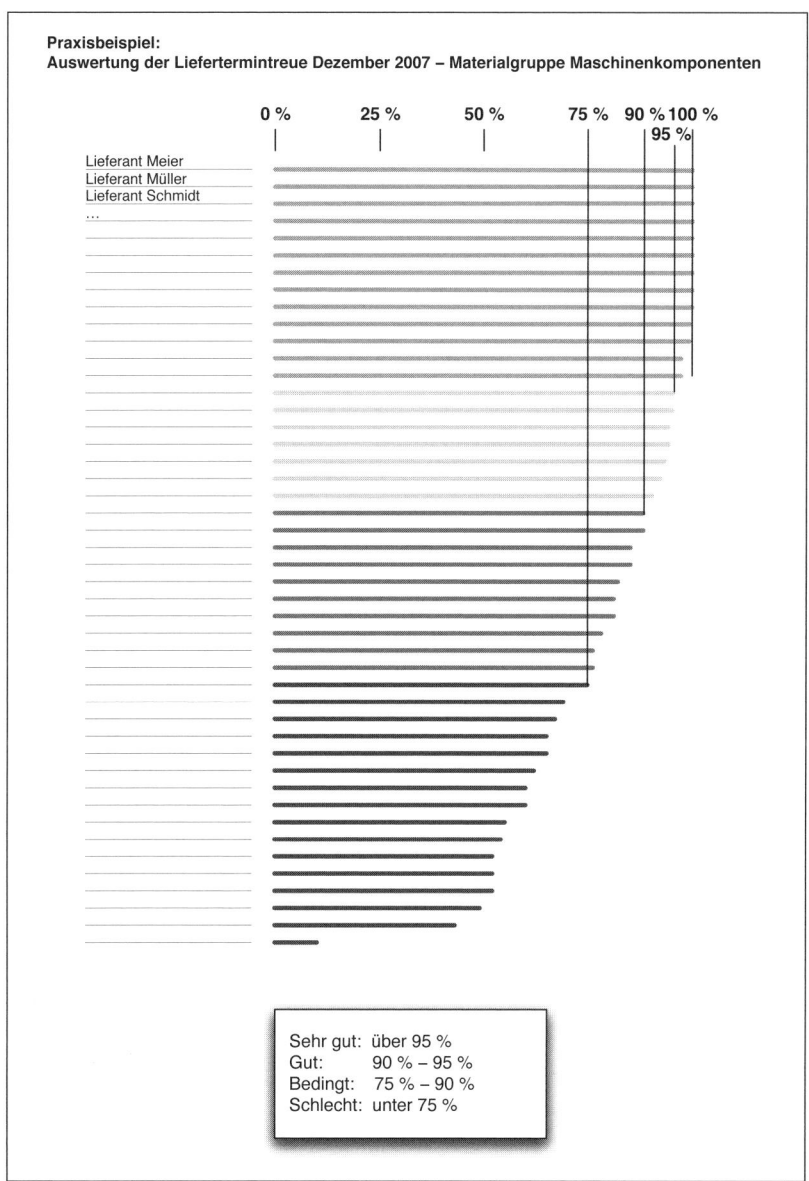

Abbildung 69: Praxisbeispiel eines Unternehmens der Kunststoffindustrie zur Auswertung der Lieferqualität in ppm

Lieferanten managen – oder: Trennen Sie die Spreu vom Weizen! | **159**

Häufigkeit der Lieferantenbewertung

Wichtig ist aber auch die Frage, wie häufig Sie welches Kriterium messen wollen. Das technische Potenzial eines Lieferanten wird sich in der Regel nicht kurzfristig ändern. Daher reicht es – soll das Kriterium zur Bewertung der Lieferanten herangezogen werden – diesen Aspekt in eine jährliche Bewertung einfließen zu lassen. Eine Übersicht über Liefertermintreue und Fehlerquote dagegen ist monatlich oder sogar wöchentlich sinnvoll, damit Sie kurzfristig Maßnahmen ergreifen können. Dies dient eher der operativen Steuerung der Lieferanten. Denken Sie daran, dass die Betrachtung mehrerer einzelner Kriterien schnell unübersichtlich wird und zudem nur ein vages Bild der gesamten Leistungsfähigkeit eines Lieferanten vermittelt. Gleichwohl reicht dieses Vorgehen aus, um bestimmte operative Ziele zu erreichen.

Anforderungen an eine Gesamtbewertung

Für die Gesamtbetrachtung müssen alle zu bewertenden Kriterien definiert und in einem Kennzahlsystem zusammengefasst werden. Im nächsten Schritt gilt es, die Gewichtungen der einzelnen Kriterien untereinander festzulegen. Ist die technische Innovationsfähigkeit des Lieferanten für Sie genauso wichtig wie die Fehlerquote? In der Praxis wird meist im Team (beispielsweise Einkauf, Qualität, Logistik, Technik) abgesprochen, welche Kriterien zur Bewertung der Lieferantenperformance wichtiger als andere sind.

Sollen Flexibilität und das Kommunikationsverhalten sowie weitere subjektive Kriterien in die Betrachtung eingehen, müssen auch diese messbar gemacht werden. Dies geschieht in der Regel auch über ein Punktesystem, bei dem den Lieferanten eine entsprechende Punktzahl beispielsweise zwischen 1 und 4 für ein bestimmtes Kriterium zugewiesen wird. Der einzige Unterschied ist, dass die Zuweisung einer Punktzahl nicht auf klar messbaren Zahlen beruht, sondern die Bewertungsmaßstäbe auf anderen Wegen umschrieben werden. Wie dies aussehen kann, zeigt das folgende Beispiel.

	Kriterien	Gewichtung	Bewertung				
			0	1	2	3	4
Leistung	Qualität – Fehler	17,5	>35.000 ppm	15.000 – 35.000 ppm	2.000 – 15.000 ppm	250 – 2.000 ppm	0 – 250 ppm
Leistung	Termintreue	10,0	<76%	76% – 86%	86% – 93%	93% – 98%	>98%
Leistung	Techn. Potenzial	5,0	niedrig	Übergang	mittel	Übergang	hoch
Leistung	Flexibilität	7,5	niedrig	Übergang	mittel	Übergang	hohe Termin- und Mengenflexibilität
Leistung	Kommunikation	10,0	schlecht		meistens erreichbar		Immer erreichbar, proaktiv
	Gesamt	**50,0**					**maximal 200 Punkte**
Konditionen	Preishöhe	25,0	15% über Referenzpreis		Referenzpreis		20% unter Referenzpreis
Konditionen	Preistransparenz	10,0	nicht nachvollziehbar	Übergang	teilweise nachvollziehbar	Übergang	Kalkulation liegt vor
Konditionen	Preisentwicklung	5,0	stark steigend		gleichbleibend		stark fallend
Konditionen	Zahlungsbedingungen	10,0	schlechter als Referenz		Referenzbedingungen		wesentlich besser als Referenz
	Gesamt	**50,0**					**maximal 200 Punkte**

Abbildung 70: Beispiel für Bewertungskriterien in einem Kennzahlsystem

Lieferanten managen – oder: Trennen Sie die Spreu vom Weizen!

Nun sind alle Vorraussetzungen geschaffen, um Lieferanten systematisch einer Gesamtbetrachtung zu unterziehen. Diese kann dann so aussehen:

	Kriterien	Gewichtung	Lieferant Meyer			
			Wert	Punkte	gew. Bewertung	maximal möglich
Leistung	Qualität – Fehler	17,5	900 ppm	3	52,5	70,0
	Termintreue	10,0	97 %	3	30,0	40,0
	Technisches Potenzial	5,0	mittel	2	10,0	20,0
	Flexibilität	7,5	niedrig – mittel	1	7,5	30,0
	Kommunikation	10,0	überwiegend erreichbar, proaktiv	4	40,0	40,0
	Gesamt	**50,0**			**140,0**	**200,0**
Konditionen	Preishöhe	25,0	10 % unter Referenzpreis	3	75,0	100,0
	Preistransparenz	10,0	Kalkulation liegt vor	4	40,0	40,0
	Preisentwicklung	5,0	gleichbleibend	2	10,0	20,0
	Zahlungsbedingungen	10,0	besser als Referenz	3	30,0	40,0
	Gesamt	**50,0**			**155,0**	**200,0**

Abbildung 71: Beispiel einer Lieferantenbewertung

Wie im obigen Beispiel zu erkennen, bekommt ein Lieferant eine Gesamtpunktzahl, in die alle Kriterien mit der entsprechenden Gewichtung eingehen. Auch hier ist ein Bewertungsmaßstab erforderlich. Ab wann soll korrigierend eingegriffen werden? Wie sind beispielsweise die 140 Punkte für die Leistung zu bewerten? Dazu ist in der Regel eine Interpretation des

Ergebnisses erforderlich, um notwendige Aktionen und Verbesserungsmaßnahmen mit dem Lieferanten zu besprechen.

Lieferantenbewertungen sind zeitaufwendig. Oft müssen Daten zur Berechnung oder Darstellung der Kennzahlen in Ihr System eingegeben werden. Klären Sie intern, wer sich sowohl für die Pflege der Daten als auch für die Auswertung der Kennzahlen verantwortlich fühlt. Ohne diese klaren Regeln verlässt sich sonst jeder gern auf den anderen.

> **Zusammenfassung: Einführung eines Lieferantenbewertungssystems**
>
> - Festlegen der zu bewertenden Kriterien im Team
> - Herkunft und Verantwortlichkeit für die Kennzahl/Kriterium festlegen
> - Bewertungsmaßstäbe für Kennzahlen festlegen
> - Gewichtungen für die Kriterien nach Relevanz festgelegen
> - Punktzahlen für bestimmte Lieferantenklassen festlegen
> - Erhebungszeitpunkt und Abstände festlegen
> - Auswertung und Analyse
> - Interpretation der Ergebnisse (vorzugsweise im Team)
> - Maßnahmen und Ziele festlegen, unter Umständen gemeinsam mit Lieferanten
> - Kontrolle der Entwicklung eines Lieferanten

5.4 Steuerung und Kontrolle der Lieferanten

Bei der Steuerung und Kontrolle der Lieferanten geht es in erster Linie um das Sicherstellen der aktuellen Lieferleistung. Dabei steht in der Regel die kurzfristige Reaktion auf eine nicht zufriedenstellende Leistung oder Veränderungen des Umfeldes (beispielsweise Mengensteigerungen oder Stornierungen) im Vordergrund. Häufen sich bei einem Lieferanten Fehler, wird es meistens teuer. Der Einkäufer muss schnell und entschlossen reagieren. Vorraussetzung hierfür ist eine aussagefähige Lieferantenbewertung als Basis für eine gezielte Steuerung einzelner Lieferanten.

Neben der Steuerung einzelner Lieferantenbeziehungen muss aber auch die gesamte Lieferantenbasis gesteuert werden. Bei dieser aktiven Gestaltung des Lieferantenportfolios kann es beispielsweise um eine Reduzierung der Lieferantenzahl für bestimmte Materialgruppen gehen. Die in den folgenden Abschnitten beschriebene Klassifizierung von Lieferanten oder die Portfolioanalyse sind Methoden, um die Lieferantenbasis zu strukturieren und zu gestalten.

Erfolgreiche Firmen haben meist Regeln und Leitsätze für den Umgang mit Lieferanten. Folgende Sätze sind mir in der einen oder anderen Form immer wieder begegnet:

- Richtige Monopolisten gibt es nur sehr selten. Jeder Lieferant ist austauschbar! Die Frage ist nur, ob man bereit ist, den Aufwand auf sich zu nehmen.
- Egal wie wichtig der Lieferant ist: Sie sind der Kunde! Das wissen auch die Lieferanten.
- Man sieht sich immer zwei Mal! Lieferanten werden daher fair behandelt.
- Die Lieferantenleistung muss permanent überwacht werden, die Lieferanten müssen wissen, dass sie kontrolliert werden.
- Es geht nicht nur um den Preis. Auch die Zuverlässigkeit, das Entgegenkommen und die Zusammenarbeit sind sehr wertvoll. Billige Lieferanten müssen keine günstigen Lieferanten sein.
- Ihre Kunden verraten Ihnen, wie sehr Sie Ihre Lieferanten fordern müssen. Dass, was Sie am Markt leisten müssen, müssen Sie an Ihre Lieferanten weitergeben.

Feedback an Lieferanten

Um Prozesse kontinuierlich zu verbessern, braucht Ihr Lieferant das entsprechende Feedback. Dies können monatliche Auswertungen sein, mit denen er eine Art Selbstkontrolle und -steuerung etablieren kann. Durch die eigene Überwachung der Performance kann er Maßnahmen ergreifen, um sich zu verbessern. Dies ist übrigens im Sinn der Lieferanten, die – so meine Erfahrung als Einkäufer – den Kunden zufriedenstellen und gut liefern wollen. Daher waren sie für ein Feedback anhand von wenigen Kennzahlen oft sehr dankbar.

Praxisbeispiel:

Lieferantenleistung Cockpit Chart   Fa. Schmitz Blechverarbeitung GmbH

Lieferant Materialgruppe Fertigungsmaterial Metall				
Zeitraum 12/2007		**Klassifikation**	**Qualität (PPM)**	**Lieferung %**
Einkäufer: Peter Reuter		Sehr gut	unter 500	über 95
		Gut	500 – 1.999	90 – 95
PPM	329 = Sehr gut	Bedingt	2.000 – 19.999	75 – 90
On Time	97,82 % = Sehr gut	Schlecht	über 20.000	gleich/unter 75
Fehlerh. Teile	2	PPM	$\dfrac{\text{Fehler}}{\text{Gelieferte Teile}} \times 1.000.000$	
		On Time	$\dfrac{\text{Pünktliche Lieferungen}}{\text{Anteil aller Bestellpositionen}}$	

Qualität	Liefertermintreue	Fehlerhafte Teile
PPM: 100000, 10000, 1000 (329), 100, 10, 1 (0) — Zeitraum 11, 12	On Time: 100 %, 80 %, 60 %, 40 %, 20 %, 0 % — Zeitraum 11, 12	Defects: 4, 3, 2, 1, 0 (0 → 2) — Zeitraum 11, 12

Abbildung 72: Beispiel Cockpit Chart

Bewährt hat es sich, dem Lieferanten die für Sie relevanten Daten in einer sehr übersichtlichen und nicht erklärungsbedürftigen Form zu übermitteln. Das obige Beispiel listet die drei Kennzahlen Fehlerquote, Liefertermintreue und Anzahl der defekten Teile auf. Die Zahlen werden zusätzlich auch grafisch so dargestellt, dass eine Veränderung zum Vormonat erkennbar ist.

Lieferantentage

Wenn Sie Ihren Lieferanten Informationen vermitteln oder aber auch das vorhandene Know-how gleichzeitig nutzen möchten, bieten sich Lieferantentage an. Bei dieser Veranstaltung können Sie den teilnehmenden Unternehmen beispielsweise neue Anforderungen an das Qualitätsmanagement der Lieferanten oder veränderte Anforderungen an die IT-Anbindung zwischen Lieferant und Kunde präsentieren. Denkbar ist hier jeder Anlass, der viele Lieferanten betrifft. Dabei können Sie nicht nur von der Effizienz der Informationsvermittlung profitieren: Sie bekommen zudem die Chance, innovative Ideen zu generieren, indem Sie mit den Lieferanten, beispielsweise in Arbeitsgruppen, Optimierungspotenziale identifizieren und deren Realisierung besprechen.

Die wichtigsten Schritte bei der Vorbereitung des Lieferantentages sind:

- Ziel und Zweck des Lieferantentages festlegen
- Überschrift oder Motto definieren, beispielsweise „Qualitätsoffensive 2010"
- Themen und Unterthemen festlegen
- Geeigneten Termin und Ort finden
- Finanzielle, zeitliche und personelle Ressourcen für Planung und Durchführung festlegen und für Bereitstellung sorgen
- Ablauf des Tages planen
- Teilnehmende Lieferanten festlegen
- Teilnehmende interne Personen/Abteilungen festlegen
- Durchführung organisieren (Raum, Bewirtung, Produktpräsentationen, schriftliche Dokumentation)

Ein besonderes Augenmaß muss bei der Auswahl der Lieferanten an den Tag gelegt werden. Laden Sie die Lieferanten ein, die hinsichtlich des festgelegten Zieles wichtig sind. Wählen Sie diese beispielsweise nach folgenden Kriterien aus:

- Einkaufsvolumen (siehe ABC-Analyse)
- Klassifizierung der Lieferanten (beispielsweise strategische Lieferanten oder Engpasslieferanten mit hoher strategischer Bedeutung)

- Neue Lieferanten
- Lieferanten für bestimmte Materialgruppen

Vorsicht ist auch geboten, falls Sie Absprachen zwischen Lieferanten befürchten müssen, die Sie zusammenbringen und die das persönliche Kennenlernen nutzen könnten, ihre Machtposition gegenüber Ihnen als Kunden auszubauen. Auch könnte es sein, dass ein Lieferant einen Ihrer direkten Konkurrenten beliefert. Hat dieser Kunde bei Ihren Lieferanten eine hohe Bedeutung, müssen Sie sich fragen, ob die Gefahr besteht, dass sensible Informationen an Ihre Konkurrenten gelangen.

Reklamationsbearbeitung

Auf Basis der Lieferantenbewertung können Sie Fehler und möglichst auch verschiedene Fehlerarten wie Falschlieferung, Lieferverzögerung, Fehlmengen oder Abweichung von der Spezifikation zuverlässig feststellen. Vielleicht können Sie sogar sehen, ob es sich um Wiederholfehler eines Lieferanten handelt. Diese werden bei einigen Unternehmen stärker gewichtet und schlagen damit negativer zu Buche als Fehler, die zum ersten Mal vorgekommen sind.

Fordern Sie den Lieferanten auf, die Fehlerursache zu ermitteln sowie Maßnahmen zur Verhinderung weiterer Fehler zu definieren. Nur so können Sie eine nachhaltige Verbesserung herbeiführen. Bei der Herstellung komplexer Produkte oder Leistungen werden allerdings immer wieder Fehler auftreten, so sehr man sich auch um Fehlervermeidung bemüht. Trotzdem gilt auch hier: Fehler zwei Mal zu machen ist unverzeihlich.

Der Verband der Automobilindustrie (VDA) hat mit dem 8D-Report einen Prozess zur Bearbeitung von Reklamationen definiert, der in der Automotive-Branche mittlerweile zu einem Standard geworden ist. Selbst wenn Sie nicht beabsichtigen, Reklamationen so gründlich und damit aufwendig zu bearbeiten, macht dieser Prozess die grundsätzlich sinnvolle Vorgehensweise sehr deutlich.

> **Der 8D-Report**
>
> Ein 8D-Report ist ein Dokument, das im Rahmen des Qualitätsmanagements bei einer Reklamation erstellt und ausgetauscht wird. **8D** steht dabei für die **acht obligatorischen Prozessschritte**, die bei der Abarbeitung einer Reklamation erforderlich sind, um die Ursache des Problems zu ermitteln und eine Lösung zu finden.
>
> **Der 8D-Prozess umfasst folgende acht Schritte:**
>
> **D1** Zusammenstellen eines Teams für die Problemlösung
> **D2** Problembeschreibung
> **D3** Sofortmaßnahmen festlegen
> **D4** Fehlerursache(n) feststellen
> **D5** Planen von Abstellmaßnahmen
> **D6** Einführen der Abstellmaßnahmen
> **D7** Fehlerwiederholung verhindern
> **D8** Würdigen der Teamleistung

Lieferantenwechsel

Sind die Bewertungen eines Lieferanten wiederholt schlecht, muss auch ein Wechsel des Lieferanten in Betracht gezogen werden. Denken Sie jedoch daran, dass es keine Garantie auf Verbesserung gibt. Ob ein neuer Lieferant besser ist, wissen Sie erst hinterher. Erste Wahl sollte es immer sein, dem bisherigen Lieferanten in offener und fairer Zusammenarbeit die Gelegenheit zur Verbesserung zu geben. Dabei kann man sogar Hilfe in Form von Workshops anbieten oder dem Lieferanten mit qualifizierten Leuten aus Technik, Qualität oder Einkauf beispielsweise bei der Suche nach Fehlern oder Optimierungspotenzial helfen.

Wichtig ist es, bei einem anstehenden Wechsel erst die Lieferungen sicherzustellen. Der bestehende Lieferant soll oder darf in der Regel nicht schlagartig aussteigen, wenn Sie noch keine Alternative aufgebaut haben. Bedenken Sie also bei einer derartigen Entscheidung, dass Sie Qualität und

Service unter allen Umständen sicherstellen. Testen Sie den Lieferanten beispielsweise durch Musterlieferungen und schrittweise Steigerung der Bestellmengen. So können Sie feststellen, ob der Lieferant in der Lage ist, die zu vergebende Menge reibungslos zu liefern und das laufende Geschäft zu übernehmen. Außerdem haben Sie ja auch noch interne Kriterien zur Lieferantenzulassung (beispielsweise Audits) zu beachten.

5.5 Klassifizierung von Lieferanten – Lieferanten sind unterschiedlich

Um festzulegen, wie viel Aufwand Sie mit welchen Lieferanten, beispielsweise bei der Zulassung, treiben wollen, ist eine Klassifizierung oder Einteilung von Lieferanten nach Wichtigkeit oder Bedeutung sinnvoll. Eine Gleichstellung aller Lieferanten ist weder sinnvoll noch wirtschaftlich vertretbar und in der Praxis auch nicht üblich.

Aufgrund der Vielzahl der Lieferanten und der zu beschaffenden Materialien ist es notwendig, bei der Klassifizierung Schwerpunkte zu setzen und Beschaffungsaktivitäten zielgerichtet festzulegen. In der Praxis haben sich einige Faktoren herauskristallisiert, die ein unterschiedliches Vorgehen je nach Lieferanten nahelegen.

- Umsatzanteil am Gesamteinkaufsvolumen
- Fertigungstiefe des eingekauften Produktes (System-, Baugruppen-, oder Einzelteil-Lieferant)
- Produktart/Materialgruppe
- strategische Bedeutung des Lieferanten

Möchten Sie zielgerichtete Beschaffungsaktivitäten an der Höhe des Einkaufsvolumens und damit an der finanziellen Bedeutung festmachen, bietet sich die in Kapitel 2 bereits vorgestellte Einteilung in A-, B- und C-Lieferanten an.

Eine andere Form der Klassifizierung ist die Einordnung der Lieferanten nach dem Grad ihrer Fertigungstiefe. Auch hier liegt es nahe, mit Systemlieferanten anders vorzugehen als mit normalen Einzelteilelieferanten. Dabei ist die Sorgfalt, die bei Systemlieferanten bei Prüfungszulassung und Bewertung gefordert ist, aufgrund der Produktkomplexität in der Regel höher als bei Einzelteillieferanten.

Für welche Klassifizierung Sie sich entscheiden, hängt davon ab, was für Ihr Unternehmen sinnvoll ist. Da alle Faktoren miteinander verknüpft sind, ist dabei eine mehrdimensionale Betrachtung notwendig. In der Praxis findet deshalb oft eine Mischung oder Kombination dieser Klassifizierungsmöglichkeiten Anwendung.

Zweidimensionale Portfolioanalyse

Da die ABC-Analyse nur die Dimension Umsatzanteil berücksichtigt, soll an dieser Stelle eine zweidimensionale Portfolioanalyse vorgestellt werden. Sie berücksichtigt auch die anderen Faktoren und insbesondere die strategische Bedeutung des Lieferanten. So wird neben der Ausprägung „Einkaufsvolumen beim Lieferanten (im Verhältnis zum Gesamtumsatz)" hier auch das Versorgungsrisiko betrachtet. Um dieses bestimmen zu können, müssen Sie folgende Faktoren beachten:

Komplexität der beim Lieferanten bezogenen Produkte: Dauert es einige Zeit, bis ein neuer Lieferant in der Lage ist, ein technisch anspruchsvolles Produkt zu produzieren und zu liefern, ist das Risiko eher hoch einzuschätzen, selbst wenn es theoretisch genug Lieferanten gibt, die in der Lage sind, Sie zu beliefern.

Anzahl der Lieferanten im Markt – Wettbewerb: Gibt es genug Lieferanten, sodass ein Wechsel leicht und schnell durchzuführen ist, ist das Risiko als gering einzuschätzen. Gibt es dagegen nur wenige und im Extremfall nur einen Monopolisten, dann können schnell Probleme entstehen. Das Versorgungsrisiko ist dann sehr hoch.

Auswirkungen auf die eigene Produktion: Was passiert, wenn das beim Lieferanten bezogene Bauteil nicht oder fehlerhaft geliefert wird? Steht dann die eigene Produktion ebenfalls, oder kann man sich leicht anders behelfen? Stockt die Lieferung des Büromaterials, wird das höchstwahrscheinlich keine Katastrophe nach sich ziehen. Fehlen dagegen bestimmte elektronische Bauteile, die direkt in Ihr eigenes Produkt einfließen, können Sie Ihre Kunden nicht beliefern.

Lieferzeit/Wiederbeschaffungszeit: Fällt ein Lieferant aus und Sie haben zwar Alternativen, bekommen aber aufgrund langer Lieferzeiten Probleme, ist das Risiko hoch. Lange Lieferzeiten können durch Abhängigkeit von bestimmten Rohstoffen entstehen, die nicht auf Lager liegen, oder durch aufwendige Produktionsprozesse.

Bringt man die Dimensionen nun in einen Zusammenhang, ergibt sich ein Portfolio, welches vier verschiedene Konstellationen mit jeweils charakteristischen Merkmalen kennt.

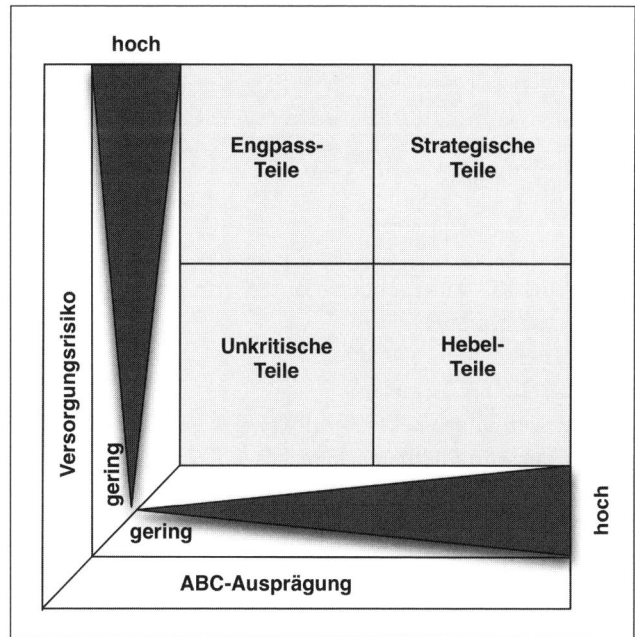

Abbildung 73:
Versorgungsrisiko
ABC-Portfolio

Lieferanten managen – oder: Trennen Sie die Spreu vom Weizen!

Damit können Sie Ihre Lieferanten beispielsweise nach folgendem Portfolio einteilen:

Engpasslieferanten	Strategische Lieferanten
• wenige Alternativlieferanten • Produkt nicht ohne Risiko zu beschaffen • Einkaufsvolumen für beide Seiten unbedeutend	• führende Position am Markt (eventuell Oligopol oder Monopol) • besonderes Know-how beim Lieferanten • Einkaufsvolumen bedeutend für Lieferanten
Unkritische Lieferanten	**Hebellieferanten – Merkmale**
• viele Lieferanten verfügbar • keine oder geringe Lieferantenintegration • Know-how nicht entscheidend • Einkaufsvolumen auch für Lieferanten unbedeutend	• alternative Lieferanten ohne größeren Aufwand verfügbar • Produkte weisen in der Regel keine besondere technische Komplexität auf • Know-how steht nicht im Vordergrund • Einkaufsvolumen bedeutend für den Lieferanten

Abbildung 74: Portfolio

Abgeleitet aus den Portfolio-Konstellationen ergeben sich folgende Handlungsempfehlungen:

Unkritische Lieferanten:
- Reduzierung der Bestellabwicklungskosten
- effizienter und einfacher Prozess
- Einführung neuer Versorgungskonzepte, wie beispielsweise Kanban, E-Procurement oder Purchasing Card
- klassisches C-Teile-Management
- Beschaffung über den Bedarfsträger
- Verwendung von Standard und Normteilen

- Sammelbestellungen, große Abnahmemengen
- Termin-, Rechnungs- und Qualitätskontrollen vermeiden

Hebelteile-Lieferanten
- Preis und Leistung durch Wettbewerb optimieren
- fordernd bis aggressiv auftreten
- Global Sourcing
- Qualitätssicherung- und Lagerhaltung zum Lieferanten verlagern
- intensive Prüfung der Kalkulationen

Engpasslieferanten
- Versorgungsengpässe und Fehlmengen vermeiden
- großzügige Bestellmengen, Sicherheitsbestände (geringe Kapitalbindung)
- langfristige Lieferverträge, Aufbau von Stammlieferanten
- Konzentration auf sichere Lieferanten
- kurzfristige Lieferantenwechsel vermeiden
- Neupositionierung als unkritischen Lieferanten, bsp. durch Standardisierung oder technische Entfeinerung der eingekauften Produkte

Strategische Lieferanten
- Aufbau langfristiger Zusammenarbeit mit Lieferanten
- Aufbau strategischer Partnerschaften
- Lieferantenentwicklung
- Single oder Dual Sourcing
- aktive Beschaffungsmarktforschung
- intensive Preisanalyse
- möglichst exakte Bedarfsplanung zur Minimierung der Lagerhaltung
- Make or Buy-Überlegungen

Beschaffung unkritischer Teile und C-Teile

Jedes Unternehmen benötigt zahlreiche unkritische beziehungsweise C-Teile wie Produkte aus den Bereichen Arbeitsschutz und Betriebshygiene. All diese Teile werden gebraucht, sollen aber gleichzeitig mit einem möglichst geringen Aufwand zu beschaffen sein. In der Praxis wird meist ein

Lager vom Lieferanten überwacht und bestückt. Er gewährleistet, dass Sie immer auf die benötigten Teile zurückgreifen können, ohne dass eine Bestandsüberwachung durchgeführt wird oder Bestellungen getätigt werden müssen. Der administrative Aufwand des Bestellens entfällt weitestgehend. In der Praxis wird auch die Rechnungsprüfung durch Sammelrechnungen stark vereinfacht.

Ein anderer Weg, den Beschaffungsaufwand zu reduzieren, wird ebenfalls häufig bei unkritischen Teilen beschritten: Der Anforderer selbst bestellt die benötigten Teile direkt beim Lieferanten. Statt einen Bedarf ins ERP-System einzugeben und damit einen herkömmlichen Bestellprozess zu initiieren, bestellt er einfach beim vorher festgelegten Lieferanten zu einem ebenfalls vorher festgelegten Preis die benötigten Teile.

Hier bietet sich zur Abwicklung der Einsatz einer Procurement Card an. Procurement Cards haben sich in den 90er-Jahren immer mehr zu einem wirksamen Instrument bei der Gestaltung von Einkaufsprozessen entwickelt. Heute sind sie in vielen großen Unternehmen Standard zur Erhöhung der Prozesseffizienz und Kontrolle bei Einkäufen mit geringem Wert und großen Stückzahlen.

Procurement Cards erlauben es den einzelnen Mitarbeitern im Unternehmen, direkt mit den Lieferanten zusammenzuarbeiten und ihre Bestellungen auf verschiedenen Wegen, beispielsweise online, zu platzieren. Durch die Angabe einer Karten- oder Kontonummer bekommt der Lieferant alle hinterlegten Einzelheiten der Transaktionen. Hierzu gehört beispielsweise auch die Berechtigung des Bestellers mit einer festgelegter Höchstgrenze, bis zu der Bestellungen getätigt werden dürfen.

Der Händler oder Lieferant übermittelt Informationen über die Transaktion ebenfalls unter dieser Nummer an das Netzwerk des Kartenemittenten, beispielsweise American Express.

Von dort werden konsolidierte Informationen über die Transaktionen dann – in der Regel monatlich – elektronisch an das einkaufende Unternehmen übermittelt. Üblicherweise stehen den Unternehmen mit dem Einsatz von Procurement Cards auch Kontrollmechanismen wie personenbezogene

Transaktionslimits, monatliche Ausgabenlimits oder Einschränkungen für bestimmte Kategorien/Lieferanten zur Verfügung.

5.6 Optimierung der Lieferantenzahl

Bei der Optimierung der gesamten Lieferantenzahl geht es um die Steuerung und um die Gestaltung und Optimierung des gesamten Lieferantenportfolios. Die Strategie, so viele Lieferanten wie möglich zu haben, um den Wettbewerb auszunutzen, ist weder für Sie noch für Ihre Lieferanten in jedem Fall sinnvoll. Hier fehlt jede Zielorientierung und strategische Überlegung. Sinn kann die Ausnutzung des Wettbewerbs bei einfachen, standardisierten Artikeln machen. In diesem Fall werden Preis und Leistung über den Wettbewerb optimiert. Dies funktioniert hauptsächlich bei unkritischen Teilen oder Hebelteilen.

In der Praxis ist aber auch zu beobachten, dass durch die gestiegenen Erwartungen an Lieferanten vermehrt mit Systemlieferanten zusammengearbeitet wird. Diese zeichnen sich dadurch aus, dass man mit ihnen über einen längeren Zeitraum gemeinsam Know-how in Bezug auf Technologie, Qualität oder Logistik aufgebaut hat. Hier macht es Sinn, mit einigen wenigen, ausgezeichneten Lieferanten zusammenzuarbeiten.

Mit der Reduzierung der Lieferantenzahl sind verschiedene Ziele verbunden. Dazu zählen beispielsweise eine spezifische logistische Anbindung, die Bündelung des Volumens (Rabatte), die Reduzierung des administrativen Aufwandes sowie die Konzentration auf Partner.

Wie Sie sehen, gibt es verschiedene Aspekte der Optimierung der Lieferantenanzahl. Weder das eine Extrem – zu viel Wettbewerb – noch das andere, also eine minimale Anzahl von Lieferanten um jeden Preis, macht Sinn. Vielmehr bietet es sich an, jede Materialgruppe einer strategischen Betrachtung hinsichtlich ihrer Lieferanten zu unterziehen.

Wie geht man aber nun vor, wenn man seine Lieferantenbasis hinsichtlich einer optimalen Zahl von Lieferanten neu gestalten möchte?

Untersuchen Sie Ihre Lieferanten- und Teileliste auf Karteileichen hin. Prüfen Sie, wie weit es Sinn macht, Lieferanten, bei denen lange Zeit nichts mehr bestellt wurde oder Material, welches nicht mehr benötigt wird, noch als aktive Posten zu führen. Bedenken Sie, dass bei jeder Auswertung, bei jedem Ausdruck von Listen unnötiger Ballast mitgeschleppt wird. Im Laufe der Jahre bläht sich so jede Lieferantenbasis unweigerlich auf, sodass hier ab und an eine Bereinigung stattfinden muss.

Im nächsten Schritt macht ein Blick auf die einzelnen Materialgruppen und eine strategische Positionierung Sinn. Dabei können Sie sich anhand der ABC-Analyse oder des Versorgungsrisiko-Portfolios orientieren. Wie viele Lieferanten haben Sie aktuell für Ihre Produkte? Sie müssen entscheiden, ob Sie den Wettbewerb in der bestehenden Form weiterführen oder gar ausbauen wollen. Bei der Materialgruppe Montagematerial/Verbindungselemente (Schrauben, Unterlegscheiben, Klemmen, Fittinge) kann es Sinn machen, Volumen zusammenzulegen und zu bündeln. Ein Vorteil der Konzentration auf einen Spezialisten ist beispielsweise die Optimierung der logistischen Anbindung, beispielsweise in Form eines Kanban-Lagers.

Sie können aber auch die Zahl der Lieferanten reduzieren, indem Sie die Anzahl der verschiedenen einzukaufenden Produkte verringern. Hier können Sie beispielsweise Module oder Baugruppen bilden oder aber die Teilevielfalt durch Standardisierung eingrenzen (siehe Abbildung 75).

Dabei setzt die Bildung von Modulen oder Baugruppen voraus, dass die Lieferanten Koordinations- und Montagearbeiten ausführen können. Bei dieser Strategie bauen Sie sich einen Systemlieferanten auf. Dies hat auch Auswirkungen auf andere Lieferanten, die bisher direkt geliefert haben. Sie schicken ihre Teile nun an den Systemlieferanten anstatt direkt zu Ihnen. Dabei profitiert Ihr Unternehmen durch die Reduzierung der Lieferantenzahl, den minimierten Aufwand für Teile-Handling, den geringeren Abwicklungsaufwand, die Reduzierung von Beständen sowie die Konzentration auf ausgewählte Partner.

Auch die zweite Variante – die Standardisierung – bringt Vorteile mit sich. Statt mehr oder weniger identische Kleinteile bei verschiedenen Lieferanten mit verschiedenen Material- oder Bestellnummern zu bestellen,

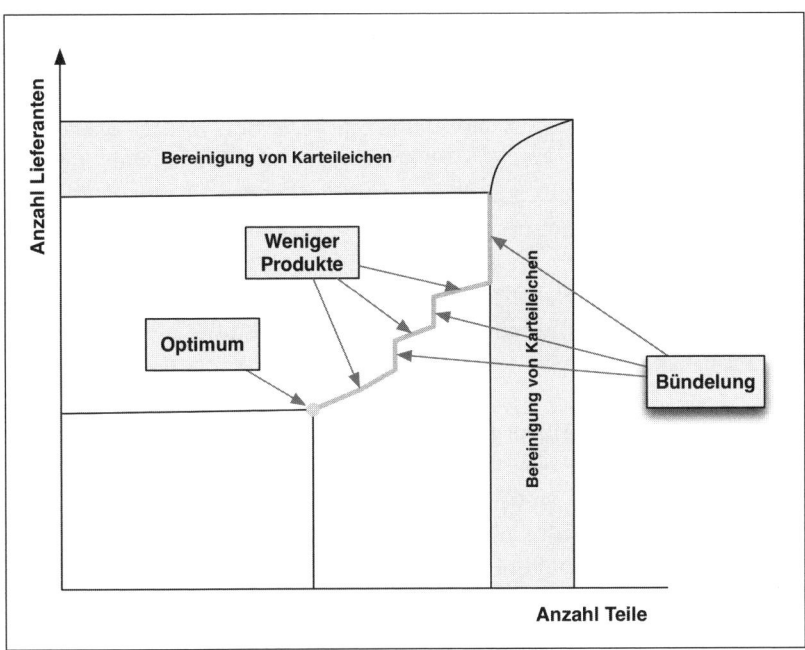

Abbildung 75: Reduzierung der Lieferantenanzahl

legen Sie sich hier auf einen Standard fest. Dazu klären Sie vorab intern, welche Standards beispielsweise in der Konstruktion bei der Erstellung von Stücklisten gefragt sind. Viele Einkäufer werden mir zustimmen, dass die interne Verhandlung mit den Fachabteilungen über Standards schwieriger ist, als mit Lieferanten eine Übereinkunft zu erzielen.

Mögliches Hilfsmittel sind hier Lieferanten- oder Bauteilevorzugslisten. Sie geben Lieferanten beziehungsweise Komponenten vor, die jederzeit in die Produktentwicklung oder Konstruktion einbezogen werden können, ohne dass es gesonderter Zustimmung des Einkaufs bedarf. Auf diese Weise kann das schrittweise und wenig kontrollierte Anwachsen der Lieferanten- und Teilevielfalt verhindert werden. Außerdem bemühen sich Lieferanten darum, auf die Vorzugslisten zu kommen, da sonst der Zugang zum Abnehmer schwer oder unmöglich ist und der Kunde verloren ist. Für den Einkäufer ein willkommenes Argument bei einer Preisverhandlung.

5.7 Die Arbeit vor Ort: Besuche und Audits

Bei strategisch wichtigen Lieferanten bieten sich zudem Besuche und Audits an, um die laufende Zusammenarbeit zu verbessern, Fehlerursachen zu ermitteln und aktuelle Probleme zu besprechen. Insofern gehören beide in den Bereich des operativen Einkaufs zur Steuerung und Kontrolle der Lieferanten. Sie sind aber auch ein Instrument zur langfristigen Entwicklung von Lieferanten. Nutzen Sie den persönlichen Kontakt, um sich vor Ort ein Bild davon zu machen, welche Optimierungspotenziale ein Lieferant besitzt, und besprechen Sie mit ihm die Umsetzung und weitere Entwicklung der Zusammenarbeit.

Die Grenze zwischen einem Besuch und einem Audit ist dabei recht fließend. Es gibt Besuche beim Lieferanten, bei denen Kaffee getrunken und ein Blick in die Fertigung geworfen wird. Solche Besuche dienen allein der Beziehungspflege, bringen aber sonst nichts. Deshalb ist auch bei einem Besuch des Lieferanten die Vorbereitung für den Erfolg entscheidend. Überlegen Sie sich also vorab, wo Sie hinschauen, was Sie sehen und mit welchen Informationen Sie nach Hause fahren möchten. Ebenso macht ein Follow-up in Form eines Besuchsprotokolls Sinn, bei dem Sie dem Lieferanten Ihre Beobachtungen mitteilen und dieser gegebenenfalls entsprechend reagieren kann.

Je nach Intention Ihres Besuches sollten Sie auf die im Folgenden aufgeführten Aspekte achten:

Checkliste: Besuch beim Lieferanten
Generelles ❑ Wie und wo werde ich empfangen? ❑ Von wem werde ich empfangen? ❑ Ist der Kunde sichtbar? ❑ Ist mein Partner vorbereitet? ❑ Ist die Atmosphäre entspannt? ❑ Besteht eine Tagesagenda?

Checkliste: **Besuch beim Lieferanten** (Fortsetzung)

- ❏ Besteht eine Tageszielsetzung?
- ❏ Ist ein Materialfluss sichtbar?
- ❏ Sind WIP (work in progress) Vorräte sichtbar?
- ❏ Gibt es Wegweiser in der Produktion?
- ❏ Sind Produktion, Plätze und Produktionseinrichtungen bezeichnet?
- ❏ Gibt es Tafeln mit Mottos oder Leistungsgrafiken?
- ❏ Herrscht ruhige Emsigkeit oder Hektik?

Management und Führung
- ❏ Ist das Management sichtbar?
- ❏ Sind Visionen und Ziele der Unternehmung sichtbar?
- ❏ Sind die Produkte attraktiv präsentiert?
- ❏ Sind Lieferanten- oder Kundenauszeichnungen präsentiert?
- ❏ Werden die eigenen Märkte dargestellt?
- ❏ Ist das Unternehmen international orientiert?

Personal
- ❏ Sind Maßnahmen zur Mitarbeitermotivation sichtbar?
- ❏ Wird die Mitarbeiterzufriedenheit dokumentiert?
- ❏ Sind Aufrufe zur Weiterbildung sichtbar?
- ❏ Wie ist die Durchschnitts-Betriebszugehörigkeit?
- ❏ Wird Teamarbeit gepflegt?
- ❏ Sind Teams benannt und öffentlich erkennbar?

Unternehmen und Organisation
- ❏ Gründungsjahr, Entwicklung des Unternehmens
- ❏ Rechtsform
- ❏ Geschäftsberichte
- ❏ Konzern- oder Gruppenstruktur
- ❏ Organigramm der Gruppe oder der Gesellschaft
- ❏ Zahl der Beschäftigten
- ❏ Verwaltung, Technik, Entwicklung, Produktion, QS, Einkauf ...

Checkliste: Besuch beim Lieferanten (Fortsetzung)

- ❑ Gesamtumsatz, Umsatz einzelner Geschäftsbereiche, Umsatz mit einzelnen Produkten in den Produktgruppen, Exportanteil
- ❑ Gibt es Informationen zu Bonität und Liquidität?

Prozessorientierung/Qualität
- ❑ Ist das Unternehmen spezialisiert?
- ❑ Was sind die Kernprodukte?
- ❑ Was sind die Kernprozesse?
- ❑ Gibt es ein Qualitätsmanagement (Verantwortliche, Handbuch und Ähnliches)
- ❑ Sind die Prozesse „gemapt" und dokumentiert?
- ❑ Wie ist die Freigabeprozedur für laufende oder neue Produkte?
- ❑ Sind Leistungswerte definiert (Durchlaufzeit, Fehler, Kosten)?
- ❑ Wie wird Prozessverbesserung betrieben?
- ❑ Liegen Qualitätskennzahlen hinsichtlich Liefertreue, Reklamationen und Ausschuss vor?
- ❑ Gibt es einen KVP (Kontinuierlicher Verbesserungsprozess)? Gibt es KVP-Teams?
- ❑ Sind Lieferanten und Kunden eingebunden?
- ❑ Welche Erfahrungen gibt es mit wertanalytischen Maßnahmen?

Kundenorientierung
- ❑ Sind unsere Kundenanforderungen bekannt?
- ❑ Werden unsere Anforderungen laufend gemessen?
- ❑ Wie werden Reklamationen behandelt?
- ❑ Wie ist der Stand der Kundenzufriedenheit?
- ❑ Wie ist dieser dokumentiert und für die Mitarbeiter sichtbar gemacht?
- ❑ Sind wir ein wichtiger, strategischer Kunde?
- ❑ Besteht Bereitschaft zu einem Konsignationslager?
- ❑ Herrscht Flexibilität bei Produkt- oder Mengenänderungen?
- ❑ Kann per DFÜ kommuniziert oder bestellt werden?
- ❑ Wie ist die Bereitschaft zu Kostensenkungsprojekten?

Checkliste: Besuch beim Lieferanten (Fortsetzung)

- ❏ Legt der Lieferant seine Kalkulation für die angebotenen Produkte offen?
- ❏ Welches Preisniveau hat der Lieferant beim Ersatzteilgeschäft?

Umwelt
- ❏ Hat der Lieferant eine ISO 1400 ff. Zertifizierung?
- ❏ Ist eine Umweltpolitik/-strategie festgelegt?
- ❏ Sind U-Prozesse definiert und eingeführt? Wenn ja – welche?
- ❏ Werden Kunden und Lieferanten einbezogen?

Technik
- ❏ Welche Maschinen oder Technologien sind im Einsatz?
- ❏ Welche Maschinentypen sind im Einsatz?
- ❏ Wie sieht die mechanische Bearbeitung aus (Schweißen, Schmieden, Montage)?
- ❏ Wie hoch sind die Kapazitätsreserven?
- ❏ Gibt es eigenen Werkzeugbau?
- ❏ Welche Materialien werden hergestellt oder können verarbeitet werden? (Stahl, Metall, Nichtmetall, Schmiedestücke, Blech, Stangenmaterial)
- ❏ Welche Fläche hat die Produktionsstätte?
- ❏ Werden statistische Verfahren zur Maschinen- und Prozesskontrolle verwendet?
- ❏ Gibt es eine eigene Entwicklungsabteilung?
- ❏ Wie hoch ist das Entwicklungsbudget?
- ❏ Gibt es eine eigene Konstruktion?
- ❏ Mit welchem CAD-System wird gearbeitet?
- ❏ Wie ist die Qualifikation der Konstrukteure, Fertigungsmitarbeiter?

Sonstiges
- ❏ Welche Referenzen kann der Lieferant nachweisen?
- ❏ Ist er auf Messen vertreten?
- ❏ Hat der Lieferant eigene Transportmöglichkeiten?
- ❏ Welche Krankapazität hat der Lieferant?
- ❏ Welche Lagerflächen gibt es?

Im Unterschied zu einem gut vorbereiteten Besuch findet bei einem Audit eine detaillierte Prüfung definierter Punkte statt. Dabei wird meist eine detailliertere und genauere Checkliste verwendet. Doch was genau steckt hinter dem Begriff Audit?

Ein Audit ist eine Prüfung, in deren Rahmen Prozesse hinsichtlich ihrer Erfüllung von Anforderungen und Regeln – beispielsweise Anforderungen, die für ISO 9000 ff.- oder ISO 14000 ff.-Zertifikate notwendig sind – untersucht werden. Verantwortlich für die Aufstellung und Einhaltung dieser Regeln ist meist das Qualitätsmanagement. Die Audits werden in der Regel von einem speziell hierfür ausgebildetem Auditor durchgeführt.

Gerade im Zusammenhang mit dem Begriff der Zertifizierung begegnen uns immer wieder bestimmte Begriffe für Zertifizierungsnormen. Hier zwei wichtige Normen, die neben der Normenreihe ISO 9000 ff. eine wichtige Bedeutung erlangt haben.

ISO-Norm 14000 ff.: Sie bezieht sich auf die im Rahmen von Produktionsprozessen und Dienstleistungen auftretenden Fragen des Umweltmanagements. Unternehmen verpflichten sich im Rahmen der Zertifizierung, Auswirkungen ihres Handelns auf die Umwelt zu ermitteln und zu benennen. Es werden Maßnahmen zur Kontrolle umweltgerechten Handelns definiert. Im Rahmen des Audits wird geprüft, inwieweit Unternehmen sich an diese Regeln halten. Ziel ist die Einrichtung eines Umweltmanagementsystems.

ISO TS 16949:2002: Hierbei handelt es sich um den international führenden Automobilstandard. Sie fasst die existierenden Qualitätsnormen und Forderungen der Automobilindustrie an ein Qualitätsmanagementsystem in einer Zertifizierung zusammen. Aufwendige Mehrfachzertifizierungen sind deshalb überflüssig.

Durch ein Audit kann ein Ist-Zustand ermittelt werden, um eventuelle Abweichungen von den vorgeschriebenen Anforderungen aufzuzeigen. Es kann aber ebenso dazu dienen, allgemeine Probleme oder einen Verbesserungsbedarf aufzuspüren, damit sie beseitigt werden können. Nachdem festgestellte Defizite durch entsprechende Maßnahmen oder Verbesse-

Transport, Handling, Lagerung, Verpackung		
- Sind Mengen, Fertigungslosgrößen auf den Bedarf abgestimmt und werden sie gezielt zum nächsten Arbeitsgang weitergeleitet? - Werden Produkte zweckentsprechend gelagert und sind die Transportmittel und Verpackungseinrichtungen auf die Eigenschaften der Produkte abgestimmt? - Werden Ausschuss-, Nacharbeits- und Einrichtteile sowie innerbetriebliche Restmengen konsequent separiert und gekennzeichnet? - Ist der Material- und Teilefluss gegen Vermischung/Verwechslung abgesichert und die Rückverfolgbarkeit gewährleistet? - Werden Werkzeuge, Einrichtungen und Prüfmittel sachgemäß gelagert?	**0%** Der Fertigungsbereich ist unordentlich und es gibt keine geeigneten Behälter, Transportmittel und Verpackungen. **40%** Es gibt geeignete Behälter, Transportmittel und Verpackungen für empfindliche Teile, aber sie werden nicht genutzt. **80%** Der Zustand eines schlechten Produkts kann leicht erkannt werden. Jedes Teil hat seinen Platz und es gibt einen Platz für jedes Teil.	**20%** Es gibt keine Dokumente, dass Transportmittel und Verpackungen nach speziellen Eigenschaften der Produkte ausgewählt wurden. **60%** Geeignete Behälter, Transportmittel und Verpackungen werden richtig genutzt. Die Bereiche sind einigermaßen sauber. **100%** Der Fertigungsbereich ist sehr ordentlich und funktioniert ähnlich einem 6S-System.

Abbildung 76: Beispiel für eine Audit-Checkliste

rungen beseitigt wurden, müssen diese nachgewiesen werden. Dieses geschieht anhand von Dokumenten, Bildern oder Ähnlichem.

Grundsätzlich werden folgende Formen von Audits unterschieden:

Internes Audit: Das Audit wurde intern initiiert, der Auditor ist selber Mitarbeiter der Organisation, in der das Audit durchgeführt wird.

Lieferantenaudit: Wird üblicherweise von einem Kunden initiiert und vom Auditor des Kunden durchgeführt.

Zertifizierungsaudit: Hier geht es um die Vergabe von Zertifizierungen. Das Audit wird von einem unabhängigen Auditor einer Zertifizierungsstelle, wie beispielsweise des TÜV, durchgeführt.

Welche Rolle spielt aber nun der Einkauf bei Audits? Selbst wenn der Einkäufer meist kein geprüfter Auditor ist, muss er genau über das Audit und vor allem die Auditergebnisse informiert sein. Der Einkauf ist die zentrale Schnittstelle zum Lieferanten und – im Falle der Lieferantenaudits – oft für die Veranlassung eines Audits oder das Überwachen von Verbesserungsmaßnahmen verantwortlich. Meiner Erfahrung nach ist es sogar sinnvoll, wenn der Einkäufer das Audit gemeinsam mit dem Qualitätsmanagement durchführt. Einen tieferen Einblick in die Prozesse und Arbeitsweise eines Lieferanten wird man wohl kaum erhalten.

Im Rahmen eines Audits können sich Einkäufer selbst ein Bild über die Situation des Lieferanten machen, gezielt auf Schwachstellen des Lieferanten eingehen und Probleme ausführlicher diskutieren. Durch die Prüfungsform des Audits gehen die Beteiligten zwangsläufig zielgerichtet und systematisch vor. Die Ergebnisse von Lieferantenaudits können zudem als Basis für Lieferantenentwicklungs-Aktivitäten verwenden werden.

Jedes Unternehmen hat hier seinen eigenen Weg gefunden, Verantwortlichkeiten und Abläufe zur Durchführung von Lieferantenaudits festgelegt. Wenn Sie wissen wollen, wie es bei Ihnen ist oder sein sollte, schauen Sie – sofern vorhanden – in Ihr Qualitätshandbuch.

Durchführung eines Audits

Ein Audit wird in vier Phasen durchgeführt, beginnend mit der Ankündigung beim Lieferanten. Dies geschieht schriftlich. Dabei werden ihm der festgelegte Auditumfang, der Termin, die Dauer – in der Regel ein Tag – sowie die Auditoren mitgeteilt.

Die zweite Phase dient der Vorbereitung durch den Lieferanten. Dazu erhält er den im Audit verwendeten Fragebogen, um so die notwendigen Unterlagen bereit stellen zu können. Gleichzeitig sollte der Lieferant dem Auditor QM-Dokumentationen wie Handbücher, Prüfabläufe oder Ähnliches vorab zur Verfügung stellen.

Anschließend folgt die Auditierung vor Ort, die durch ein cross-funktionales Team des Abnehmers durchgeführt wird. Dem Team gehören mindestens der Einkauf und die Qualitätssicherung an, eventuell wird es mit Mitarbeitern aus Produktion oder Entwicklung ergänzt. Das Audit startet mit einem Einführungsgespräch. Danach werden die Auditinhalte vor Ort geprüft. Dies geschieht beispielsweise während eines Produktionsdurchlaufes, im Lager oder im Wareneingang. Anschließend wird in einem Abschlussgespräch die weitere Vorgehensweise abgestimmt.

Nach Abschluss des Audits müssen die Auditoren zwingend einen schriftlichen Auditbericht verfassen, in dem sie die Schwachstellen nochmals bewerten. Nur so kann man diese im eigenen Unternehmen und beim Lieferanten kommunizieren und diskutieren. Daraus müssen Einstufungen, notwendige Korrekturmaßnahmen und Terminvorgaben zur Umsetzung hervorgehen. Dem Lieferanten wird der Auditbericht zugestellt.

Nicht immer ist der Lieferant übe die Durchführung eines Audits begeistert. In diesem Fall sollten Sie ihm die Vorteile noch einmal darstellen. Dazu gehört beispielsweise, dass er gezwungen wird, die Brille der Betriebsblindheit abzusetzen und seine Prozesse systematisch zu hinterfragen. Sie helfen ihm dabei, sein Qualitätsniveau zu verbessern und Kosten zu optimieren – beispielsweise durch Ausschuss. Durch die „Objektivität" eines externen Audits können interne Machtkämpfe wegen verschiedener Vorstellungen über die Arbeitsweise eventuell beigelegt werden. Weigert sich beispielsweise die Fertigungsabteilung des Lieferanten, bestimmte Forderungen des eigenen Qualitätsmanagements zu erfüllen, kann Ihr Ansprechpartner nun besser argumentieren. Dem möglichen Aspekt der Kostensteigerung steht nun der explizite Kundenwunsch gegenüber.

5.8 Entwicklung und Förderung von Lieferanten

Die Entwicklung von Lieferanten dient der Optimierung der Lieferleistung durch gezielte Maßnahmen. Hier steht die langfristige und nachhaltige Verbesserung im Vordergrund, nicht die kurzfristige Reaktion auf Fehllieferungen. Vielmehr geht es um die Optimierung der eigenen Performance, Kostenstruktur und Innovationsfähigkeit. Damit ist die Entscheidung, Lieferanten zu entwickeln, eine strategische Entscheidung. Wenn Sie diesen Weg mit diesem Strategiekonzept gehen wollen, sind dazu zwei wesentliche Vorrausetzungen erforderlich: Sie müssen Zeit dazu haben und das entsprechende Know-how besitzen.

Das Konzept der Lieferantenentwicklung führt zu einer veränderten Geschäftsbeziehung zu Ihren Lieferanten. Kooperation, vertrauensvolle Zusammenarbeit und vor allem Vorteile für beide Seiten sind wichtige Erfolgsfaktoren. Der Aufwand, den beide Seiten hier betreiben, muss sich auch für beide Seiten lohnen. Sonst besteht kein Anreiz, Geld und Zeit zu investieren, um Änderungen herbeizuführen.

Wie bei jeder strategischen Aktivität ist es auch hier erforderlich, zielgerichtet, systematisch und strukturiert vorzugehen. Ausgangspunkt der Lieferantenentwicklung sind die Ergebnisse der Lieferantenbewertung. Sie sind die Basis für alle Aktivitäten. Dabei entscheiden Sie, bei welcher Abweichung von der Maximalbewertung Sie steuernd eingreifen wollen. Diese Entscheidung können Sie hinsichtlich sowohl einzelner Kriterien als auch der Gesamtbewertung treffen. Für die Steuerung legen Sie mit dem Lieferanten Maßnahmen zur Entwicklung fest und gestalten den Erfolg über Zielvereinbarungen messbar.

Diese Maßnahmen werden in der Praxis meist nicht durch den Einkauf allein festgelegt, sondern durch ein Team aus Einkauf, Fachabteilung – beispielsweise Produktion, IT, Entwicklung – und Qualitätsmanagement, sowie durch den Lieferanten selber. Um geeignete Maßnahmen zu ergreifen, muss dieses Team zunächst die Situation analysieren und herausfinden, warum es eine Abweichung des Ist-Bewertungsergebnisses zum Soll-Bewertungsergebnis gibt. Dann gilt es, die geeigneten Maßnahmen zur Optimierung zu definieren und Ziele festzulegen, die es zu erreichen gilt.

Für die Analyse der Situation und das Ableiten geeigneter Entwicklungsstrategien kann auch hier wieder ein Portfolio zu Rate gezogen werden, welches verschiedene Parameter in die Betrachtung einbezieht. Neben den Bewertungsergebnissen soll hier die Bedeutung des Lieferanten für das eigene Unternehmen betrachtet werden. Diese Bedeutung hängt stark von dem Einkaufsvolumen und dem Hebel der Optimierungsmaßnahmen auf Kosten und Qualität ab. Hohe Bedeutung hat aber auch ein Lieferant, der nach dem Einkaufsvolumen ein C-Lieferant ist, aber kritische Teile liefert oder sehr spezielle Dienstleistungen erbringt, die es nicht an jeder Ecke zu kaufen gibt. Hier spielt das Versorgungsrisiko einmal mehr eine Rolle.

Ihnen stehen nun verschiedene Wege der Lieferantenentwicklung zur Verfügung. Im Rahmen der Eigenoptimierung überlässt man es beispielsweise dem Lieferanten selber, sich entsprechend zu entwickeln. Dazu werden basierend auf der Lieferantenbewertung Ziele und Zeitraum, in dem der Lieferant seine Leistung verbessert, vereinbart.

Die aktive Entwicklung des Lieferanten ist für Sie mit mehr Aufwand verbunden. Bei dieser Strategie analysieren Sie gemeinsam mit den entsprechenden Spezialisten aus Ihren eigenen Fachabteilungen und denen Ihres Lieferanten die Situation und legen geeignete Maßnahmen zur Verbesserung fest. Diese cross-funktionalen Teams werden häufig Supply Chain Teams (SCT) genannt. Diese Bezeichnung macht auch schnell deutlich, um was es geht: Partnerschaftliche Zusammenarbeit zur Verbesserung von Kosten, Qualität und logistischer Anbindung.

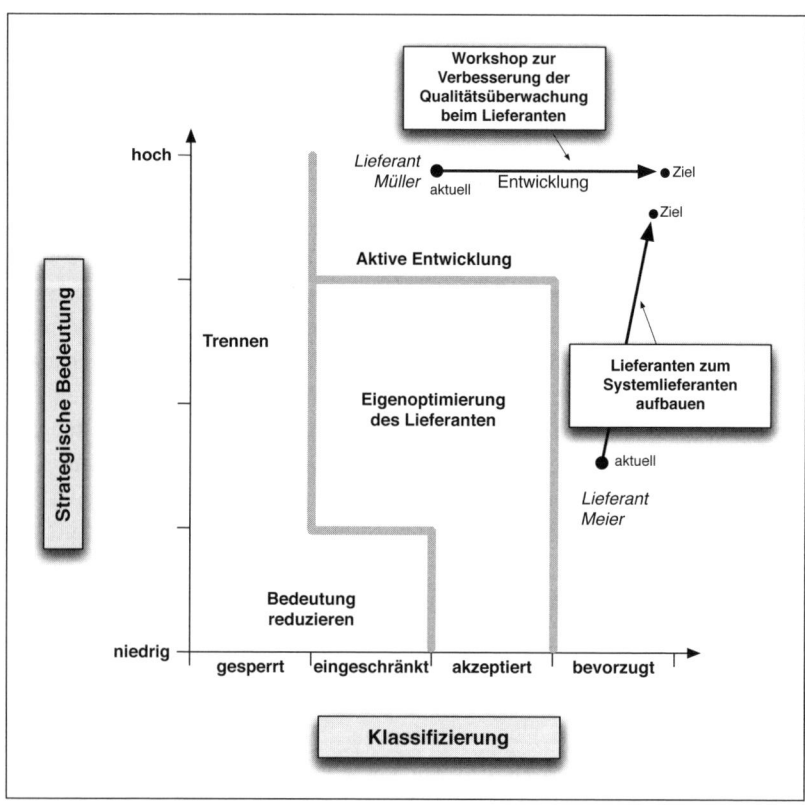

Abbildung 77: Strategieportfolio zur Lieferantenentwicklung

Es gibt in der Praxis verschiedene Möglichkeiten, gemeinsam mit dem Lieferanten in einem cross-funktionalen Team konkrete Maßnamen zur Optimierung abzuleiten. Eine häufig anzutreffende Form, die relativ schnell und unkompliziert umzusetzen ist, sind Lieferanten-Workshops, in denen durch gemeinsame Wertanalyse von Produkten und Prozessen Optimierungspotenziale beispielsweise bezüglich Produkt- und/oder Fertigungskosten identifiziert werden.

Lieferantenworkshops

Die Durchführung von Lieferantenworkshops ist aufwendig, bindet nicht unerhebliche Arbeitszeit und kostet eine Menge Geld. Es ist nicht selbstverständlich, dass jeder Lieferant hierzu ohne Weiteres bereit ist. Sie sollten also schon ein wichtiger Kunde sein und ein für den Lieferanten bedeutendes Beschaffungsvolumen vergeben. Der Lieferant sollte bezüglich Größe, Struktur und Professionalität infrage kommen und auch das beim Lieferanten bezogene Produkt sollte eine gewisse Komplexität aufweisen, damit es genügend Ansatzpunkte für Verbesserungsmaßnahmen zu finden gibt. Wichtig ist auch der Nutzen für alle Beteiligten. Legen Sie deshalb in der strategischen Analyse auf Basis der Bewertungsergebnisse die Ziele für die Workshops fest. Diese können sich zum einen auf verschiedene Aspekte der Zusammenarbeit beziehen, wie beispielsweise den verbesserten Austausch von Informationen in Form von Zeichnungen oder Forecast, sowie auf die kritischen Prozesse des Lieferanten, beispielsweise die Produktion. Welche Bandbreite sich hier anbietet, zeigt die folgende Abbildung.

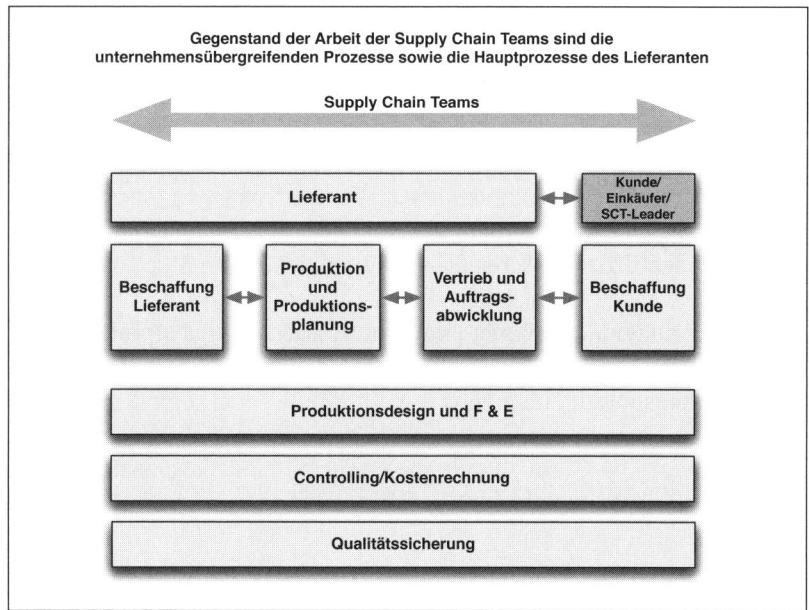

Abbildung 78: Untersuchungsobjekte von Supply Chain Teams

Abhängig von den gewählten zu untersuchenden und zu optimierenden Bereichen müssen nun konkrete Analyseobjekte definiert werden. Für die konkrete Umsetzung des Workshops werden Teams, Teammitglieder und Untersuchungsobjekte festgelegt.

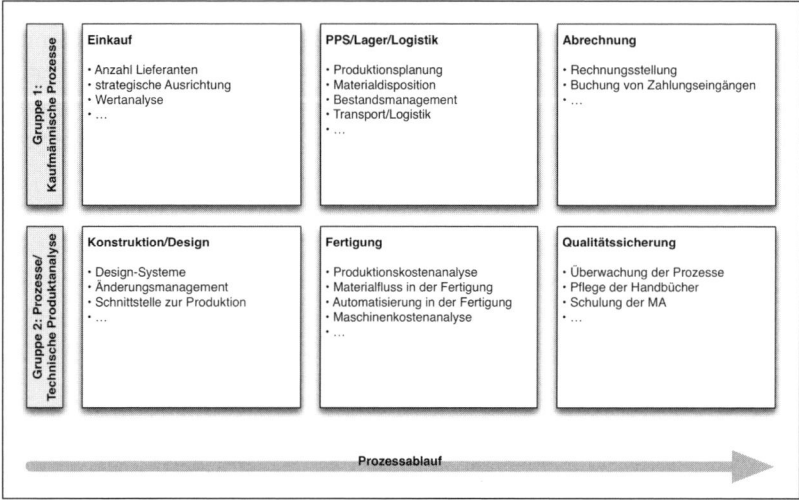

Abbildung 79: Praxisbeispiel für den Einsatz von SCTs

Damit der Workshop für alle gewinnbringend ist, muss im Anschluss der Durchführung eine Nachbearbeitung stattfinden. Diese umfasst die Präsentation der identifizierten Potenziale, die Zustimmung der Geschäftsleitung, die entsprechenden Maßnahmen durchzuführen, sowie die Implementierung der Optimierungen. Deren Erfolg sollte regelmäßig überprüft werden. Für die bessere Übersicht hier noch einmal Planung und Ablauf eines Lieferanten-Workshops im Überblick:

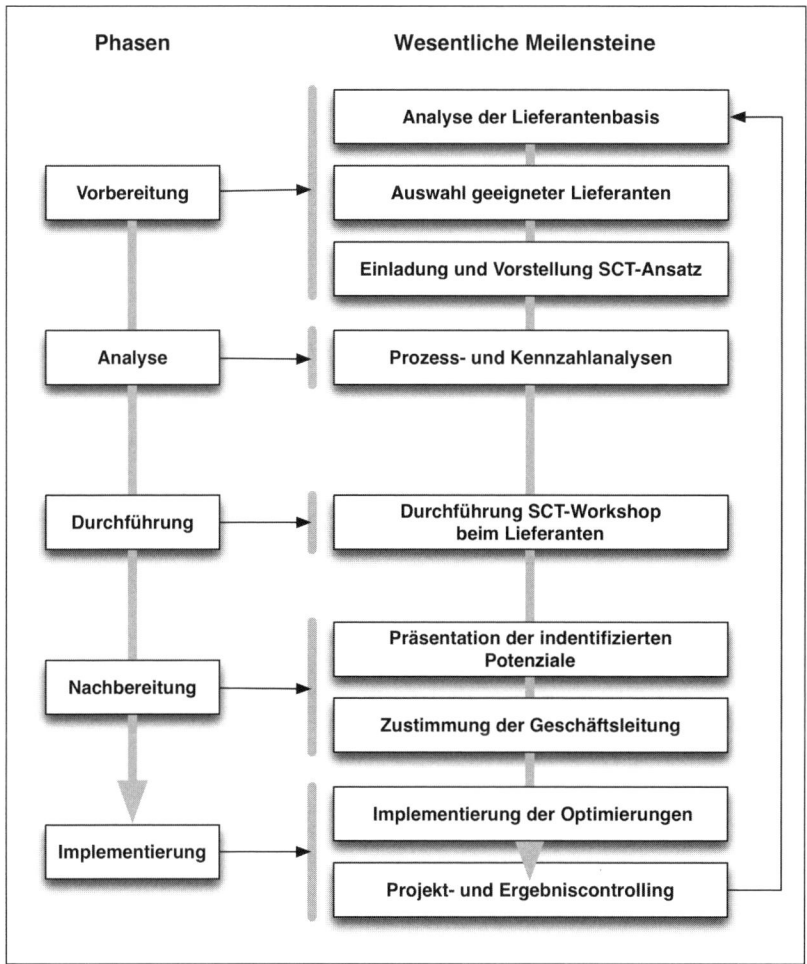

Abbildung 80: Planung und Ablauf eines Lieferanten-Workshops

Lieferanten managen – oder: Trennen Sie die Spreu vom Weizen!

5.9 Lieferantenintegration

Lieferantenintegration bedeutet nichts anderes, als den Lieferanten in die eigene Wertschöpfungskette zu integrieren. Das geschieht in der Praxis auf zwei unterschiedlichen Wegen. Zum einen können Sie den Lieferanten mit seinem Know-how in die eigene Produktentwicklung einbinden. In diesem Zusammenhang fällt oft der Begriff Innovationspartnering. Der zweite Weg besteht darin, den Lieferanten in das laufende Geschäft einzubinden, um die aktuelle Zusammenarbeit zu optimieren. Dies wird durch Lieferantenworkshops, wie sie im vorhergehenden Abschnitt besprochen worden sind, oder logistische Systeme wie Kanban realisiert.

Innovationspartnering

Erfolgreich wird in unserer schnelllebigen Zeit eher derjenige sein, der schnell neue Produkte auf den Markt bringt und in der Lage ist, neue Ideen und Technologien in die eigene Produktentwicklung oder die eigene Produktion einfließen zu lassen. Denn innovative Ideen führen zu einem Produkt, das dem der Konkurrenz überlegen ist oder zu einem Kostenvorteil führt, beispielsweise durch effiziente Produktionsverfahren. Das Wissen und die Erfahrung von innovativen Lieferanten nicht zu nutzen, wäre deshalb fahrlässig.

Hier kommen Sie als Einkäufer ins Spiel. Der Einkauf ist verantwortlich, innovative Lieferanten zu finden und mit der eigenen Entwicklung zusammenzubringen. Damit das funktioniert, muss der Einkauf eine entsprechende Position im Unternehmen haben. Er muss sowohl von den eigenen Fachabteilungen als auch vom Lieferanten als kompetenter Moderator eines Innovationsprozesses anerkannt werden. Um die entsprechenden Lieferanten zu identifizieren, muss der Einkauf folgende Fragen klären:

- Welche Lieferanten sind in einer bestimmten Disziplin führend und können uns mit ihren innovativen Ideen helfen?
- Sind wir für den Lieferanten ebenfalls ein interessanter Partner – beispielsweise wegen eines hohen Auftragsvolumens?
- Was hat der Lieferant von der Zusammenarbeit?

- Wie will man sich mit dem Lieferanten austauschen? Wie sollen beispielsweise Workshops mit den entsprechenden Fachabteilungen organisiert werden?
- Wie kann man die Zusammenarbeit vertraglich regeln? Wem gehören beispielsweise Patente?

In Zusammenhang mit Innovationspartnering werden Ihnen immer wieder moderne Begriffe über den Weg laufen wie beispielsweise Earliest Supplier Involvement. Hierunter versteht man die frühestmögliche Einbindung des Lieferanten in den Entwicklungsprozess. Geht es darum, dass Entwickler aus Fachabteilungen von Lieferant und Kunde gemeinsam Produkte, Baugruppen und Produktionsverfahren entwickeln und konstruieren, spricht man von Collaborative Engineering. Wie dies aussehen kann, zeigt folgendes Beispiel:

Stellen Sie sich vor, ein Automobilbauer möchte ein neues Modell auf den Markt bringen. Die Entwicklungsingenieure planen dieses Auto in seiner Gesamtheit. Für die Baugruppe Klimaanlage beispielsweise, die von einem Unterlieferanten – einem Fachmann für Klima- und Ventilationssysteme – gebaut und im Detail geplant wird, arbeiten die Entwicklungsingenieure beider Unternehmen sehr eng zusammen, damit die Integration dieser komplexen Technologie in das Gesamtwerk des neuen Automodells gelingt.

Integration in die laufende Zusammenarbeit

Hier geht es darum, das laufende Geschäft zu optimieren. Dabei kann sich die Optimierung sowohl auf das PPS (Produktionsplanung und -steuerungsystem) als auch auf die Produktionsprozesse selbst, Fertigungstiefe, Qualitätssicherung, Lagerhaltung, Informationsflüsse, Geld- und Warenverkehr sowie die logistische Anbindung beziehen. Bei der Integration eines Lieferanten in die eigene Supply Chain spielt die elektronische Vernetzung heutzutage eine ganz entscheidende Rolle. Durch die Vernetzung von Planungs-, Informations- oder Auftragsabwicklungssystemen wie beispielsweise SAP können hier schnell und effektiv enge Vernetzungen erzeugt werden, die aufwendige administrative Arbeiten überflüssig machen.

Der Fachbegriff dafür lautet Supply Chain Management (SCM) oder auch Lieferkettenmanagement.

Er bezeichnet das Management der Wertschöpfung oder Produktentstehung von Beginn bis zum Ende einer Lieferkette – also von Lieferant bis Kunde. Hintergrund ist die Tatsache, dass die einzelnen Prozesse innerhalb der Lieferkette immer enger wie Zahnräder ineinander greifen und kleinste Störungen den gesamten Prozess zum Stocken bringen. Deshalb beinhaltet SCM die Koordinierung und Zusammenarbeit der beteiligten externen Partner wie Lieferanten, Händler, Logistikdienstleister und Kunden, sowie der intern beteiligten Stellen wie Einkauf, Produktion und Vertrieb. Damit integriert SCM das Management innerhalb des eines Unternehmens und über die Unternehmensgrenzen hinweg. So setzt SCM die Erkenntnis um, das heute nicht Einzelunternehmen, sondern vielmehr Lieferketten im Wettbewerb zueinander stehen und daher ein Management der gesamten Lieferkette erforderlich ist.

Umgesetzt werden diese Verbesserungen der laufenden Zusammenarbeit beispielsweise durch Supply Chain Teams in Lieferantenworkshops, wie im vorigen Abschnitt bereits ausführlich besprochen.

Kontinuierlicher Verbesserungsprozess

Nicht immer möchte man den Optimierungsprozess zeitlich auf einen Workshop begrenzen. Für diesen Fall gibt es Verfahren, die eher auf die konstante und kontinuierliche Verbesserung ausgerichtet sind. Folgerichtig heißt eines dieser Verfahren auch KVP – Kontinuierlicher Verbesserungsprozess.

Der KVP, oder auf Englisch Continuous Improvement Process (CIP), zeichnet sich durch einen Prozess stetiger kleiner Verbesserungsschritte in kontinuierlicher Teamarbeit aus. Kleine Verbesserungen werden teamübergreifend, auch mit externen Partnern wie Lieferanten oder Dienstleistern, schnell besprochen, bewertet und in die Praxis umgesetzt. Dazu treffen sich die KVP-Teams regelmäßig. Erfolgreich ist ein KVP nur dann, wenn eine innere Haltung und Bereitschaft aller Beteiligten zu permanenter Verbesserung besteht. Diese Haltung durchdringt dann alle Aktivitäten und das ganze Unternehmen.

KVP ist ein Grundprinzip im Qualitätsmanagement und unverzichtbarer Bestandteil der ISO 9000 ff. Ein ähnliches Prinzip ist das japanische Kaizen. Dahinter steht eine Lebens- und Arbeitsphilosophie, die den Schwerpunkt auf das Streben nach ständiger Verbesserung legt.

6. Elektronisches Einkaufen oder E-Procurement

6.1 E-Procurement: Alle reden davon – keiner weiß, was das ist?........................198
6.2 Grundbegriffe – Was ist eigentlich E-Procurement?......................................199
6.3 Die Möglichkeiten des E-Procurement..204
6.4 Lohnt sich der Einstieg? 208
6.5 Fallbeispiel: So nutzen Sie E-Auctions 212

6.1 E-Procurement: Alle reden davon – keiner weiß, was das ist?

E-Procurement: Alle reden davon, aber keiner macht es, weil niemand weiß, wie es funktioniert? In der Tat ist dies in vielen Unternehmen der Fall. Dem Einkauf fehlt oft schlicht die Zeit, sich neben dem üblicherweise sowie schon überlastenden Tagesgeschäft mit diesem Thema auseinanderzusetzen. Es ist schon einiges Wissen und Vorarbeit erforderlich, um hier etwas Sinnvolles in die Wege zu leiten. Man kann nicht „mal eben" E-Procurement einführen.

Zudem bleibt die Frage, wer sich neben dem Tagesgeschäft um ein E-Procurement-Projekt kümmert. Der Einkauf oder die IT-Abteilung? Betroffen sind beide – und weitere Abteilungen eines Unternehmens. So muss die IT-Abteilung die Systeme etablieren und betreuen. Die Buchhaltung muss neue Prozesse einführen und befolgen, um Rechnungen von Lieferanten bearbeiten zu können. Und der Einkauf möchte damit seine Prozesse optimieren und Kosten senken.

Gerade weil so viele unterschiedliche Unternehmensbereiche betroffen sind, muss die Entscheidung für E-Procurement auf Managementebene getroffen werden. Nicht zuletzt, weil für dieses Projekt Ressourcen in Form von Budget und Arbeitszeit bereitgestellt werden müssen. Ob die Entscheidung für oder gegen E-Procurement getroffen wird, hängt natürlich von verschiedenen Faktoren ab. Wichtig ist auch hier, dass Aufwand und Nutzen in einem vernünftigen Verhältnis stehen.

Die folgenden Abschnitte sollen Ihnen ein Basiswissen über E-Procurement vermitteln, damit Sie eine Entscheidung für oder gegen E-Procurement treffen können. Darüber hinaus soll es Ihnen bei der Entscheidung helfen, welche konkreten Lösungen für Ihre spezifischen Problemstellungen hilfreich sein können.

6.2 Grundbegriffe – Was ist eigentlich E-Procurement?

Durch den verstärkten Einsatz von IT-Instrumenten ist es zu einer tiefgreifenden Änderung von Geschäftsprozessen gekommen, die auch die Beschaffung von Materialien und Produkten unterschiedlichster Art betrifft. Bekannt geworden ist diese durch die elektronischen Medien geprägte neue Form von Abläufen und Strukturen unter dem Oberbegriff E-Business.

E-Business umfasst dabei die Unterstützung aller Prozesse und Beziehungen zwischen Geschäftspartnern, Mitarbeitern und Kunden durch elektronische Medien. Es geht also keineswegs nur um die Einrichtung einer attraktiven Einkaufs-Website, sondern um den Austausch von Wissen, Produkten und Dienstleistungen mit Lieferanten, Kooperationspartnern und Kunden. Auch bei der Abwicklung der zugehörigen finanziellen Transaktionen kann auf diesem Weg administrativer Aufwand erheblich verringert werden.

Die folgende Abbildung fasst die wesentlichen Inhalte des E-Business zusammen.

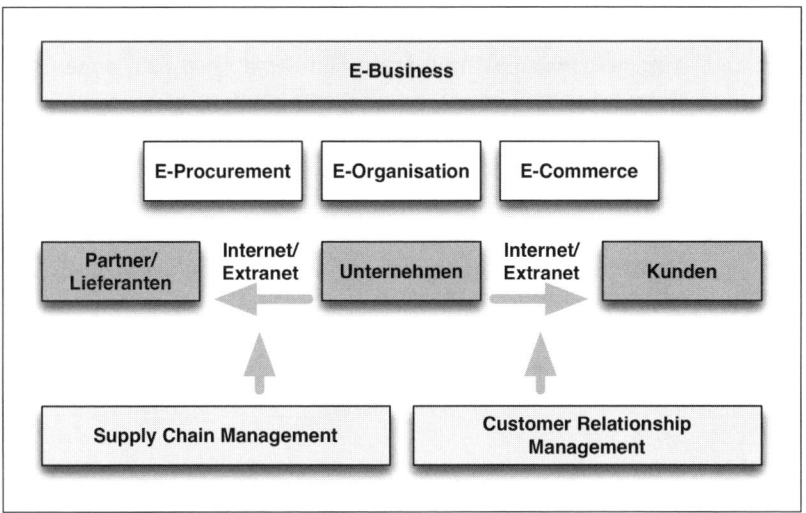

Abbildung 81: Verschiedene Bereiche des E-Business

Unter dem Dach des E-Business sind die Bereiche E-Procurement, E-Organisation und E-Commerce angesiedelt. Letzterer umfasst den Teil der Aktivitäten des E-Business, welcher der Vermarktung und dem Vertrieb von Produkten und Dienstleistungen eines Unternehmens über elektronische Medien zuzurechnen ist. Während in den vergangenen Jahren vor allem der Bereich des B2C (Business to Consumer – Verkauf von Produkten durch Unternehmen an den Endkunden) durch Vorreiter wie beispielsweise Amazon im Rampenlicht stand, wird heute zunehmend die Bedeutung des B2B (Business to Business – Verkauf von Produkten zwischen Unternehmen) erkannt.

Der Bereich E-Organisation konzentriert sich auf die elektronische Unterstützung der internen Kommunikation zwischen den Mitarbeitern und Abteilungen eines Unternehmens, die mithilfe neuer Medien wie beispielsweise Internet oder Intranet realisiert wird.

Die Nutzung von IT-basierten Techniken für die elektronische Unterstützung des Einkaufs bei der Beschaffung von Waren und Dienstleistungen bei seinen Lieferanten wird mit E-Procurement bezeichnet. Welche Möglichkeiten sich daraus ergeben, wird in Kapitel 6.3 genauer beschrieben.

Im Markt sind heute zahlreiche Lösungen für E-Procurement verfügbar. Einige unterstützen den Beschaffungsprozess mit einzelnen Funktionen, andere unterstützen ihn umfassend. Eine Lösung im Bereich E-Procurement basiert auf der Hinterlegung von Katalogen. Hier stößt man immer wieder auf die drei Begriffe Buy-Side, Sell-Side und Marktplatz. Diese bezeichnen drei verschiedene Konzepte und sollen deshalb an dieser Stelle kurz erläutert werden. Der Unterschied zwischen den Lösungen liegt in der Partei, die die Beschaffungssoftware betreibt und damit in der Regel auch den Produktkatalog pflegt.

Buy-Side-Lösungen

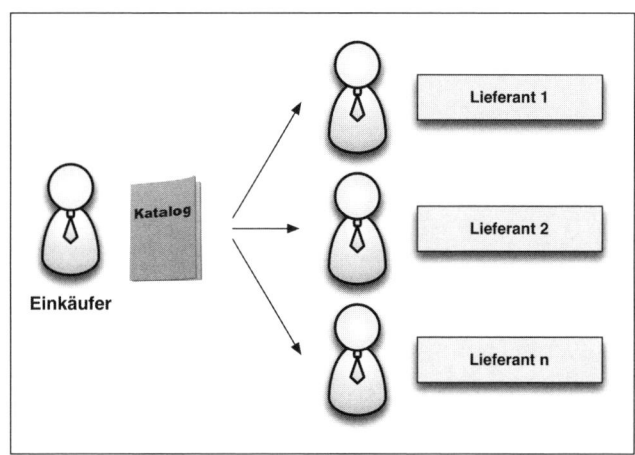

Abbildung 82:
Buy-Side-Modell

Die beschaffende Organisation nutzt eine eigene Bestellsoftware, die auf die eigenen Anforderungen zugeschnitten ist. Sie erlaubt den Bedarfsträgern, mit einem einfachen Browser Leistungen auszuwählen und zu bestellen. Dies hat den Vorteil, dass die Regeln für Bestellprozesse und entsprechende Genehmigungsverfahren zentral und lieferantenunabhängig abgebildet werden können. Außerdem sind sämtliche Transaktionsdaten in einem eigenen System verfügbar. Die Produktsortimente können selbst definiert und die Produktdaten diverser Lieferanten zu einem Multilieferantenkatalog zusammengeführt werden. Durch Zugangsberechtigungen und Beschränkungen durch Wertgrenzen für einzelne Personen kann sichergestellt werden, dass nur derjenige die Dinge bestellt, der für das betreffende Produkt eine Freigabe zur Bestellung hat.

Buy-Side-Lösungen ergänzen die klassischen Funktionalitäten von ERP-Systemen, häufig werden sie auch als Desktop Purchasing Systeme (DPS) bezeichnet. Werden diese durch einen Dienstleister betrieben, spricht man von Hosted-Buy-Side-Lösungen.

Sell-Side-Lösungen

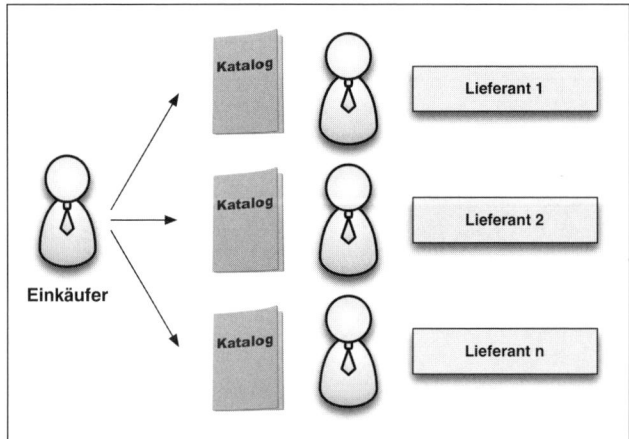

Abbildung 83:
Sell-Side-Modell

Der Einkauf in verschiedenen Online-Shops ist die derzeit verbreitetste sowie am schnellsten und einfachsten zu nutzende internetbasierte Beschaffungsform. Hier stellen die Lieferanten die Bestellsoftware und den Produktkatalog bereit und verkaufen ihre Waren über ihre eigenen Plattformen. Der Nachteil besteht darin, dass der Einkäufer sich bei diesen Lösungen bei jedem Lieferanten registrieren oder einloggen und sich mit den unterschiedlichen Plattform-Designs auseinandersetzen muss. Dafür erhält der Besteller allerdings meist weiterführende Informationen und Hilfestellungen als in einer Buy-Side-Lösung. So kann er oft auf Konfigurations- und Entscheidungshilfen, Informationen zu Lagerbeständen oder Hinweise zu Neuigkeiten und Sonderangebote zugreifen. Die Transaktionsdaten fallen beim Lieferanten an. Will man diese in die eigenen Systeme überführen, beispielsweise für eine Übertragung von Bestell- oder Rechnungsdaten ins eigene ERP-System, müssen zusätzliche Instrumente und Funktionen eingesetzt werden.

Marktplatz

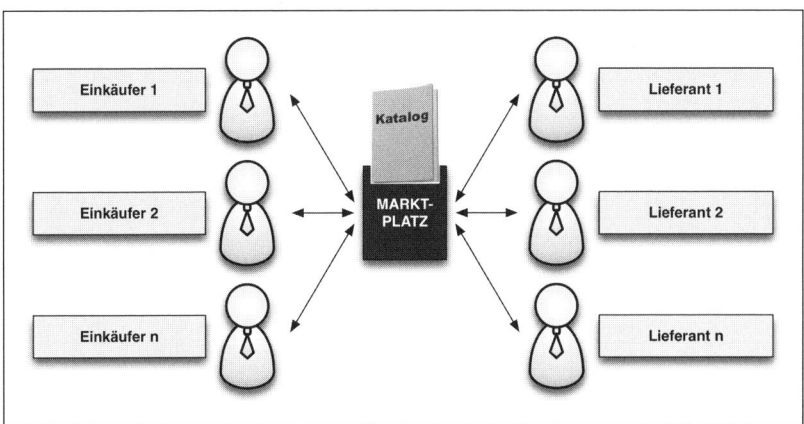

Abbildung 84: Marktplatz

Auf elektronischen Marktplätzen werden Angebot und Nachfrage zusammengeführt. Diese Plattformen bieten den Nachfragern Kataloge verschiedener Lieferanten an, über welche Bestellprozesse abgewickelt werden können. Der Marktplatz und die Kataloge werden meist durch Drittunternehmen angeboten und gepflegt. Für kleine oder mittlere Unternehmen bietet sich diese Lösung an, da keine interne Software, wenig Support und kein Unterhalt nötig ist. Die Betreiber bieten mit einem elektronischen Marktplatz einen Service an, für dessen Nutzung meist ein Entgelt bezahlt werden muss. Dies können beispielsweise Transaktionsgebühren oder monatliche Teilnahmegebühren sein.

Je nach Zielgruppe kann hier noch nach branchenübergreifenden und branchenspezifischen Marktplätzen unterschieden werden. So gibt es virtuelle Marktplätze, die sich auf Sicherheitskleidung spezialisiert haben, während andere ausschließlich Laborbedarf für die chemische Industrie anbieten.

6.3 Die Möglichkeiten des E-Procurement

Der Beschaffungsprozess setzt sich aus vielen Teilschritten zusammen. Diese Teilaufgaben können durch E-Procurement-Lösungen unterstützt werden, deren unterschiedliche Kombination zu verschiedenen verfügbaren E-Procurement-Systemen führt. Die Betrachtung von Buy-Side-, Sell-Side-Systemen und Marktplätzen hat bereits gezeigt, dass die Funktionen nicht an einer Stelle betrieben werden müssen, sondern auch auf die beteiligten Firmen verteilt sein können. Nachfolgend soll ein Überblick über die typischen Elemente und Möglichkeiten des E-Procurement gegeben werden.

Lieferantensuche	Einkaufs-Homepage
	Lieferantendatenbanken
Lieferantenauswahl	Online-Ausschreibungen
	E-Auktionen (im Stil einer reversen Auktion, oder englisch reverse auction)
Bestellung	Elektronische Bestellabwicklungssysteme – drei Grundformen:
	• Buy-Side
	• Sell-Side
	• Marktplatz
Auftragsabwicklung	Softwarefunktion zur Verwaltung von
	• Auftragsbestätigungen
	• Wareneingängen
	• Reklamationen
Bezahlung	Purchasing Card
	Electronic Bill Presentment and Payment (EBPP)
Reporting	Elektronische Auswertung und Bereitstellung von Kennzahlen

Abbildung 85: Überblick über die typischen Elemente und Möglichkeiten des E-Procurement

Lieferantensuche

Die Darstellung der eigenen Beschaffungsorganisation mit ihren Zielen und dem spezifischen Bedarf auf der eigenen Website (Einkaufs-Homepage) wird als passives Sourcing bezeichnet. Sie bietet Lieferanten die Möglichkeit, ihr Interesse an einer Zusammenarbeit kundzutun und mit dem Abnehmer direkt in Kontakt zu treten.

Lieferantendatenbanken und Verzeichnisdienste unterstützen hingegen die spontane Lieferantensuche des Einkäufers. Meist handelt es sich um Datenbanken von Dritten, beispielsweise von Marktplätzen wie „Wer liefert was" oder „Europages", in die sich Lieferanten mit ihrem Leistungsspektrum über das Internet eintragen können.

Die Auswahl von Lieferanten via Online-Ausschreibungen verlagert die klassischen Ausschreibungsverfahren auf das Internet. Die Ausschreibungsunterlagen können beispielsweise auf der eigenen Einkaufs-Homepage für Lieferanten zur Verfügung gestellt werden. Online-Ausschreibungen eignen sich für die Beschaffung von Leistungen jeglicher Art und zum Ausloten des aktuellen Marktpreises.

Online-Einkaufsauktionen, auch E-Auktionen oder reverse Auktionen genannt, gehen einen Schritt weiter: Gezielt ausgewählte Lieferanten können innerhalb einer Auktionsfrist ihre Angebote zu einem spezifizierten Bedarf via Internet abgeben und im Verlauf der Auktion an den aktuellen Preisspiegel anpassen. Häufig nutzen Industrieunternehmen reverse Auktionen. Hier sind die traditionellen Rollen von Bieter und Käufer verdreht, um so die Preise nach unten zu treiben. Während in einer traditionellen Auktion, wie sie beispielsweise auch bei ebay durchgeführt wird, ein möglichst hoher Preis abgegeben wird, um den Zuschlag zu erhalten, geht es hier um die Abgabe des niedrigsten Preises. Da es hier hauptsächlich um den Preis geht, bekommt in der Regel der Anbieter mit dem niedrigsten Preis den Auftrag.

Viele Dienste bieten heute bereits Verfahren an, die auch eine Berücksichtigung und Gewichtung von über den Preis hinausgehenden Kriterien zulassen. So fließen unter anderem Qualität, Liefer- und Zahlungskonditionen oder ähnliche Kriterien in die Entscheidung ein. Ziel dieses Verfahrens ist die Nutzung des Wettbewerbs, die Verkürzung des Verhandlungsprozesses und die Erhöhung der Markttransparenz.

Bestellung

E-Procurement-Lösungen, egal ob Buy-Side-, Sell-Side- oder Marktplatz-Lösung, sollen hier den Bestellprozess von Leistungen, deren Bestellung nicht durch das üblicherweise genutzte Bestellprogramm oder das ERP-System (ERP = Enterprise Ressource Program) abgewickelt wird, unterstützen. Solche Software-Lösungen ermöglichen die Darstellung von elektronischen Produktdaten sowie die Suche und Zusammenstellung von Artikeln für eine Bestellung in einen Warenkorb.

Idealerweise lassen sich in dieser Lösung Benutzer verwalten, Regeln wie Bestellwertgrenzen und Freigabeprozesse abbilden und die einzelnen Positionen Kostenstellen zuordnen. So kann das System ohne aufwendige Überwachung mehr oder weniger selbstständig laufen. Betrieben werden können diese Funktionen durch die beschaffende Organisation, den Dienstleister oder durch die Lieferanten. Selbstverständlich können sie auch untereinander aufgeteilt werden.

Dem Content Management, also der Verwaltung der Inhalte, kommt in der elektronischen Beschaffung eine große Bedeutung zu. Es umfasst die Aufbereitung und Pflege von Produktinformationen in den elektronischen Produktkatalogen. In diesem Zusammenhang ist zu erwähnen, dass es verschiedene standardisierte Datenformate für Kataloginformation gibt.

Die spezielle Anforderung liegt dabei in der benutzerfreundlichen Beschreibung des Sortiments. Die ursprünglich im ERP-System des Lieferanten enthaltenen Artikeldaten müssen dafür in der Regel angepasst werden. Diese Funktion wird üblicherweise durch den Lieferanten wahrgenommen. Unternehmen, die den Wert von qualitativ hoch stehenden, elektronischen Produktinformationen erkannt haben, bieten diese ihren Kunden in dem von ihnen gewünschten Format an. Diese können die Daten dann in ihre Beschaffungslösung einbinden. Ist der Lieferant selbst nicht in der Lage, den elektronischen Inhalt aufzubereiten, kann er dies auch einem spezialisierten Dienstleister übertragen. In eher seltenen Fällen wird dies das beschaffende Unternehmen in eigener Regie und Rechnung übernehmen.

Auch die Auftragsabwicklung wird meist in der Bestellsoftware abgebildet. Hierzu gehören Funktionen zur Verwaltung von Auftragsbestätigung, Wareneingangsprüfung sowie Bearbeitung von Reklamationen. Diese Funktionen vereinfachen auch den nachgelagerten Prozess der Rechnungskontrolle.

Bezahlung

Durch Kontrolle und Freigabe von Rechnungen entsteht in vielen Einkaufsabteilungen ein großer Aufwand. Hier können Instrumente wie die Purchasing Card oder Electronic Bill Presentment and Payment (EBPP) Unterstützung bieten.

Dabei bietet sich das Purchasing-Card-System vor allem für die Beschaffung geringwertiger Wirtschaftsgüter oder von C-Artikeln wie beispielsweise Büromaterial, Werkzeugen, Sicherheitskleidung an. Ziel ist es, die Kosten des Beschaffungsprozesses zu reduzieren. Eine Purchasing Card ist dabei so etwas wie eine Firmen-Kreditkarte. Die Vereinfachung besteht darin, dass der Bedarfsanforderer keine Bedarfsmeldung mehr an den Einkauf schickt, sondern direkt mit dem Lieferanten Kontakt aufnimmt. Dieser Kontakt kann über eine Katalog-Software-Lösung, wie oben bereits beschrieben, oder auch telefonisch stattfinden.

Über die Kartennummer kann der Lieferant den Besteller identifizieren und dabei direkt Berechtigung und Wertgrenzen der bestellenden Person erkennen. Ist der Besteller befugt und liegt das Bestellvolumen innerhalb der erlaubten Grenzen, akzeptiert der Lieferant die Bestellung und veranlasst die Lieferung.

Der Einkauf hat mit der ganzen Transaktion nichts mehr zu tun. Er ist nur dafür verantwortlich, den Lieferanten für diese Form der Zusammenarbeit auszuwählen, die Preise für einen bestimmten Zeitraum festzulegen und die Befugnisse zu vergeben.

Bei Electronic Bill Presentment and Payment (EBPP) kann es sich um eine auf E-Mail basierende Lösung bis hin zu einem kompletten, elektronischen Zahlungssystem handeln. Dabei werden Rechnungsdaten elektronisch übertragen und können optimalerweise sofort in einem entsprechendem System bearbeitet werden. Hier ist auf die Struktur und das Format der Rechnungsdaten zu achten und diese müssen an das eigene System angepasst werden.

Reporting

Instrumente zur Auswertung des eigenen Bestellverhaltens wie beispielsweise Volumen, Mengen, Bestellfrequenz, Lieferanten, Konditionen, Bedarfsträger oder Kostenstellen dienen sowohl als Hilfestellung für strategische und organisatorische Optimierungen als auch für Verhandlungen mit Lieferanten. Besonders nützlich sind diese Funktionen, wenn mehrere operative Geschäftseinheiten konsolidiert ausgewertet werden können. Hier kann über das Instrument der Volumenbündelung die Verhandlungsmacht gegenüber den Lieferanten gesteigert werden – was sich beispielsweise in höheren Rabatten niederschlagen kann.

Reportingfunktionen zur Beurteilung der Performance von Lieferanten unterstützen das Lieferantenmanagement. Hier können beispielsweise Faktoren wie Liefertermintreue, Anzahl Reklamationen oder Fehlerkosten erfasst und ausgewertet werden. So ist der Einkäufer in der Lage, mit seinen Lieferanten gezielt an Performancesteigerungen zu arbeiten.

6.4 Lohnt sich der Einstieg?

E-Procurement ist eine von vielen Lösungen, aber kein Allheilmittel. Ob sich der Einstieg für Ihr Unternehmen lohnt, hängt – wie so oft – von verschiedenen Faktoren ab. Zuerst muss man sich darüber klar werden, welche Vorteile durch das E-Procurement erlangt werden sollen. Erreicht werden kann beispielsweise eine zeitliche Entlastung bei Such-, Verhandlungs- und Abwicklungsaufgaben und damit mehr Zeit für wertschöpfende Tätigkeiten wie beispielsweise Global-Sourcing-Projekte sowie eine Senkung der Bestellabwicklungskosten und der Einstandspreise.

Die erzielten Vorteile müssen den zeitlichen Aufwand und damit Personalkosten sowie die Kosten durch Software, Dienstleister oder Ähnliches rechtfertigen. Anders ausgedrückt: Eine einfache Kosten-Nutzen-Rechnung wird Ihnen verraten, ob sich der Einstieg ins E-Procurement für Sie lohnt.

Über die Senkung der Bestellabwicklungskosten können Sie sich relativ schnell einen Überblick verschaffen. Zum einen muss es genügend Bestellungen geben, sodass sich ein Umstellen oder Automatisieren durch E-Procurement lohnt. Zum anderen muss die aktuelle Bestellabwicklung tatsächlich beschleunigt werden können.

Die meisten Bestellungen, und damit auch die meiste administrative Arbeit, fallen in der Regel im C-Artikel-Bereich an. Hier wird Ihnen eine ABC-Analyse über die Anzahl von zu beschaffenden Produkten, zu verwaltenden Lieferanten und Bestellvorgängen Auskunft geben. Als nächstes müssen Sie Ihren aktuellen Bestellvorgang abbilden und prüfen, welche Möglichkeiten zur Optimierung es durch den Einsatz der diversen vorgestellten elektronischen Lösungen gibt.

Achten Sie dabei auf alle Schritte des Bestellvorgangs. Wie umfangreich diese Betrachtung ist, zeigt folgende Aufzählung:

- Bedarf feststellen
- Anforderung ausfüllen
- Abzeichnen durch Vorgesetzten

- Durchschlag aufheben (Erwartungskopie)
- Weitergabe an Beschaffung
- Prüfung durch Beschaffung
- Eventuell Rückfrage an Besteller
- Lieferanten und Artikelnummer nachschlagen
- Anforderung erfassen
- Lieferanten anfragen
- Bestellung an Lieferanten geben
- Ablage der Anforderung und Bestellung
- Auftragsbestätigung des Lieferanten
- Lieferung geht im Wareneingang ein
- Prüfung der Lieferung durch Wareneingang
- Prüfung Lieferschein durch Wareneingang
- Prüfung Lieferschein und Ware durch Besteller
- Rechnung geht ans Rechnungswesen
- Prüfung durch Rechnungswesen
- Weiterleitung Rechnung an Besteller
- Prüfung/Freigabe Rechnung durch Besteller
- Erfassung Rechnung im Buchungssystem
- Zahlung der Rechnung
- Ablage der Rechnung

Welche Kosten mit einem Bestellvorgang aktuell verbunden sind, können Sie nun herausfinden, indem Sie folgende Fragen beantworten:

- Wie viele Bestellungen im Jahr haben Sie?
- Wie lange dauert eine durchschnittliche Bestellung (oder eine Bestellposition) in der Regel bei Ihnen?
- Mit welchem internen Stundensatz rechnen Sie?
- Was kostet eine Bestellung?

Nun kommt die Frage nach dem Einsparpotenzial. Dazu sind Antworten auf folgende Fragen wichtig:

- Wie viele Bestellvorgänge können durch E-Procurement beschleunigt werden?
- Wie lange dauert die durchschnittliche Bestellung nach Einführung von E-Procurement?
- Was kostet eine Bestellung nach Einführung von E-Procurement?

Meiner Erfahrung nach liegen die Kosten für einen Bestellprozess ohne Einsatz einer E-Procurement-Lösung in der Regel zwischen 100 Euro und 150 Euro. Das scheint auf den ersten Blick hoch gegriffen. Werfen Sie jedoch noch einmal einen Blick auf den Bestellprozess, sehen Sie schnell, dass nicht nur der Einkauf an der administrativen Abwicklung einer Bestellung beteiligt ist, sondern auch andere Bereiche wie Buchhaltung oder Wareneingang. Außerdem müssen Sie davon ausgehen, dass nicht immer alles reibungslos funktioniert. Denken Sie nur an Reklamationen, Rückabwicklungen oder Rechnungsabweichungen.

Beispiel:
Dauert die durchschnittliche Abwicklung einer kompletten Bestellung 90 Minuten und rechnen Sie intern mit einem durchschnittlichen Stundensatz von 75,00 Euro, dann kostet Sie eine Bestellung 112,50 Euro.

90 Minuten × 75,00 Euro/60 Minuten = 112,50 Euro

Ist der Preis für einen Bestellvorgang ermittelt, können Sie leicht nachvollziehen, welche Bestellabwicklungskosten insgesamt auf Sie zukommen. Bei 5.000 Bestellungen im Jahr ergibt sich ein Wert von

112,50 Euro × 5.000 = 562.000,00 Euro
Wenn Sie es nun beispielsweise durch Online-Ausschreibungen, Einsatz von Katalogsoftware und Purchasing Card schaffen, die durchschnittliche Abwicklungsdauer auf 60 Minuten zu senken, dann ergeben sich Gesamtkosten von

60 Minuten × 75,00 Euro/60 Minuten = 75,00 Euro pro Bestellvorgang

75,00 Euro × 5.000 = 375.000,00 Euro

Die Einsparung pro Bestellung liegt damit bei 37,50 Euro.
Jährliche Einsparung im Bereich Bestellungen gesamt sind 187.500,00 Euro.

Wenn Sie nun noch den zweiten Hebel ansetzen und es schaffen, die Zahl der Bestellungen beispielsweise über Kanban-Lager oder Volumenbündelungen zu senken, dann können Sie noch weitere Einsparungen erzielen. Angenommen, Sie haben statt 5.000 nur 4.000 Bestellungen, dann ergibt sich folgendes Bild:

75,00 Euro x 4.000 = 300.000,00 Euro

Jährliche Einsparung: 262.000,00 Euro

Weitere Einsparungen durch Senkung von Preisen, beispielsweise durch E-Auctions, und der Zeitgewinn durch Entlastung runden das Bild ab.

Wie sinnvoll die Umstellung auf E-Procurement sein kann, zeigt auch das Beispiel der Fraport AG. Dort sollen nach Informationen durch die Einführung eines neuen elektronischen Bestellsystem für B- und C-Artikel die Kosten für einen Bestellvorgang um 110 Euro gesenkt worden sein.

Offensichtlich ist aber eine gewisse Anzahl an Bestellungen und ein bestimmter bestehender administrativer Aufwand notwendig, damit die Einführung eines eigenen E-Procurement-Systems lohnt. Für eine Vielzahl von kleineren Unternehmen trifft dies nicht zu, sodass hier umfassende Lösungen, so elegant sie auch sein mögen, keinen Sinn machen.

Trotzdem können auch kleinere Unternehmen ohne eigene E-Procurement-Lösung von den Möglichkeiten des elektronischen Einkaufs profitieren. Statt Bestellformulare auszufüllen oder telefonisch Bestellungen zu übermitteln, kann dies zügig und mit verhältnismäßig geringem Aufwand auch online erfolgen: Zum einen können Artikel direkt über den Online-Shop (Sell-Side-Systeme) eines Händlers geordert werden, andererseits kann der Einkauf auch über elektronische Marktplätze abgewickelt werden. Hier kann der Einkäufer ziemlich direkt tätig werden.

6.5 Fallbeispiel: So nutzen Sie E-Auctions

Eine Möglichkeit, die oft langwierigen Verhandlungen mit den Lieferanten abzukürzen, ist der Einstieg in E-Auctions. Dazu brauchen Sie natürlich ein entsprechendes E-Tool. Hier haben Sie in der Regel die Wahl zwischen Software, die gekauft und auf dem eigenen Server installiert wird, und Software, die durch einen Serviceprovider online, via Internet, zur Verfügung gestellt wird.

Um sich für die richtige Software zu entscheiden, sollten Sie folgende Aspekte beachten: Zum einen sollte die Software in der Lage sein, sich regelmäßig selbst zu aktualisieren. Zum anderen sollten Sie großen Wert auf die einfache Bedienung und Verwaltung legen, da hier sonst neue Kosten entstehen. Last but not least sollten sich die Kosten pro E-Auction einfach berechnen lassen, sodass Sie hier Transparenz erreichen.

Drei Schritte zur erfolgreichen Auktion

Auch E-Auctions unterliegen bestimmten Prozessen. Damit Sie bereits Ihre ersten Auktionen erfolgreich umsetzen, sollten Sie die folgenden Punkte beachten.

Schritt 1: Wählen Sie geeignete Lieferanten und Produkte aus
Dieser Schritt unterscheidet sich im Wesentlichen nicht vom herkömmlichen Verfahren. Beispielsweise könnte eine Marktsondierung durch einen sogenannten Request for Information (RFI) Sinn machen. Im RFI beantworten potenzielle Lieferanten allgemeine Fragen zum Geschäftsbetrieb. Dazu gehört zum Beispiel die Frage, wie die geforderten Lieferzeiten garantiert werden. Oder ob die geforderten Zahlungskonditionen akzeptiert werden und die Entsorgung der Verpackungen angeboten wird. Aber auch Exporterfahrungen und vorhandene Zertifikate können so abgefragt werden.

Anhand der Antworten auf diese Fragen können Sie eine Vorauswahl treffen. Zudem können Sie auf diesem Weg auch die Angebotsvorqualifizierung mit Ihren Lieferanten abwickeln. Definieren Sie bereits hier die Anforderungen an das Produkt oder die Leistung, die später ausgeschrieben wird. Dabei eignen sich E-Auctions für eine große Bandbreite von Produkten. Die Versorgung mit Büromaterial ist dabei genauso möglich wie eine Rohrleitungsmontage oder die Beschaffung von Drehmaschinen.

In der eigentlichen Ausschreibung können Sie detaillierte Informationen wie Verfahrensanweisungen, Dokumentationen, AGBs, Zeichnungen oder sonstige Anlagen für Ihre Anbieter hinterlegen. Auch die Bieter können Ihnen mehr Informationen anbieten als alleine den Preis. So können sie – je nach Aufbau der Auktion – beispielsweise angeben, welche Materialien für das gewünschte Produkt eingesetzt werden.

Sorgen Sie bereits hier für transparente Informationen! Mit den Angaben, die die Anbieter Ihnen zur Verfügung stellen, können Sie Ihre Auswahl bereits sehr gut eingrenzen.

So können Sie Anbieter, die K.o.-Kriterien nicht erfüllen, sofort aus der Liste potenzieller Lieferanten streichen. Erfüllt er andere, weniger tragische, jedoch den Preis beeinflussende Faktoren nicht, wird der Lieferant nach einem Punktesystem bewertet. Es bietet sich an dieser Stelle der Einsatz eines gewichteten Mehrfaktorenvergleichs an. Dort gewichten Sie die Erfüllung der einzelnen Kriterien, die neben dem Preis für Ihre Entscheidung von Relevanz sind.

Schritt 2: Definieren Sie Produkte, Leistungen und Vertragsbestandteile
Informieren Sie Ihren Bieterkreis – also die infrage kommenden Lieferanten – vor Abgabe der Angebote sehr genau über das Prozedere. Stellen Sie dem Bieter die Internetadresse zur Einwahl in die Bieter-Software, die Beschreibung des Softwaretools und dessen Anwendung, Angaben zu Auktionsstart und -dauer sowie die Bieterkennung zur Verfügung.

Klären Sie Unsicherheiten der Bieter bei ihrer ersten Begegnung mit E-Auctions. Der Erfolg Ihrer E-Auction ist maßgeblich davon abhängig, wie Sie den Bieter betreuen. Meiner Erfahrung nach ist die Unsicherheit einiger Lieferanten gerade bei wenig Erfahrung mit diesem Tool sehr groß. Dabei ist neben der eigentlichen Bedienung der Software ein weiterer Punkt ganz wesentlich: Die Angst der Bieter, dass Mitbewerber das eigene Angebot nachverfolgen könnten. Informieren Sie deshalb alle Bieter, welche Informationen für alle sichtbar sind und welche nur Sie einsehen können. Beantworten Sie dabei auch die Fragen, ob der Bieter beispielsweise sehen kann, wer das niedrigste Angebot abgegeben hat, ob nachgebessert werden kann und ob erkennbar ist, wer den Auftrag zu welchem Preis erhalten hat.

Schritt 3: Sorgen Sie für Transparenz bei der E-Auction
Internet-Auktionen á la eBay kennt heute jeder. Aber können Sie sich vorstellen, dass die Lieferanten sich gegenseitig unterbieten, um einen Auftrag zu erhalten? Tatsächlich hat sich auch diese Art der Auktion durchgesetzt.

Dabei starten die Anbieter mit ihrem in der Angebotsqualifizierung abgegebenen Angebot und nehmen damit ein sogenanntes Ranking ein. Über die Position innerhalb des Rankings wird der Anbieter in Form einer grafischen Darstellung oder in Listenform informiert. Einige Systeme zeigen die Preise der anderen Anbieter an, ohne den Anbieter zu benennen. Die Lieferanten bleiben anonym für die Wettbewerber, nur der Einkäufer weiß, welcher Anbieter welchen Preis abgegeben hat.

Um auf Rang 1 zu gelangen, muss der Anbieter nun ein niedrigeres Gebote abgeben. Für dieses neue Angebot stellen Sie Ihrem Bieter einen vorher festgelegten Zeitraum zur Verfügung. Das kann ein Zeitfenster von 30 bis 45 Minuten sein, sich aber auch über Tage hinziehen. In dieser Zeit unterbieten sich die Anbieter gegenseitig. Verändert sich das Ranking, weiß der Anbieter, dass er gerade jemanden unterboten hat oder selber unterboten wurde.

Natürlich besteht hier die Gefahr, dass alle Teilnehmer die Angebotsabgabe hinauszögern, um so die bessere Ausgangsposition zu haben. Dies können Sie unterbinden, indem Sie für Angebote, die in den letzten fünf Minuten der Auktion eingestellt werden, die Abgabefrist für alle Anbieter um weitere fünf Minuten verlängern. So haben alle Teilnehmer die Chance, auf das Angebot zu reagieren.

Tipp: So legen Sie die passenden Laufzeiten fest

Die Laufzeit der Auktion sollte sich nach der Komplexität der angefragten Produkte und dem Aufwand für die Angebotserstellung richten. Bei einfachen Produkten wie C-Teilen sind 60 Minuten komfortabel. In dieser Zeit können sich die Bieter anmelden. Kalkulieren Sie Systemabstürze und Probleme mit Internetzugängen ein.

Die Nachbietzeit – also der Zeitraum, um den die Laufzeit nach einem Angebot verlängert wird – bemessen Sie nach Kalkulationsaufwand. Schätzen Sie die Zeit, die Bieter benötigen, um für ein neuerliches Angebot zu kalkulieren. Für leicht kalkulierbare Leistungen reichen fünf Minuten. Für komplexe Angebote müssen Sie einen deutlich längeren Zeitraum festlegen.

Der Anbieter, der zum Abschluss der E-Auction Rang 1 einnimmt, erhält üblicherweise den Zuschlag. An dieser Stelle zahlt sich für Sie eine gute Vorqualifizierung der Angebote aus. Wenn Sie oder Ihre Techniker erst jetzt feststellen, dass dieser Lieferant nicht infrage kommt, hätten Sie sich eine Menge Aufwand schenken können. Und auch der Lieferant wird nicht begeistert sein.

Sie können aber auch durchaus die Lieferanten auf den beispielsweise ersten drei Rängen noch einmal zur persönlichen Verhandlung einladen. Sie müssen das jedoch vorher festlegen und kommunizieren. Machen Sie diese Vorgehensweise nicht vorab transparent, werden sich die Lieferanten ein wenig verschaukelt vorkommen und die E-Auction nur als weiteres Mittel des Preisdrückens betrachten.

Generell ist meine Erfahrung, dass viele Lieferanten dieses Tool nicht besonders mögen. Das eigentliche Verkaufen in Verkaufsgesprächen, wo Verkäufer versuchen die Vorzüge ihrer Firma anzupreisen, Vertrauen aufzubauen und eine Beziehung zum Einkäufer herzustellen, entfällt komplett. Sie haben das Gefühl, ungerecht behandelt zu werden, wenn sie lediglich auf den Preis reduziert werden. Ich habe gerade in der letzten Zeit festgestellt, dass immer mehr Lieferanten sich weigern, an E-Auctions teilzunehmen.

7.
Etwas Besonderes: Der Einkauf von Investitionsgütern

7.1 Was sind Investitionsgüter? 219
7.2 Besonderheiten des Investitionsgütereinkaufs...220
7.3 Beschaffungsprozess – Ablauf von Investitionsgüterprojekten 226
7.4 Vorbereitende Maßnahmen 228
7.5 Bedarfsermittlung und Beschaffungsplanung..230
7.6 Ausschreibung..231
7.7 Lasten- und Pflichtenhefte 233
7.8 Angebotsauswertung 236
7.9 Vergabeverhandlung 238
7.10 Vertragsabwicklung 240
7.11 Zusammenfassung 240

Eine große Herausforderung, vor die Einkäufer häufig gestellt werden, ist der Einkauf von Investitionsgütern, beispielsweise Fertigungsmaschinen. Oft gibt es nicht „den Investitionsgütereinkäufer". Vielmehr wird diese Aufgabe einem Einkäufer übertragen, der normalerweise etwas ganz anders einkauft. Denn was er einkauft, ist doch egal, oder nicht?

Was dabei gern vergessen wird: Beim Einkauf von Investitionsgütern ist Fachwissen, Kenntnisse von Abläufen, Prozessen oder Werkzeugen wie beispielsweise Projektmanagement, Vertragsrecht, Lastenheften oder Verhandlungsprotokollen gefragt. Diese sind jedoch in der Regel nicht vorhanden. Und dies, obwohl mit der Entscheidung für bestimmte Investitionen, beispielsweise Maschinen und Anlagen, sowohl technologisch als auch finanziell langfristige Weichenstellungen vorgenommen werden. Dabei geht es nicht allein um „die Maschine" oder „die Technologie", sondern um die technische Kompetenz und damit die Wettbewerbsfähigkeit, die Innovationsfähigkeit, die Marktposition und die Abgrenzung des Unternehmens zur Konkurrenz. Hat man erst mal eine bestimmte Produktionsmaschine gekauft, kann man die Weichen nach einem Jahr nicht plötzlich neu stellen – dafür ist die Investition einfach zu hoch. Mit der Maschine wird man wohl oder übel leben müssen.

Außerdem werden große finanzielle Mittel gebundenen und beeinflussen direkt die aktuelle Gewinnsituation oder den Cash-Flow eines Unternehmens, da Zins- und Tilgungszahlungen für in Anspruch genommene Finanzierungskredite über längere Zeiträume getätigt werden müssen. Auch wird die Handlungsfähigkeit eines Unternehmens bei einer ausgeschöpften Kreditlinie eingeschränkt.

Zudem sind nicht nur die reinen Anschaffungsausgaben zu betrachten, sondern auch die Folgekosten, Ausgaben, die zum Betrieb, beispielsweise von Maschinen und Anlagen, notwendig sind.

7.1 Was sind Investitionsgüter?

Investitionsgüter sind materielle Güter oder immaterielle Leistungen – beispielsweise die Erstellung einer Software –, die für die Herstellung von eigenen Waren und Produkten oder die Erbringung von Dienstleistungen beschafft werden. In der Regel werden Investitionsgüter weder weiterverkauft noch werden sie Teil des eigenen Produkts und gehen damit nicht in der eigenen Wertschöpfung auf.

Es handelt sich also nicht um Rohstoffe oder Materialien, sondern um Werkzeugmaschinen für die Produktion, Gebäude für eine neue Lagerhalle, Hochregallager, EDV-Anlagen für die administrative Abwicklung, Lkw für Kundenanlieferungen oder Gabelstapler für Wareneingang und -ausgang.

All dies sind Produkte, die nicht „mal eben so" bestellt werden. Im Unterschied zu Produktions- und Verbrauchsmaterial, das in der Regel durch Wiederholbestellungen bei Stammlieferanten beschafft wird, ist hier mehr Beschaffungsmarktforschung, Planung, Steuerung und Kontrolle in der Abwicklung notwendig. Deswegen redet man hier auch oft von Beschaffungsprojekten.

Investitionsgüter unterscheiden sich darüber hinaus durch weitere Aspekte vom Beschaffungsmaterial. So werden Investitionsgüter buchhalterisch dem Anlagevermögen zugerechnet. Ihr Bedarf ergibt sich aus einem Investitionsplan, nicht aus der Produktionsplanung oder der Arbeitsvorbereitung. Sie sind Bestandteil langfristiger Unternehmensplanung, da sie einen hohen Wert haben beziehungsweise mit hohen Anschaffungskosten verbunden sind. Deshalb ist eine detaillierte und vollständige Investitionsplanung und Investitionsrechnung notwendig. Dies gilt auch vor dem Hintergrund, dass Investitionsgüter eine hohe Auswirkung auf Liquidität, Rentabilität und Konkurrenzfähigkeit eines Unternehmens haben.

7.2 Besonderheiten des Investitionsgütereinkaufs

Technische Aspekte

Einen wesentlichen Einfluss auf den Einkauf von Investitionsgütern hat die rasante Entwicklung auf vielen technischen Feldern, beispielsweise in der Computertechnik oder der Telekommunikation.

Gerade im Bereich langlebiger Investitionsgüter, wie beispielsweise Produktionsmaschinen und -anlagen wird sowohl der Einkäufer, viel mehr aber noch der verantwortliche Techniker Wert auf zeitgemäße Technologie legen, um nicht morgen bereits die Technologie von gestern zu besitzen. Man kann aber auch nicht bedenkenlos das Beste und Neueste kaufen und dabei die Kosten aus den Augen verlieren. Hier muss zwischen eingesetzter Technologie und Beschaffungskosten abgewogen werden.

Hersteller von Investitionsgütern zeichnen sich auf der anderen Seite durch die Schnelligkeit aus, mit der sie neue Technik zu wettbewerbsfähigen Preisen in ihre Produkte adaptieren. Wenn infrage kommende Lieferanten bewertet werden, sollte die Leistungsfähigkeit des Lieferanten in dieser Hinsicht einbezogen werden. Dabei sollten Sie vor allem auf folgende Aspekte achten:

- Steigende Integration von Mechanik und Elektronik – Steuerung und Kontrolle über Mikroprozessoren
- Veränderung von Arbeitsprozessen durch Verfahren wie beispielsweise CIM (Computer Integrated Manufacturing)
- Steigende Bedeutung von Software
- Aktualisierungsmöglichkeiten der Software durch Updates
- Anbindung von Anlagen über Internetverbindungen, beispielsweise zur Auswertung von Betriebsdaten zur Fehlerdiagnose direkt von Servicetechnikern des Anlagenherstellers im Haus des Lieferanten
- Adaption neuer, industriell nutzbarer Technologien, beispielsweise Nanotechnologie, Lasertechnologie, Telekommunikation, Halbleitertechnologie

- Erweiterungsmöglichkeiten (beispielsweise Kapazität, Durchsatz) durch Aufrüstung

Nutzen Sie bei der Entscheidung unbedingt das Know-how Ihrer Techniker. Sie können viel eher einschätzen, wie modern, umfangreich, sicher, ausbaufähig und wie flexibel eine technische Lösung sein sollte, um eine optimale Lösung zu erzielen.

Rechtliche Besonderheiten beim Investitionsgütereinkauf

Normalerweise ist der Investitionsgütereinkäufer kein Jurist, sondern technischer Kaufmann. Im Vordergrund stehen daher technische und kommerzielle Gesichtspunkte und die damit verbundene Auswahl der Produkte und Lieferanten, wie Abwicklung, Inbetriebnahme und Nutzung der Investition.

Bei Investitionsgütern ist jedoch einiges mehr zu beachten. So müssen beispielsweise die Beschaffung, Montage und Inbetriebnahme des Investitionsgutes und eventuell Schulung, Ersatzteilverfügbarkeit, Wartung und Service durch entsprechende Verträge abgesichert werden. Gerade bei komplexen Produkten wie speziell für den Abnehmer konzipierten Fertigungsanlagen, bei Produkten mit Spezialverträgen und -richtlinien – beispielsweise VOB bei Bauwerken – oder bei Produkten, die sowohl nach Werk- und Kaufvertragsrecht wie montageintensive Anlagen eingekauft werden, kann deshalb die Beratung eines Juristen sinnvoll und wichtig sein. Er kann sowohl bei der Ausarbeitung von Verhandlungsprotokollen als auch bei kritischen Verträgen, allgemeinen Einkaufsbedingungen für Anlagen und Spezialverträgen wertvolle Unterstützung und Absicherung sein.

Trotzdem schadet es sicher nicht, wenn ein Einkäufer für Investitionsgüter selber über genügend juristische Kenntnisse verfügt, um ein Investitionsgütervorhaben – eventuell nach vorhergehender Klärung und Vorbereitung durch Juristen – selbstständig abwickeln zu können.

Um für diese Aufgabe gewappnet zu sein, benötigt er Kenntnisse von Kauf- und Werkvertragsrecht, sowie über die Rechte und Pflichten aus üblichen Rechtsgeschäften, insbesondere Sachmangelhaftung und Verjährung. Zudem sollte ein Entwurf eines einfachen Vertragstextes vorliegen. Rechtliche Fragen zur Beschaffung der Investitionsgüter sollten in die Allgemeinen Einkaufsbedingungen eingebunden sein. Je nach Anforderung können diese speziell für die Beschaffung von Anlagenkomponenten ausgelegt werden.

Ein sinnvolles und bewährtes Hilfsmittel ist zudem ein entsprechendes Verhandlungsprotokoll. Bei der Entwicklung eines solchen Protokolls kann Ihnen vielleicht folgende Checkliste behilflich sein:

Checkliste: Entwicklung eines Verhandlungsprotokolls

- ❑ Preisstellung/Preiszusammensetzung/Gültigkeit des Preises oder bestimmter Optionen
- ❑ Lieferbedingungen/Incoterms 2000
- ❑ Lieferumfang, Dokumentation
- ❑ Zugesicherte/Garantierte Leistungsmerkmale
- ❑ Termine
- ❑ Teillieferungen
- ❑ Expediting/Fortschrittsberichte
- ❑ Vertragsstrafen
- ❑ Gewährleistung
- ❑ Zahlungsbedingungen
- ❑ Bürgschaften (Anzahlungs-, Erfüllungs- und Gewährleistungsbürgschaft
- ❑ Annullierungen
- ❑ Prüfungen, Probeläufe, Inbetriebnahme
- ❑ Gerichtsstandort
- ❑ Vertraulichkeit, Geistiges Eigentum
- ❑ Fristen
- ❑ Auftragsbestätigung
- ❑ Sonstige Vereinbarungen
- ❑ Rangfolge Auftragsgrundlagen

An dieser Stelle sei die Schuldrechtsreform von 2002 erwähnt, die einige tiefgreifende und grundlegende Änderungen für Rechte und Pflichten des Einkäufers zur Folge hatte.

> **Tipp:**
>
> Recherchieren Sie im Internet nach Musterverträgen, Infos zum Vertragsrecht, Checklisten oder Ähnlichem für den Einkauf. Hilfreich sind beispielsweise folgende Websites:
> - www.frankfurt-main.ihk.de/recht/mustervertrag/index.html
> - www.aachen.ihk.de/index.htm (hier in den Download-Bereich gehen)
> - www.prof-dr-schmid.de
> - www.einkaufsmanager.net

Sie können sich aber auch daran orientieren, welche Allgemeinen Einkaufsbedingungen andere Unternehmen nutzen. Googeln Sie doch einfach mal nach den Suchbegriffen „Allgemeine Einkaufsbedingungen Maschinen Anlagen".

Folgekostenproblematik

Im Unterschied zu beispielsweise Produktionsmaterial, wo neben dem Kaufpreis die Lager-, Bestellabwicklungs- und Qualitätskosten betrachtet werden, müssen bei Investitionsgütern oft auch Folgekosten betrachtet werden. Diese beziehen sich, wie bereits weiter oben erwähnt, auf Planung, Nutzung und Instandhaltung.

Je nach dem, um welches Investitionsgut es sich handelt, müssen deshalb in der Gesamtkostenbetrachtung folgende Punkte berücksichtigt werden:

Anschaffungskosten:
- Konzepterstellung, Entwurf
- Prototyp, Modell, Muster
- Genehmigungen, Lizenzen

- Kaufpreis
- Platzbedarf (Grundstück, Gebäude)
- Ausbildung (Bediener, Instandhaltung)
- Infrastruktur (beispielsweise Anschlüsse für Kühlwasser, Druckluft, Schmierstoffe)
- Abnahme, Inbetriebnahme, Probelauf
- (gesetzlich vorgeschriebene) Prüfungen (beispielsweise Schallschutzprüfungen)

Nutzungskosten:
- Ersatzteile
- Wartung
- Hilfsstoffe
- Personal (Bedienung, Wartung, Reparatur)
- Lizenzen
- Demontage

Es ist deshalb wichtig, bei der Entscheidungsfindung diejenigen Faktoren zu berücksichtigen, die die Folgekosten beeinflussen. Dazu gehören beispielsweise

- Leistungs- und Verbrauchszahlen
- Energie, Verbrauchsmaterial, Hilfs- und Betriebsstoffe
- Konstruktion, Bedienerfreundlichkeit
- Schulung, Personalkosten
- Raumbedarf, Medienversorgung (beispielsweise Kühlung, Gase, Druckluft, Hydraulik)
- Inbetriebnahme, Abnahme, Probelauf
- Technische Dokumentation, reparaturgerechte Konstruktion
- Servicekosten, Instandhaltungskosten, Wartungskosten
- Ausfallrisiko
- Stillstandskosten
- Umbau- und Erweiterungsmöglichkeiten vs. Neuanschaffung
- Flexibilität bei Durchsatzänderungen, Spezifikationsänderungen
- Serviceangebot des Lieferanten: Installation, IBN, Probelauf, Wartung
- Entsorgungskosten
- Demontage, Verkauf, Umrüstung

- Image des Lieferanten, Gebrauchtmaschinenmarkt
- Angebotene Finanzierungshilfen
- Möglichkeiten der Kreditfinanzierung oder des Leasing

Beschaffungsmärkte

Die Struktur von Investitionsgütermärkten ist häufig sehr komplex und schwierig zu durchschauen. Oft sieht sich der Einkäufer einer oligopolistischen oder monopolistischen Marktstruktur gegenüber – entweder, weil es wenige Anbieter für bestimmte spezielle Produkte gibt oder aber spezifisches technisches Know-how einzelner Lieferanten, oft abgesichert durch Schutz- und Patentrechte, eingekauft werden soll. Aber auch die besondere Bedeutung von Erfahrung, Image und Referenzen sowie die Nischenpolitik vieler Hersteller und die enge partnerschaftliche Beziehungen zu den technischen Abteilungen ihrer Kunden spielen hier eine Rolle.

Der Grund für die oft begrenzte Anzahl von Anbietern liegt in einer hohen Markteintrittsbarriere für potenzielle neue Konkurrenten auf dem betreffenden Investitionsgütermarkt. Die Produktion von Investitionsgütern ist meistens sehr kapitalintensiv, erfordert ausgeprägte Infrastruktur und Produktionsmöglichkeiten, sowie tiefgreifendes technisches und methodisches Know-how. Anders als bei anderen Beschaffungsmärkten, wie beispielsweise Dienstleistungen oder dem Handel mit IT-Komponenten, ist es für potenzielle neue Anbieter schwer, im Investitionsgütermarkt Fuß zu fassen. Auch, weil ein erhebliches Kapital erforderlich ist und eher langfristige als kurzfristige Gewinnaussichten verspricht. Aus diesen Gründen sind die Beschaffungsmärkte entsprechend starr und wenig dynamisch, was die Anzahl der Lieferanten betrifft. Dadurch schränkt sich der Wettbewerb mit entsprechenden negativen Folgen für den Handlungsspielraum der Einkäufer ein.

Diese Marktstruktur mit einer relativ starren und konstanten Fertigungskapazität auf Lieferantenseite zeigt sich äußerst empfindlich gegenüber Konjunkturschwankungen. Stellen Sie sich vor, die Wirtschaft boomt und in Unternehmen steigt die Bereitschaft zu Investitionen. Entsprechend hoch ist die Nachfrage nach bestimmten Investitionsgütern. Die bestehenden Produktionskapazitäten sind nun schnell ausgenutzt, die Lieferanten müssen die Lieferzeiten verlängern und können die Preise anheben. Die relative Marktmacht der Anbieter steigt.

Sind die Auftragsbücher der Investitionsgüterhersteller dagegen leer, hat man als Einkäufer gute Möglichkeiten, seine Ziele in Bezug auf Preise und Lieferzeiten durchzusetzen. Es empfiehlt sich also ein antizyklisches Beschaffungsverhalten. Allerdings: Wer investiert schon in Zeiten schwacher Konjunktur und Unsicherheit.

7.3 Beschaffungsprozess – Ablauf von Investitionsgüterprojekten

Aufgrund der Komplexität des Beschaffungsprozesses wird bei größeren und hochvolumigeren Investitionen, wie beispielsweise in Anlagen, Maschinen oder Gebäuden oft von Beschaffungsprojekten gesprochen. Dabei ist der Einkauf nur ein Bereich, der in ein solches Projekt involviert ist. Neben ihm sind Fachabteilungen wie beispielsweise Technik, Konstruktion, Arbeitssicherheit, Qualität, Controlling daran beteiligt.

Im Wesentlichen unterscheidet sich der Ablauf nicht vom herkömmlichen Beschaffungsprozess, der Einkäufer muss hier jedoch andere Schwerpunkte setzen. So ist bereits bei der Bedarfsermittlung und der Formulierung einer Spezifikationen oder eines Lastenheftes Sorgfalt gefordert. Auch die bereits erwähnte Beschaffungsmarktanalyse und die darauf folgende Ausschreibung verlangen Fach- und Beschaffungsmarktkenntnisse des Einkäufers. Die Auswertung der Angebote ist mit mehr Aufwand verbunden als bei der Beschaffung von Standard-Produkten, da eine Vielzahl von Einflussfaktoren berücksichtigt werden soll beziehungsweise muss und ein gewichteter Angebotsvergleich durchgeführt wird.

Während bei anderen zu beschaffenden Produkten der Einkaufsmanager nach der Bestellung nur noch auf den Wareneingang zu warten hat, gibt es bei Investitionsgütern zu diesem Zeitpunkt noch jede Menge Arbeit für den Einkäufer.

Folgende Abbildung skizziert den typischen Ablauf eines Investitionsgüterprojektes:

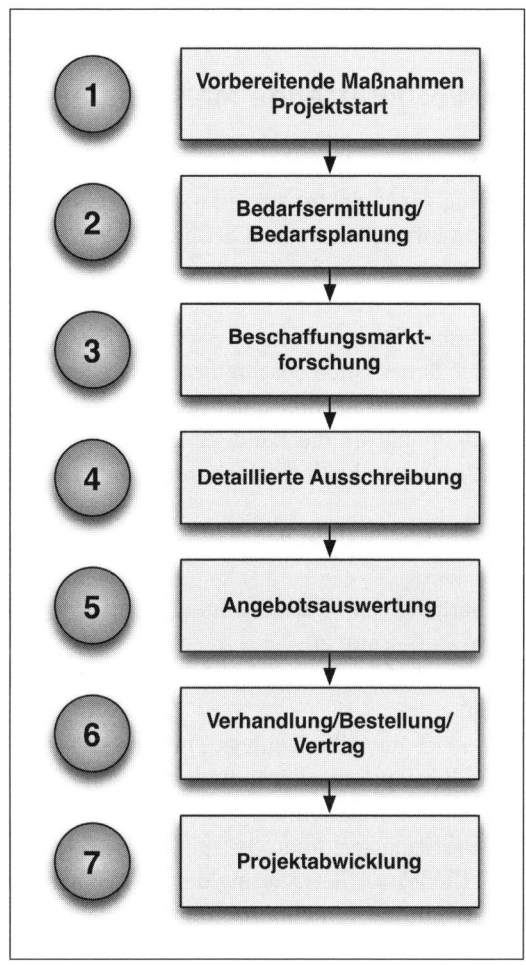

Abbildung 86:
Typische Projektphasen eines Investitionsgüterprojektes

Der Einkauf ist in all diese Phasen auf unterschiedliche Weise mit eingebunden. Dabei variieren die Aufgaben je nach Beschaffungsprojekt. Wie das aussehen kann, wird in den folgenden Kapiteln beschrieben.

7.4 Vorbereitende Maßnahmen

Hierzu zählen alle Einkaufs-Aktivitäten, die bei Strukturierung und Terminierung des Projektes am Anfang stehen. Oft gehen diese Maßnahmen dem Projektauftrag voran, man befindet sich sozusagen noch in der Evaluierung und Beschreibung des Projektes.

In dieser Phase werden im Wesentlichen alle Informationen gesammelt, um das Projekt grob beschreiben, vorstellen und planen zu können. Sie geben damit beispielsweise der Geschäftsleitung eine Entscheidungshilfe für dieses Projekt an die Hand. Manchmal wird diese auch benötigt, um eine Wahl zwischen konkurrierenden Projektvorschlägen zu treffen.

Zu diesen vorbereitenden Maßnahmen gehören folgende Schritte:

- Überlegungen zu Beschaffungsbedarf, Terminen/Lieferzeiten und benötigten Ressourcen
- Grobe Projektplanung mit Festlegung von Meilensteinen aus Sicht des Einkaufs
- Make or Buy-Überlegungen, beispielsweise bei der Planung größerer Produktionskapazitäten und der daraus folgenden Beschaffung von Produktionsmaschinen
- Investitionsrechnung (beispielsweise Kapitalwert- oder Break-Even-Methode) zur Betrachtung der Vorteilhaftigkeit einer Investition
- Betrachtung von Finanzierungsalternativen, wie beispielsweise Leasing als Alternative zum klassischen Kauf
- Analyse der Beschaffungssituation (beispielsweise Marktsituation, Machtverhältnisse) und entsprechende Überlegungen zur Vorgehensweise am Beschaffungsmarkt
- Strategische Betrachtung

Projektplanung

Um eine bessere Übersicht über Termine, notwendige Aktivitäten und benötigte Ressourcen zu bekommen, ist eine grobe Planung und Darstellung des Projektes sehr hilfreich.

Wer nicht gleich mit Profi-Projektmanagement-Software arbeiten möchte, der kann auch mit einfachen Hilfsmitteln wie beispielsweise Excel arbeiten.

Aufgaben	Termine		Durchführung		Kalenderwoche ...										
	Start	Ende	Verantwortung	Mitarbeit	1	2	3	4	5	6	7	8	9	...	...
Vorbereitende Maßnahmen															
Tätigkeit 1	Datum	Datum	Abt., Name	Abt., Name											
Tätigkeit 2															
Tätigkeit 3															
Tätigkeit 4															
Tätigkeit 5															
Beschaffungs-marktforschung															
Tätigkeit 6															
Tätigkeit 7															
Tätigkeit 8															
Tätigkeit 9															
Tätigkeit 10															
z.B. Ausschreibung															
Tätigkeit 11															
...															

Abbildung 87: Vorläufige Projektplanung

7.5 Bedarfsermittlung und Beschaffungsplanung

In dieser frühen Phase des Projektes wird grob umrissen und beschrieben, was benötigt wird. Diese Beschreibung dient dem Einkäufer als grober Rahmen für seine Marktrecherche.

Im Rahmen dieser Bedarfsermittlung muss der Einkäufer in enger Abstimmung mit den Bedarfsträgern, den technischen Abteilungen, dem Qualitätsmanagement oder anderen Spezialisten arbeiten. Gemeinsam wird der vorläufige Anforderungskatalog inklusive der Muss- und „nice to have"-Eigenschaften definiert, eine Übersicht der bereits verfügbaren Spezifikationen erstellt. Außerdem werden die Anforderungen an Qualität und Arbeitssicherheit festgelegt. Auch die einzuhaltenden Normen, wie beispielsweise VDE-Vorschriften, werden hier abgestimmt.

In dieser Phase des Projektes ist es oft ratsam, die Beschreibung ...

... so offen wie möglich und so genau wie nötig zu gestalten.

So kann vermieden werden, dass man sich bereits hier zu enge Grenzen steckt und bei der Beschaffungsmarktforschung bestimmte Alternativen im Hinblick auf Märkte, technische Alternativen oder Lieferanten ausblendet. Der Einkäufer sucht sonst am Markt quasi mit Scheuklappen nach Informationen.

Beispiel:
Der Fertigungsleiter eines Werkzeugbauers möchte von 100 mm bis 200 mm Rundstählen Scheiben bis zu einer Dicke von 30 mm abtrennen. Bislang wurden diese Metallscheiben bei einem Zulieferer bestellt. Allerdings kommt es bei kurzfristigem Bedarf immer zu Lieferschwierigkeiten. Auch der Einkauf konnte hier aufgrund der Kurzfristigkeit keine Abhilfe schaffen. Deshalb möchte der Fertigungsleiter eine eigene Säge anschaffen, um Kapazitätsspitzen besser abdecken zu können und Wartezeiten zu vermeiden.

Der Fertigungsleiter beauftragt den Einkauf mit der Beschaffung einer Säge. Der zuständige Einkäufer orientiert sich nun am Markt und vergleicht mehrere mechanische Sägen, die in der Lage sind, die benötigten Werkstücke herzustellen. Mehr oder weniger handelt es sich um Standard- oder Katalogequipment.

Bei seinen Marktrecherchen, dem Studium von Fachzeitschriften und Gesprächen mit Lieferanten erfährt der Einkäufer, dass es neben der Standard-Lösung „Mechanische Säge" noch weitere Möglichkeiten gibt, von einem Rundstahl Scheiben in den geforderten Maßen und in den erforderlichen Genauigkeiten abzutrennen. So sind Laserschneiden und Wasserstrahlschneiden ebenfalls mögliche Lösungen. Laserschneiden scheidet aus, da die Säge aufgrund der Überspezifikation, mit der nicht benötigte Genauigkeiten möglich sind, zu teuer ist.

Das Wasserstrahlschneiden („Water Jet Cutting") ist der Lösung mechanische Säge aus Kosten-, Bedien- und Servicegesichtspunkten jedoch überlegen. Nach Rücksprache mit dem Fertigungsleiter ist dieser begeistert und stimmt zu. Er bekommt eine neue, interessante Technologie und kann zusätzlich noch sein Budget schonen.

Hätte der Einkäufer die Aufforderung „Kaufe eine Säge" zu wörtlich genommen, hätte er andere Lösungen bei der Marktrecherche womöglich bereits ausgeblendet. Wäre der Fertigungsleiter bereits mit einem konkreten Produktwunsch in den Einkauf gekommen und hätte er womöglich mit dem Lieferanten bereits alle Details besprochen, wäre die Alternative zur mechanischen Sägen nicht gefunden worden.

7.6 Ausschreibung

In der Ausschreibungsphase werden Anbieter konkret aufgefordert, ein Angebot abzugeben.

Unter Umständen kann sich diese Phase in mehrere Teile gliedern, bei denen die Zahl der Anbieter schrittweise verkleinert wird.

In dieser Phase geht es in erster Linie um die Planung, Gestaltung und Organisation der Ausschreibung sowie der Gestaltung des kommerziellen Teils des Lastenheftes. Die Zusammenstellung eines bearbeitbaren Lastenheftes erfolgt in Zusammenarbeit mit allen beteiligten Fachabteilungen. Weitere Aktivitäten sind die Ankündigung und Versendung der Ausschreibungsunterlagen zum Lieferanten, die Einhaltung und Überwachung von Fristen sowie die eventuelle Beantwortung von Lieferantenfragen.

Die Qualität der eingehenden Angebote und damit auch der angebotenen Lösungen hängt von der Qualität der Ausschreibung ab. Jeder Einkäufer wird schon festgestellt haben, dass professionelle und aussagekräftige Angebote eine direkte Folge von professionellen und vollständigen Anfragen sind.

In die Ausschreibungsphase sollten also bereits Überlegungen zum Angebotsvergleich eingehen, damit sich wirklich die benötigten Informationen in der benötigten Form im Angebot befinden. Fragen Sie die benötigten Informationen in einer Form ab, die einen Angebotsvergleich und die Gegenüberstellung verschiedener Anbieter möglichst einfach werden lässt. Hier können Sie beispielsweise Gliederungen vorgeben (siehe auch Kapitel Lasten- und Pflichtenhefte) und dem Lieferanten entsprechende Excel-Listen oder Fragebögen zur Verfügung stellen.

Öffentliche Ausschreibungen

Sehr stark geregelt ist der Bereich der Ausschreibungen bei öffentlichen Auftraggebern (Bund, Ländern und Gemeinden), aber auch beispielsweise regionalen Ver- oder Entsorgern, bei denen die öffentliche Hand eine Mehrheitsbeteiligung hat.

Die Verfahrensweise ist geregelt in
- der Verdingungsordnung für Leistungen (VOL),
- der Vergabe- und Vertragsordnung für Bauleistungen (VOB) und
- der Verdingungsordnung für freiberufliche Leistungen (VOF).

> **Tipp**
>
> Mehr Informationen dazu erhalten Sie unter anderem auf folgenden Websites:
> - www.bund.de/ausschreibungen/
> - www.evergabe-online.de/
> - www.ausschreibungs-abc.de

7.7 Lasten- und Pflichtenhefte

Grundlage einer professionellen Ausschreibung ist oft eine Spezifikation, ein Lasten- oder Pflichtenheft. Sehr oft werden die beiden letzten Begriffe synonym verwendet. Es besteht aber ein grundlegender Unterschied, der im Folgenden herausgestellt wird.

Lastenheft

Das Lastenheft (Requirements specification) enthält nach DIN 69 905, VDI/VDE 3694 die vom Auftraggeber festgelegten Forderungen an die Lieferungen und Leistungen eines Auftragnehmers innerhalb eines Auftrages. Es handelt sich dabei also um die Zusammenstellung aller Anforderungen aus Sicht des einkaufenden Unternehmens hinsichtlich des Liefer- und Leistungsumfangs und aller Randbedingungen. Hier werden die Projektvorstellungen gebündelt und strukturiert dargestellt.

Dementsprechend enthält das Lastenheft zum einen Anforderungen bezüglich des einzukaufenden Produktes und zum anderen allgemeine Anforderungen des einkaufenden Unternehmens.

Es wird also beschrieben, WAS für Anforderungen Sie haben, WOFÜR Sie etwas benötigen und wie Sie das einzukaufende Investitionsgut einsetzen wollen. Es dient als Ausschreibungs- und Angebotsgrundlage.

Lastenheft = Was + Wofür

Bei der Lastenhefterstellung ist sicherzustellen, dass alle Aspekte des zu beschaffenden Produktes berücksichtigt werden. Dazu werden in der Regel alle beteiligten Fachabteilungen einbezogen, um spezielle, aber auch allgemeingültige Anforderungen zu formulieren.

In der Regel handelt es sich dabei um die Fachabteilung des Anforderers, beispielsweise die Abteilung Produktion bei Maschinen und Anlagen, IT bei Software, eventuell um die Abteilung Konstruktion oder F+E, sowie Wartung und Instandhaltung, Arbeitssicherheit, Qualität, Transport und Logistik, Einkauf und die Rechtsabteilung.

Ist die benötigte Fachkompetenz zur Erstellung eines qualifizierten Lastenheftes nicht vorhanden oder fehlt schlicht die Kapazität, kann die Lastenhefterstellung auch an Dritte – also an Berater oder Dienstleister – vergeben werden.

Eine Grundregel, der wir schon mehrmals begegnet sind, lautet auch bei der Lastenhefterstellung:

... so offen wie möglich und so genau wie nötig!

So versucht man, sich spezielles Know-how der jeweiligen Anbieter zunutze zu machen und diesen nicht durch strikte Vorgaben einzuschränken. Was und Wofür bedeutet eben nicht konkrete Lösungen vorzugeben.

Gliederung eines Lastenheftes
Ein Lastenheft lässt sich auf verschiedene Arten gliedern, abhängig vom jeweiligen Projektgegenstand. Hier gibt es Standards, wie beispielsweise:

VDI 2519 Blatt 1: Vorgehensweise bei der Erstellung von Lasten-/Pflichtenheften

VDI 2519 Blatt 2: Lasten-/Pflichtenheft für den Einsatz von Förder- und Lagersystemen

Diese stellen allerdings nur eine Richtschnur dar. Gleiches gilt auch für das Pflichtenheft, für das das Internet eine Vielzahl von Beispielen und Mustern anbietet, an denen man sich orientieren kann.

Eine Möglichkeit, ein Lastenheft für Maschinen zur Metallbearbeitung zu gliedern, ist beispielsweise folgende:

1. Projektbeschreibung
2. Aufstellung/Anschlüsse/Infrastruktur
3. Bearbeitung der Werkstücke
4. Anforderungen an den Maschinenaufbau
5. Arbeitsschutz, Unfallverhütung und Umweltschutz
6. Anforderungen an die technische Dokumentation
7. Inbetriebnahme, Probelauf, Abnahmebedingungen
8. Service, Wartung und Ersatzteile
9. Training (Bediener und Servicepersonal)
10. Liefer- und Leistungsumfang
11. Juristische Bedingungen
12. Kommerzielle und logistische Bedingungen
13. Preisblatt
14. Regeln der Angebotserstellung
15. Konstruktionszeichnungen
16. Verzeichnis der geforderten Anlagen
17. Verzeichnis der verwendeten Abkürzungen

Unter den einzelnen Punkten werden nun die Anforderungen des einkaufenden Unternehmens beschrieben.

Pflichtenheft

Nach VDI 2519 ist das Pflichtenheft die Beschreibung der Realisierung aller Anforderungen des Lastenheftes. Es ist die verbindliche Vereinbarung für die Realisierung und Abwicklung des Projektes und wird vom Lieferanten erstellt. Im Gegensatz zum Lastenheft sind die Inhalte deshalb präzise, vollständig und nachvollziehbar sowie mit technischen Festlegungen der Betriebs- und Wartungsumgebung verknüpft.

Auch zeitlich sind Lastenheft und Pflichtenheft zu differenzieren: Das Lastenheft als Ausschreibungsgrundlage wird zwangsläufig vor Erstellung des Pflichtenheftes und Auftragsvergabe erstellt. Gegenstand des Pflichtenheftes ist also die Beschreibung der konkreten Realisierung, das heißt, WIE und WOMIT die Anforderungen zu realisieren sind.

Pflichtenheft = Wie + Womit

7.8 Angebotsauswertung

Ist die Entscheidung, eine bestimmte Investition zu tätigen – beispielsweise eine Fertigungsmaschine zu kaufen – gefallen, müssen konkurrierende Lösungen verschiedener Anbieter miteinander verglichen werden.

Ein wichtiger Aspekt ist die fristgerechte Einreichung der Angebote. Gerade im Bereich der öffentlichen Ausschreibungen kann ein verspätet eingegangenes Angebot nicht mehr in den Vergleich eingehen. Aber auch viele Einkäufer aus Industrieunternehmen berücksichtigen keine Angebote, die nach der Frist eingereicht werden, oder werten die Verspätung im Angebotsvergleich negativ. Hintergrund dieser Entscheidung ist die Erfahrung, dass Verspätung bereits bei Angebotseinreichung ein Indikator für bevorstehende Probleme im weiteren Verlauf des Projektes sein kann. Denn wer nicht in der Lage ist, ein Angebot pünktlich zu bearbeiten, wird vielleicht auch nicht in der Lage sein, beispielsweise eine komplexe Maschine in der vorgesehenen Zeit zu planen, zu bauen und in Betrieb zu nehmen.

Beim Angebotsvergleich ist eine einfache Gegenüberstellung der Anschaffungskosten zuwenig und aus kommerzieller Sicht fahrlässig. Dazu gibt es zu viele nicht-monetäre Faktoren, die bei der Entscheidung für oder wider einen Lieferanten berücksichtigt werden müssen. Hierzu zählen beispielsweise Referenzen, Standort, persönlicher Eindruck nach einem Besuch oder bisherige Erfahrung mit einem Lieferanten. Durch Berücksichtigung derartiger Faktoren sollen neben der Preisbetrachtung auch technische, kommerzielle, juristische, leistungs- und risikobestimmende Aspekte berücksichtigt werden.

Die folgende Übersicht zeigt weitere Aspekte auf, die in einen Mehrfaktoren-Angebotsvergleich für Investitionsgüter eingehen können. Dabei handelt es sich um Aspekte, die sich auf das Produkt, den Lieferant und die aktuelle Beschaffungssituation beziehen. Wie Sie unschwer erkennen können, ist der Preis dabei nur ein Bestandteil einer ganzen Reihe von zu berücksichtigenden Faktoren.

Produkt	Lieferant	Situative Aspekte
• Garantien/Gewährleistungen • Erfüllung der technischen Anforderungen • Technische Merkmale/Besonderheiten • Qualität • Zuverlässigkeit, beispielsweise Maschinenverfügbarkeit oder durchschnittliche Standzeit zwischen Störungen • Leistungsdaten/Verbrauchsdaten • Verlässlichkeit des Herstellungsprozesses • Wartung und Service • Einstandspreis (siehe Kapitel 2.6) • Zahlungsbedingungen • Lieferbedingungen • Besonderheiten bei Montage und Aufstellung • Inbetriebnahme und Probelauf • Betriebs- und Folgekosten • Prüf- und Genehmigungskosten • Sonderkosten, beispielsweise für Schallschutzmaßnahmen • Schulungs- und Trainingskosten • Anteil Standard/Neuentwicklung • Wiederverkaufswert • …	• Kapazität • Standort • Kommunikationsverhalten • Lieferzuverlässigkeit • Erfahrung • Know-how, F+E • Referenzen • Technischer Support • Servicenetz • Schulungsmöglichkeiten • Ersatzteilbevorratung • Finanzielle Lage • Qualität des internen Projektmanagements • Gegengeschäfte • …	• Aktuelle Auslastung • Lieferzeit • Potenzial für Preisverhandlung • Konjunkturelle Situation der Branche • Eigene Marktmacht versus Lieferant • …

Abbildung 88: Mögliche Einflussgrößen für einen Mehrfaktorenvergleich

Nachdem die vorliegenden Angebote für einen Vergleich vorbereitet worden sind, kann direkt mit der Ermittlung der besten Lieferanten oder Lösungen begonnen werden. Die Angebotsauswertung findet in der Regel in einem Team statt, in dem das benötigte Fachwissen zur inhaltlichen Beurteilung repräsentiert ist.

Sind die zu berücksichtigenden Faktoren für Ihre Entscheidung von unterschiedlicher Bedeutung, ist ein gewichteter Mehrfaktorenvergleich nötig. Soll beispielsweise der Preis stärker in die Betrachtung eingehen als die Lieferzeit, muss der Preis stärker gewichtet werden. Wie man einen gewichteten Mehrfaktorenvergleich durchführt, haben Sie bereits in Kapitel 2.6 lesen können.

7.9 Vergabeverhandlung

Die ernsthaft in Betracht gezogenen Lieferanten werden in der Regel zu einer Vergabeverhandlung eingeladen. Diese dient dazu, letzte technische Details zu klären, Maßnahmen zur Preisoptimierung zu besprechen, vertragliche und kommerzielle Konditionen festzulegen und den „letzten Preis" (last price) zu verhandeln.

Im Hinblick auf ein optimales Verhandlungsergebnis muss der Projekteinkäufer die Verhandlung professionell vorbereiten. Gerade bei hohen Einkaufsvolumina mit mehreren Beteiligten aus verschiedenen Fachbereichen ist auch die Absprache im Team über Verhandlungsstrategie und Ziele äußerst wichtig.

Vor allem in Verhandlungen mit umfangreichem Verhandlungsgegenstand wie technische, kommerzielle, vertragliche und organisatorische Inhalte kann ein Verhandlungsprotokoll sinnvoll sein. Dieses sollte vorher vorbereitet werden und kann in der Verhandlung sowohl als Checkliste dienen, die sicherstellt, dass nichts vergessen wird, als auch als eigentliches Protokoll, welches das Verhandlungsergebnis dokumentiert. Besonders vertragliche und kommerzielle Dinge, wie beispielsweise Vertragsstrafen, Preise, Liefer- und Zahlungsbedingungen werden nach entsprechender Diskussion hier festgehalten.

Beispiele für Inhalte, die in einem Verhandlungsprotokoll festgehalten werden können beziehungsweise sollten, sind:

- Vertrags-/Verhandlungsparteien: Firmen, Repräsentanten, Adressen
- Basisdaten, das heißt, Datum und Bezeichnung von: Zugrunde liegendem Angebot, Spezifikation, Pflichtenheft
- Liefer- und Leistungsumfang mit Preisen
- Produkte
- Leistungen (beispielsweise inklusive Montage, Probeläufe)
- Fracht, Verpackung
- Optionen
- Gültigkeitsdauer des angebotenen Preises und der angebotenen Optionen, Möglichkeiten zu Annullierung/Rücktritt
- Sonstige Aspekte der Lieferung, die oft nicht explizit in Spezifikation, Pflichtenheft, Angebot erscheinen: beispielsweise Prüfvorrichtungen, Prüfungen (Druckproben), Schlechtwetter-/Schmutzzulagen, Korrosionsschutz, Konservierung, Einlagerung bei Terminverschiebungen, Versicherungen
- Lieferbedingungen, Incoterms
- Termine
- Expediting, Fortschrittsberichte, Prüfungen
- Vertragsstrafen
- Zahlungsraten, -bedingungen
- Bürgschaften (Anzahlungs-, Erfüllungs-, Gewährleistungsbürgschaft)
- Ersatzteile, Service
- Auftragsgrundlagen, Reihenfolge der Gültigkeit, beispielsweise: Bestellung, Verhandlungsprotokoll, Pflichtenheft, BGB, Normen, Allgemeine Einkaufsbedingungen oder Ähnliches.

Nach der Vergabeverhandlung sollten alle technischen, kommerziellen und juristischen Punkte geklärt sein, sodass auf Basis des Angebotes, des Verhandlungsprotokolls sowie entsprechender weiterer Vertragsgrundlagen – beispielsweise VOB, UVV – Unfallverhütungsvorschriften oder die Allgemeinen Einkaufsbedingungen – ein Auftrag und damit ein Vertrag zustande kommen kann.

7.10 Vertragsabwicklung

Vertragsabwicklung meint in diesem Zusammenhang die kontinuierliche Betreuung und Prüfung des Lieferanten vor dem Liefertermin. Das Ziel ist die Sicherstellung der korrekten und rechtzeitigen Lieferung der bestellten Produkte oder Dienstleistungen. Zeichnen sich Schwierigkeiten ab, steuert der Projekteinkäufer durch geeignete Maßnahmen gegen.

Um eventuelle Schwierigkeiten oder Abweichungen in der Vertragserfüllung, wie beispielsweise Terminverschiebungen oder technische Probleme, rechtzeitig festzustellen, sind entsprechende Methoden und Tools der Projektüberwachung hilfreich.

Als Maßnahmen zur Terminüberwachung seien hier das Expediting, die regelmäßigen Fortschrittsprotokolle vom Lieferanten, genannt. Generell können regelmäßige angemeldete, aber auch unangemeldete Besuche in den Produktionsstätten des Lieferanten nützlich sein.

7.11 Zusammenfassung

Da die möglichen Aktivitäten des Einkauf innerhalb eines Investitionsgüterprojektes sehr umfassend sind, habe ich sie hier noch einmal in einer Übersicht für Sie zusammengefasst:

Vorbereitung
- Überlegungen zu Beschaffungsbedarf, Terminen, benötigten Ressourcen (Geld/Budget, Kapazität)
- Grobe, vorläufige Projektplanung
- Make or Buy-Betrachtung
- Investitionsrechnung
- Betrachtung von Finanzierungsalternativen (Kauf, Miete, Leasing)

Bedarfsermittlung
- Anforderungskatalog zusammenstellen
- Berücksichtigung von Anforderungen aus Sicht der Qualitätssicherung, Arbeitssicherheit, Umweltschutz sowiebereits verfügbaren Unterlagen/Spezifikationen
- einzuhaltende Normen und Vorschriften (beispielsweise VOB, VDE)
- Lieferumfang beschreiben:
  ... so offen wie möglich, so genau wie nötig ...

Beschaffungsmarktforschung
- Informationen über Märkte, Produkte und Lieferanten beschaffen
- Informationen teamübergreifend auswerten, weitere Schritte vereinbaren
- Vorhandene Lieferanten nutzen/berücksichtigen
- Neue Lieferanten evaluieren
- Kontaktaufnahme, eventuell Besuch

Ausschreibung
- Planung, Gestaltung und Organisation der Ausschreibung
- Streubreite vernünftig definieren
- Gestaltung des kommerziellen Teils des Lastenheftes
- Zusammenstellung eines bearbeitbaren Lastenheftes in Zusammenarbeit mit allen beteiligten Fachabteilungen
- Ankündigung und Versendung der Ausschreibungsunterlagen zum Lieferanten
- Einhaltung und Überwachung von Fristen
- Ansprechpartner für Lieferanten bei Rückfragen

Angebotsauswertung
- Sicherstellen der Vergleichbarkeit und Vollständigkeit
- Berücksichtigung der fristgerechten Einreichung – insbesondere bei öffentlichen Ausschreibungen
- Festlegen von Vergleichskriterien und Gewichtungen
- Aufschlüsseln des Preises in Bestandteile (Preisstrukturanalyse)
- Zusammenfassung der Ergebnisse
- Ermitteln von Zielen und Vorgehen für Vergabeverhandlung

Verhandlung/Vertrag
- Ziele und Kompromissspielräume definieren
- Zusammenstellen benötigter Informationen: Produkt-, Lieferanten-, Markt-, Preisinformationen
- Überlegungen zur Argumentation der Gegenseite (Einwände professionell behandeln)
- Vorgehen/Verhandlungsstrategie festlegen
- Teilnehmer festlegen, einweisen (Rollen), Verhandlungsführer bestimmen
- Gesprächsablauf planen
- Verhandlungsprotokoll ausarbeiten und vorbereiten
- Organisatorische Vorbereitung der Verhandlung
- Finanzierung, gegebenenfalls Fremdwährungsabsicherung

Abwicklung
- Projektcontrolling
- Überwachung des Lieferanten bei der Leistungserstellung hinsichtlich relevanter Termine, Projektfortschritt
- Kontrolle der Kosten
- Expediting, Projektfortschrittsprotokolle
- Planung/Überwachung von Montage, Inbetriebnahme, Probelauf, Claimmanagement

8.
Tricks der Lieferanten

8.1 Back-Door-Selling – Aufträge durch die Hintertür..244
8.2 Manipulationstechniken...246
8.3 Wenn Sie nicht ..., dann ...!-Drohungen..258
8.4 Trittbrettfahrer..263

8.1 Back-Door-Selling – Aufträge durch die Hintertür

Wer hat denn nun eigentlich das Sagen und entscheidet, bei wem und was bestellt wird? Die eingangs beschriebene Rivalität zwischen Einkauf und Fachabteilung ist auch heute noch in vielen Unternehmen Standard. Dabei kann jede Abteilung gute Gründe für ihr verlangtes Veto-Recht angeben. Trotzdem: Wenn unter Preis- und Leistungsgesichtspunkten eine optimale Lösung gefragt ist, kommt man um eine vernünftige Teamentscheidung nicht herum.

Wenigen Einkäufern und noch weniger Technikern ist bekannt, dass diese erwähnte Rivalität oft von außen, von Externen wie Verkäufern oder Vertriebsmitarbeitern des Lieferanten, durch gezielte Beeinflussung der technischen Bereiche oder gar der Unternehmensleitung gesteuert und genutzt wird.

In Verhandlungstrainings mit Verkäufern fragen mich gerade junge Teilnehmer häufig, wie sie äußerst hartnäckigen, erfahrenen Einkäufern etwas zu einem guten Preis verkaufen sollen. Von den älteren Kollegen kommt meistens der Rat, sich direkt an die Fachabteilungen zu wenden und dort das Produkt oder die Idee zu verkaufen.

Die Absicht, die dahinter steht, ist so einfach wie effektiv: Ist die Technik vom angebotenen Produkt überzeugt, übernehmen die technischen Abteilungen die interne Überzeugungsarbeit, die sonst der Verkäufer zu leisten hätte. Hier kann es schnell zu einer internen Konfliktsituation kommen. Der Lieferant lehnt sich zurück und wartet ab, ohne sich die Finger zu verbrennen. Im besten Fall setzt sich die Technik durch, und der Lieferant bekommt einen Auftrag, ohne harte Preisverhandlungen führen zu müssen. Denn Techniker werden auf anderen Wegen überzeugt als Einkäufer. Der Verkäufer kann auf fachlicher Ebene argumentieren, beispielsweise mit moderner Technik, ausgefallenen Features, technischen Finessen, neuen Entwicklungen, Hilfe bei der Konstruktion, Zusammenarbeit bei Tests oder Mustererstellung etc. Dort, wo Einkäufer auf den Preis achten, sieht der Techniker seine Vorteile für die Produktion. Oft wird von Seiten des Verkäufers auch Hilfestellung bei der Erstellung der Spezifikationen oder Lastenhefte angeboten, da die eigene Technik aufgrund fehlender Zeit oder fehlenden Wissens, zum Beispiel bei neuen Technologien, nicht in der Lage ist, dies selber zu tun.

Eine weit subtilere Methode, Beziehungen aufzubauen, sind Zuwendungen. Es muss nicht immer die Grenze zur Bestechung überschritten werden, aber der dahinter stehende Mechanismus ist der gleiche. Essenseinladungen, Beteiligung an der internen Weihnachtsfeier, Einladungen zu Events wie beispielsweise Fußball oder Formel 1, der Kaffeeautomat fürs Büro sind nur einige Beispiele, die mir aus meiner eigenen Praxis schnell einfallen. Gegen solche Dinge ist natürlich auch der Einkäufer nicht gefeit.

Gezielte Besuche der Vertriebsleute bei Technikern und Konstrukteuren, die intensive Kontaktpflege zwischen Technikern von Anbieter und Abnehmer, Bereitschaft und Entgegenkommen bei speziellen technischen Problemen, zum Beispiel Fertigungsproblemen oder eine detaillierte technische Beratung sind weitere Möglichkeiten, über die „Hintertür" ans Ziel zu gelangen. Dabei haben die Verkäufer einen Vorteil: Techniker unter sich sprechen die „gleiche Sprache" und begegnen sich bei Fachfragen auf Augenhöhe.

Idealerweise gelangt man als Anbieter dank der oben dargestellten Methoden über diese Hintertür (Back Door) bereits in die Produkt-Spezifikation. Diese wird im Idealfall für ihn nun so gestaltet, dass nur dieser bestimmte Lieferant infrage kommt. Erste Zeichnungen oder Stücklisten sind bereits auf ihn zugeschnitten, sodass ein Wechsel zu diesem Zeitpunkt viel Aufwand bedeuten würde. Denkbar ist auch, dass eine Spezifikation so formuliert ist, dass der bevorzugte Lieferant nach Auswertung der Angebote die Nase vorn hat, weil die Ausschreibung auf seine Vorzüge zugeschnitten war.

Oft schaffen es Lieferanten auf diesem Wege, den Einkauf komplett zu umgehen. Denn je besser der Verkäufer bereits eingebunden ist, umso weniger Möglichkeiten hat der Einkäufer, Einfluss zu nehmen. Was bleibt, ist das Verhandeln eines Preisnachlasses. Den kann der Verkäufer großzügig gewähren, da dieser Abschlag bereits einkalkuliert wurde. Vielleicht lehnt er aber auch diesen ab, weil er den Auftrag schon sicher in der Tasche hat. So oder so wurde in diesem Fall ein Monopolist „hausgemacht".

Ein erfolgreiches Zusammenwirken von kaufmännischen und technischen Bereichen, die Berücksichtigung aller relevanten Aspekte, um ein technisches wie wirtschaftliches Optimum für das eigene Unternehmen zu erzielen, wird damit unterbunden.

Back-Door-Selling sollte im Interesse des eigenen Unternehmens von Technik und Einkauf erkannt und unterbunden werden. Gerade bei der Beschaffung von Investitionsgütern, die oft technisch sehr anspruchsvoll sind, ist diese Problematik sehr verbreitet.

An dieser Stelle sollen nicht die Verkäufer als die natürlichen Feinde des Einkäufers gebrandmarkt werden. Es ist nur natürlich, dass jede Firma versucht mit allen Mitteln ihren Umsatz zu steigern, der Wettbewerb ist hart und es geht um Gewinne und Arbeitsplätze. Trotzdem muss der Einkäufer hier einschreiten, es gilt die Regel:

Kein Weg führt am Einkauf vorbei!

Das muss sowohl den eigenen Kollegen, als auch dem Lieferanten sehr deutlich gemacht werden. Vielleicht hilft es, wenn man den eigenen Fachleuten verdeutlicht, dass sie vom Lieferanten schlichtweg manipuliert und damit instrumentalisiert werden.

8.2 Manipulationstechniken

Hier möchte ich Ihnen ein paar gängige Methoden vorstellen, die Verkäufer gerne anwenden, um Sie durch geschickt eingesetzte rhetorische Tricks zu beeinflussen. Einige dieser Techniken werden Sie erkennen und vielleicht selber, manchmal ganz intuitiv, ab und an einsetzen. Diese Techniken funktionieren nicht nur in Verhandlungen, sondern auch im Privatleben. Wenn Sie beispielsweise Ihre Kinder davon überzeugen möchten, etwas ganz Bestimmtes zu tun, ohne dass diese das aus freien Stücken tun würden.

Der Präzise-Fakten-Schwindel

Ihr Verhandlungspartner arbeitet in diesem Fall mit Fakten und Behauptungen, die er nicht weiter belegt. Der Trick dabei ist, dass diese Fakten so genau, detailliert und überzeugend angegeben werden, dass sie gar nicht auf die Idee kommen, diese könnten nicht stimmen. Der Verkäufer möchte Sie überrumpeln. Um Nachfragen zu verhindern, arbeitet er beispielsweise mit der Angabe von Kommastellen oder detaillierten Prozentangaben. So könnte er für Preiserhöhungen wie folgt argumentieren:

„Die Kosten für Rohstoffe sind bei uns im letzten Jahr um 15 Prozent gestiegen. Daher müssen wir auch unsere Preise anheben."

„… deshalb sehen wir uns gezwungen, die Preise um 4,2 Prozent anzuheben …"

„Wir kalkulieren das Material mit 42 Prozent …"

„Unser Deckungsbeitrag beträgt nur noch 0,8 Prozent."

Als Einkäufer dürfen Sie nicht alles glauben, was man Ihnen erzählt. Es kann ja stimmen, aber es ist Ihr gutes Recht und Ihre Aufgabe, das zu hinterfragen.

Mögliche Reaktionen wären:

„Dann lassen Sie uns die konkrete Materialpreis-Kalkulation durchgehen."

„Damit ich das verstehe, würde ich gerne wissen, wie sich die 4,2 Prozent zusammensetzen."

„Welchen Anteil haben die Rohstoffe in Ihrer Kalkulation?"

„Lassen Sie uns das einmal konkret durchrechnen."

Schnell werden Sie feststellen, ob es sich um leere Behauptungen oder um fundierte Informationen handelt. Kritisch sollten Sie übrigens auch dann sein, wenn Sie Charts, Tabellen oder Ähnliches vorgelegt bekommen. Fragen Sie nach, woher die Zahlen und Daten kommen, welche Quellen den Charts zugrunde liegen.

Die Völlig-klar-Methode

Mit dieser Taktik versucht Ihr Verhandlungspartner Sie dahingehend einzuschüchtern, dass er bestimmte Sachverhalte oder Zusammenhänge für so offensichtlich erklärt, dass nur ein völlig Ahnungsloser nicht versteht, um was es geht. Wenn Sie nun doch noch Zweifel oder Fragen haben, kann es also nur daran liegen, dass sie zu dumm sind, das Offensichtliche zu erkennen. Wer in dieser Situation fragt, diskreditiert sich selber – so die Hoffnung des Verkäufers. Denn wer will schon gerne als Dummkopf dastehen? Besonders wenn Chefs oder Fachabteilungen mit am Tisch sitzen, wird man sich zwei Mal überlegen, ob man sich als unwissend outet. Soll doch jemand anders fragen, die müssten es doch wissen.

Diese Rhetorik-Fallen erkennen Sie an folgenden Formulierungen:

„Es ist doch offensichtlich, dass ... "
„Es liegt doch auf der Hand, dass ... "
„Wie heute jeder weiß, ist ... "

Ein weiterer Trick in diesem Rahmen ist die Verwendung von Fremdwörtern und Abkürzungen. Ihr Gegenüber tut so, als müsse jeder normale Mensch wissen, was in UVV, VOB, GFFW beschrieben ist. Seine Hoffnung: Wenn Sie nachfragen, zeigen Sie damit, dass Sie über das zu verhandelnde Produkt oder die Dienstleistung überhaupt nicht mitreden können. Viele schweigen deshalb lieber, um sich keine Blöße zu geben. Dabei ist in diesem Fall genau das Gegenteil richtig. Sie werden schnell merken, dass Ihre Verhandlungspartner Sie sehr viel mehr respektieren, wenn sie solchen Spielchen Widerstand entgegensetzen. Außerdem werden sie vermutlich erleben, dass in den meisten Fällen die Person, die sich solche Undurchsichtigkeiten geleistet hat, selbst ins Stammeln gerät, wenn sie einmal erklären muss, was sie nicht erklären wollte. Ich habe höchste Achtung gerade vor jungen Einkäufern, die sich gerademachen und nachfragen, auch auf die Gefahr hin, sich lächerlich zu machen. Den Mut muss man erstmal aufbringen.

Um dem Verkäufer den Wind aus den Segeln zu nehmen und selbst nicht dumm dazustehen, bieten sich folgende Formulierungen an:

„Wieso ist das völlig klar? Das versteh ich jetzt nicht."

„Doch, ich glaube schon, dass man darüber reden muss. Wie ist da eigentlich genau Ihre Sicht?"

„So offensichtlich ist das durchaus nicht. Erklären Sie es mir doch bitte."

„Ja, dazu würde ich gern einmal im Detail hören, wie Sie die Sache einschätzen."

„Also, auf meiner Hand liegt das nicht. Das müssen Sie mir schon erläutern, was bei Ihnen auf der Hand liegt."

„Wofür stehen die Buchstaben GFFW eigentlich genau?"

„Halten Sie mich gerne für dumm, aber das hätte ich von Ihnen gern noch einmal auf Deutsch gehört."

„Das wundert mich, dass Sie in diesem Zusammenhang diesen Begriff verwenden. Was verstehen Sie genau darunter?"

Ob flapsig, ironisch, sachlich oder übertrieben naiv – Ihre Nachfrage wird den Verhandlungspartner warnen, sich mit dieser Taktik künftig zurückzuhalten. Er erkennt, dass Sie nicht durch angebliche „geistige Überlegenheit" eingeschüchtert sind, sondern sehr scharf analysieren, wie man Ihnen gegenüber argumentiert.

Die Autoritäten-Methode

Bei dieser Methode versucht der Verhandlungspartner seinen Aussagen besonderes Gewicht zu verleihen, indem er sich auf Autoritäten wie Persönlichkeiten, Experten, Fachleute oder Institutionen bezieht. Das Ziel ist es, Widerspruch oder Nachfragen zu verhindern, da er davon ausgeht, dass Sie nicht den Mut haben, ausgewiesenen Fachleuten zu widersprechen. Da Sie nun aber nicht wissen, ob diese Autoritäten wirklich die Aussagen Ihres Verhandlungspartners untermauern beziehungsweise in welcher Weise diese sich geäußert haben, sollten Sie auf alle Fälle nachfragen.

Eine Besonderheit der Grauen-Eminenz-Methode und eine Variante, die gerne von eitlen und wichtigtuerischen Verhandlungspartnern genutzt wird ist das sogenannte „name dropping".
Dies funktioniert, indem sich der Verkäufer auf scheinbar harte Fakten beruft, die von angesehenen und über jeder Kritik stehenden Experten stammen. Solche Argumente werden gerne mit folgenden Worten ins Feld geführt:

„Wie namhafte Wissenschaftler herausgefunden haben ... "

„Der Einkaufsmanager-Index des letzten Monats besagt ... "

„In einer Studie des VDMA hat man herausgefunden ... "

„Wie Ihre eigenen Techniker bereits detailliert festgestellt haben ... "

„Als ich mich neulich mit Ihrem Herrn Dr. Meyer (wichtiger Mensch!) unterhalten habe ... "

„Haben Sie denn nicht den Artikel in der Financial Times über den Stahlpreisanstieg gelesen?"

Sie haben nun die Wahl, die Argumente widerspruchslos hinzunehmen oder größenwahnsinnig zu werden, indem Sie die Meinung von namhaften Fachleuten oder Autoritäten anzweifeln. Oder aber, Sie nehmen Ihrem Gegenüber den Wind aus den Segeln. Wie deutlich Sie werden, hängt von Ihrer Intention ab. Mögliche Antworten sind hier:

„Das ist interessant, können Sie mir den Artikel mal zukommen lassen?"

„Ihre Belesenheit beeindruckt mich. Ich habe diese Studie auch gelesen und habe das völlig anderes interpretiert. Bitte klären Sie mich auf."

„Beeindruckend! Das interessiert mich auch. Auf welcher Seite steht denn das, das möchte ich nachher noch einmal ganz genau nachlesen."

„Mir haben unsere Techniker etwas ganz anderes erzählt ..."

„Namhafte Wissenschaftler haben auch die Atombombe gebaut ..."

„Was Herr Dr. Meyer dazu gesagt hat, interessiert mich herzlich wenig."

Verhandlungspartner, die eine gewisse Eitelkeit an den Tag legen und es toll finden, wichtige Leute zu kennen, könnten Sie zum Beispiel auch durch eigenes name dropping beeindrucken. Das darf aber nicht plump wirken und sollte so geschickt passieren, dass ein geschickter Verhandlungspartner Sie nicht als Aufschneider entlarven kann.

Die Ehrenwort-Taktik

Mit der Ehrenwort-Taktik wird gerne gespielt (muss man nicht sagen gelogen?), wenn man nicht mehr so richtig weiß, wie man sein Gegenüber sonst noch überzeugen soll. Oder wenn einem nicht mehr viel bleibt, womit man überzeugen kann. Sie kennen das aus dem Sport, beispielsweise bei Dopingaffären, oder aus der Politik. Plötzlich will man sich nicht daran erinnern, etwas Strafbares getan oder Doping zugelassen zu haben. Die Zwickmühle, in der Sie sich bei dieser Taktik befinden: Bei einem Ehrenmann gilt das Ehrenwort noch etwas. Zweifeln Sie dies offen an, ist das ein klarer Affront bis hin zu einer Beleidigung.

Selbst für den Fall, dass Sie Ihrem Gesprächspartner nicht glauben, sollen Sie wenigstens widerstandslos akzeptieren und ihn nicht mit kritischen Fragen in Schwierigkeiten bringen, das gehört sich nicht. Ihr Verhandlungspartner lässt ihnen also die Wahl, ihm brav zuzustimmen oder ihn zu beleidigen.

Bei dieser Taktik muss nicht unbedingt von „Ehrenwort" die Rede sein. Beliebte Formulierungen sind auch:

„Ich bin wirklich kein Lügner, wenn ich sage ..."
„Sie wollen sicher nicht behaupten, dass ich keine Ahnung habe?"
„Wenn ich etwas verspreche, dann halte ich das auch ..."
„Das ist für mich Ehrensache."
„Ich verbürge mich persönlich dafür, dass ..."

Ihr Gegenüber arbeitet mit Ehrenwörtern, weil er es wirklich ernst meint, weil er lügt, selbst nicht so genau Bescheid weiß oder mit Ihnen pokert. Das müssen Sie nun herausfinden.

Auf solche Erpressungen – nichts anderes ist es eigentlich – könnten sie zum Beispiel antworten:

„Wir sollten nicht gleich mit Ehrenwörtern arbeiten, sagen Sie mir ganz einfach ..."

„Ob ich Ihnen glaube, spielt hier keine Rolle. Erklären Sie es mir so, dass ich es meinen Leuten plausibel machen kann."

„Wieso habe ich gesagt, dass Sie ein Lügner sind? Das lasse ich mir nicht unterstellen! Ich will allerdings sehr wohl wissen ..."

„Wenn Sie mir mit Ihrer Ehre dafür einstehen können, dann spricht sicher nichts dagegen, dass Sie es auch noch mit Fakten unterlegen."

„Das hört sich ja richtig nett und treuherzig an, wie Sie das so sagen, aber ich bin nun mal eher faktenorientiert."

„Mir kommen die Tränen!"

„Ich bin nun mal ein misstrauischer Mensch und bisher mit dieser Haltung nicht schlecht gefahren. Deshalb sagen Sie mir bitte …"

Die wenigsten Menschen mögen gegen Ehrbeteuerungen anderer angehen. Darauf bauen beispielsweise auch windige Finanzberater, die das gezielt in ihren Trainings lernen. Solche Ehrbeteuerungen werden besonders gerne Menschen mit sympathischer unverbindlicher Ausstrahlung geglaubt und Menschen, die mit sehr guten Manieren und gepflegter Kleidung daherkommen. Lassen Sie sich davon nicht einwickeln!

Der Megafachmann

Diese Taktik funktioniert ähnlich wie die Ehrenwortmethode. Ihr Verhandlungspartner lässt Ihnen die Wahl, seinem Sachverstand zu glauben oder ihn zu beleidigen. Die „Argumentation" kann sich beispielsweise so anhören:

„Ich bin seit 17 Jahren im Geschäft. Das können Sie mir wirklich glauben."

„Sie wollen mir doch sicher nicht unterstellen, dass ich das nicht weiß."

„Aus meiner Erfahrung …"

„Nach allem, was ich bisher darüber weiß, gibt es für mich nicht den geringsten Zweifel, dass …"

„Ich kenne mich damit aus. Deshalb sage ich …"

„Ich habe mich seit Jahren gründlich mit dem Thema befasst. Glauben Sie mir, wenn ich sage …"

„Das ist mein Beruf, solche Sachen zu wissen!"

Auch hier gibt es die passenden Antworten. Dazu zählen beispielsweise:

„Sie haben da sicherlich mehr Erfahrung als ich. Deshalb würde ich gerade von Ihnen gerne hören ..."

„Wenn Sie das so genau wissen, dann können Sie mir es ja auch so erklären, dass ich es verstehe."

„Das sagen Sie! Von anderen, die auch so lange im Geschäft sind wie Sie, hört man anderes."

„Dass Sie das wissen, glaube ich gerne. Was mich stört, ist, dass ich es nicht weiß. Deshalb erklären Sie mir doch bitte ..."

„Ich fürchte, mir fehlt da das gesunde Urvertrauen. Helfen Sie mir, damit ich die Sache auch so gut verstehe wie Sie und nicht auf Glauben angewiesen bin."

„Und wenn mich später einer danach fragt, wie soll ich das dann erklären?"

Lassen Sie sich nicht mit Ihrer guten Erziehung, die es Ihnen verbietet andere zu beleidigen, erpressen. Ein Verhandlungspartner, der solche Spielchen mit Ihnen versucht, verdient nichts anderes als Zweifel an seiner Ehre und/oder seinem Sachverstand. Er mag diese Technik vielleicht instinktiv einsetzen, um Ungenauigkeiten auf seiner Seite zu verschleiern. Trotzdem sollten Sie sich vor Augen halten, dass es eine Taktik ist, die beispielsweise windige Strukturvertriebe ihren Mitarbeitern gezielt einpauken. Der Erfolg – selbst bei Akademikern – gibt ihnen Recht.

Die Moralfalle

Mit moralischer Erpressung sollen Sie in eine bestimmte Richtung gedrängt und veranlasst werden, etwas zu tun oder zu akzeptieren, was Sie eigentlich nicht wollen. Die Botschaft lautet: Wenn Sie nicht nachgeben, sind Sie ein schlechter Mensch. Sie haben also die Wahl, sich zu unterwerfen oder herzlos zu sein.

Beispiele solcher Erpressungen aus geschäftlichen Verhandlungen sind folgende Formulierungen:

„Das macht ihnen wohl nichts aus, dass Ihre Kollegen …"

„Liegt Ihnen gar nichts an der Umwelt?"

„Im Interesse des Unternehmens sollten Sie …"

„Das müssen Sie mit Ihrem Gewissen ausmachen, wie Sie …"

„Ist es das, was Sie unter Zusammenarbeit verstehen?"

„Wenn Sie auf diesen Preis bestehen, werden wir wohl Leute entlassen müssen. Ist es das, was Sie wollen?"

„Das ist jetzt aber wirklich nicht mehr fair."

„Schade, ich hätte gedacht, auf Sie könnte man sich verlassen."

„Es fällt Ihnen offensichtlich sehr leicht, Ihre Lieferanten fallen zu lassen."

„Bisher habe ich Sie als kooperativen Einkäufer gesehen. Aber da muss ich mich wohl getäuscht haben."

Dieser Art der Manipulation ist so hinterhältig, dass Sie eigentlich auf der Stelle aufstehen und die Verhandlungen abbrechen sollten. Sagen Sie ganz klar: „Ich lasse mich nicht erpressen." Niemand hat das Recht, Ihnen einzureden, dass Sie ein schlechter Mensch sind, nur weil Sie sich professionell verhalten und im Sinne Ihrer Firma handeln. Natürlich ist das oft grenzwertig, aber im Geschäftsleben geht es nun mal um Gewinne, Arbeitsplätze und häufig, gerade in Krisenzeiten, ums Überleben. Sicherlich gibt es Einkäufer, die sich aus der Not heraus wirklich nicht fair verhalten. Dazu gehören Sie natürlich nicht und daher können Sie antworten mit:

„Höre ich da eine Erpressung heraus?"

„Um mein Gewissen kümmere ich mich selbst. Da lassen Sie lieber die Finger weg."

„Jetzt sag ich gar nichts mehr, ich fühle mich von Ihnen unter Druck gesetzt."

„Versuchen Sie bei mir auf die Tränendrüse zu drücken?"

„Könnten Sie nicht versuchen einfach sachlich zu bleiben?"

„Haben Sie keine Argumente mehr, oder warum versuchen Sie es jetzt bei meinen Gefühlen?"

„Sie werden ja richtig sentimental!"

„Sie greifen meinen Charakter an, und ich soll Ihnen einen Gefallen tun? Jetzt ganz bestimmt nicht mehr!"

Vorauseilendes Entkräften

Ist Ihr Verhandlungspartner gut vorbereitet, ahnt er Ihre Argumentation voraus. In diesem Fall versucht er Ihren Standpunkt bereits schlechtzumachen oder zu entkräftigen, bevor Sie ihn äußern konnten. Damit hat er Sie noch nicht beleidigt, weil Sie ja noch nichts in diese Richtung gesagt haben. Aber Sie scheuen sich nun davor – so hofft er zumindest – genau diesen Standpunkt zu vertreten.

Dazu setzt Ihr Gesprächspartner gern auf drastische Formulierungen wie beispielsweise:

„Natürlich gibt es immer noch ein paar Ahnungslose, die da glauben ..."

„Wer von allen guten Geistern verlassen ist, der wird an dieser Stelle vielleicht sagen ..."

„Für einen Anfänger könnte das ..."

„Wer nur an die eigenen egoistischen Ziele denkt, der …"

„Wer dabei Angst hat, sollte lieber "

„Wer selbstständig denken kann, der wird hier wohl …"

„Eine gesunde Risikobereitschaft gehört natürlich dazu, wenn …"

Sie haben nun die Wahl, ob Sie sich seinem Standpunkt anschließen oder sich als dumm, herzlos, unselbstständig oder feige zu erkennen geben. Auch von solchen Manövern dürfen Sie sich nicht einschüchtern lassen. Wer so argumentiert, hat häufig keine sachlich überzeugenden Argumente oder gar Beweise zur Verfügung.

Sie können offensiv auf solche Diffamierungen eingehen. Sagen Sie Ihrem Verhandlungspartner klar, dass Sie diese Manipulationstechnik erkannt haben und sich dadurch nicht davon abhalten lassen, Ihre eigene Meinung zu vertreten. Das kann natürlich zu einer Kampfansage werden und zur Konfrontation führen. In diesem Fall sollten Sie die Fronten klar ziehen und Ihrem Gesprächspartner sagen, dass Sie für solche Spielchen nicht dumm genug sind. Sie können aber auch friedlicher und trotzdem genauso deutlich reagieren:

„Wenn Sie das so sehen, dann gehöre ich auch zu den Leuten ohne einen Funken Verstand. Jetzt erklären Sie mir doch mal, wieso …"

„Nein, die gesunde Risikobereitschaft fehlt mir nicht, aber ich neige nicht zu ungesunden Risiken."

„Auch auf die Gefahr hin, dass Sie mich auch für einen Egoisten halten, bitte ich Sie …"

„Ich bin kein Egoist, ich bin Realist, und deswegen …"

Mit diesen Antworten wird für Ihren Verhandlungspartner deutlich, dass Sie seine Taktik durchschaut haben und sich davon nicht einschüchtern lassen.

8.3 Wenn Sie nicht ..., dann ...!-Drohungen

Eine ganz besonders massive Technik der Manipulation, um Sie zu bestimmten Zugeständnissen oder Handlungen zu bewegen, ist es, Sie vor eine „Entweder oder"-Wahl zu stellen. Eigentlich ist dies eine Form eines Ultimatums oder gar einer Drohung, beispielsweise: *„Entweder Sie geben mir meinen Preis, oder Sie müssen sich einen anderen Lieferanten suchen."* Wenn Sie genug Lieferanten haben, können Sie vielleicht noch darüber lachen. Aber wenn es nur wenige Lieferanten gibt, die für Sie infrage kommen, sieht die Welt schon anders aus. Sie könnten beispielsweise unter Zeitdruck stehen, es gibt für Ihre technischen Ansprüche wirklich nur ganz wenige Lieferanten oder Ihre Fachabteilung hat sich auf einen bestimmten Lieferanten eingeschossen (siehe auch Kapitel 8.1 *Back-Door Selling*) und ein Wechsel wäre nur unter einem unvertretbar hohen Aufwand möglich. Im letzteren Fall haben Sie sich gerade einen Monopolisten hausgemacht.

Nun überlegen Sie: Angenommen, Sie wären in dieser Situation der Verkäufer – wären Sie zu Zugeständnissen bereit, die Sie nicht machen müssten? Natürlich nicht. Und nun stellen Sie sich vor, der Einkäufer bleibt einfach stur, bewegt sich kein Stück und wird vielleicht sogar unangenehm. Da rutscht es Ihnen vielleicht schon mal raus. Entweder oder. Wäre doch gelacht, Sie müssen sich schließlich nicht alles gefallen lassen. Sie sehen, dass Drohungen schnell mal ausgesprochen werden, oft auch wenn Emotionen ins Spiel kommen. Man mag sich einfach nicht. Dabei können Drohung oder Ultimatum völlig harmlos daherkommen. Beliebt sind beispielsweise folgende Sätze:

„Ich will Sie nicht drängen, aber ich müsste den Auftrag bis heute Abend in die Arbeitsvorbereitung geben, sonst wird es mit dem gewünschten Liefertermin nichts."

„Lassen Sie sich Zeit mit Ihrer Entscheidung. Wenn Sie ein günstigeres Angebot finden, sollten Sie zuschlagen. Wir würden dann Kunden xy vorziehen, dann können wir ja in zwei Monaten noch mal über eventuelle Kapazitäten reden."

„Sie wissen, wie gut wir uns auf Ihr Produkt und die speziellen Anforderungen aus Ihrer Konstruktion eingestellt haben, das kriegt doch ein neuer Lieferant gar nicht hin."

„Bevor wir weitermachen, müsste ich erstmal mit Ihrem Herrn Müller aus der Konstruktion reden, denn bei dem Preis müsste ich Abstriche bei Ihren technischen Anforderungen machen."

„Also bei diesen Preisforderungen muss ich wirklich aufgeben, da reißt mir mein Chef den Kopf ab."

Täuschen Sie sich nicht. Auch wenn sich das noch nicht bösartig anhört, steckt doch eine eindeutige Absicht dahinter. Man sucht keine Lösung mit Ihnen, sondern will Sie drängen, etwas zu tun, was Sie freiwillig nicht möchten.

Massive Drohungen, die man dagegen als bösartig bezeichnen kann, wären beispielsweise:

„Diese Preisforderung kommt für uns in keinem Fall infrage. Da müssen Sie sich einen anderen suchen. Am besten Sie schauen mal in China oder Indien. Hierzulande wird Ihnen keiner diesen Preis machen können."

„Sehen Sie, wir haben zurzeit eine unglaubliche Nachfrage. Zu diesem Preis sind wir an einem Geschäft nicht interessiert."

„Herr Müller, ich muss Sie auffordern sich heute zu entscheiden, ob Sie bereit sind unseren Preis zu bezahlen, ansonsten macht es keinen Sinn, sich weiter zu unterhalten."

„Unter diesen Voraussetzungen sind wir weg. Dann erklären Sie mal Ihrer Fachabteilung, warum Sie sich einen neuen Lieferanten suchen müssen."

„Ich bin gespannt, was Ihr Chef zu Ihrem unhöflichen Verhalten sagt. So können Sie mit Geschäftspartnern nicht umspringen."

Wie verhält man sich denn nun in so einer Situation? Am besten, Sie überlegen lange vor einer Verhandlung, wie Sie sich prinzipiell gegenüber Ultimaten und Drohungen verhalten möchten. In der Verhandlung hat man oft nicht den nötigen kühlen Kopf für derartige Überlegungen. Generell kann man sagen: Sie können/dürfen sich nicht von Ihren Lieferanten erpressen lassen.

Bevor aber nun die Situation eskaliert und Sie Ihren Lieferanten rausschmeißen, müssen Sie noch herausfinden, wie ernst Ihr Gegenüber es denn wirklich meint. Oft ist eine Drohung eine Form eines Verhandlungsangebotes nach dem Motto: Man kann es ja mal versuchen, vielleicht klappt es ja. Ihr Gegenüber kennt Sie ja nicht und probiert aus, wie Sie reagieren, wenn er Sie unter Druck setzt. Häufig bestätigt sich: Hunde, die bellen, beißen nicht!

Wollen Sie nun herausfinden, ob Ihr Gegenüber die angedeutete Konsequenz nun wirklich wahr macht, ist es zuerst wichtig, nicht die Beherrschung zu verlieren. Auch wenn Sie sich ärgern: Bleiben Sie Ihrem sachlichen und fairen Stil treu. Damit bieten Sie keine Angriffspunkte. Cool bleiben, denn wenn Sie sich sagen *„So nicht, Freundchen, wenn du Streit suchst, kannst du den haben"*, ist das Gespräch eigentlich beendet. Das ist ein schlechtes Ergebnis für eine Verhandlung und nicht professionell.

Versuchen Sie, den Lieferanten auf die Sachebene zurückzuholen und bauen Sie ihm Brücken dazu. Vielleicht schaffen Sie es, dass die im Raum stehende Drohung gar nicht wirksam wird. Dazu ist hilfreich, wenn Sie Ihrem Verhandlungspartner erlauben, das Gesicht zu wahren, und er, ohne als Waschlappen dazustehen, aus der Nummer rauskommen kann.

Sie könnten
- die Drohung einfach ignorieren und betont konstruktiv fortfahren, beispielsweise: *„Sind Sie einverstanden, dass wir nun vernünftig weitermachen?"*
- sich dumm stellen und die Drohung als Missverständnis interpretieren, beispielsweise: *„Das verstehe ich nicht, wie meinen Sie das?"*

- den Lieferanten auffordern die Aussage zu wiederholen, beispielsweise: *„Das muss ich falsch verstanden haben, können Sie das bitte noch einmal wiederholen?"*
- einfach eine Pause machen, beispielsweise: *„Ich glaube, bevor wir hier irgendetwas überstürzen, machen wir zehn Minuten Pause und trinken erst mal eine Tasse Kaffee."*

Egal wie Sie es anstellen, Sie signalisieren Ihrem Gegenüber indirekt, dass Sie verstanden haben, was er da versucht, und er es lieber nicht zu weit treiben soll. Sie zeigen ihm aber auch, dass Sie trotzdem bereit sind, nun vernünftig weiter zu verhandeln und ihm genau dazu die Gelegenheit geben. Das ist doch sehr diplomatisch, oder?

Verhalten bei Manipulationsversuchen oder Drohungen:
- Nicht die Beherrschung verlieren, sachlich und fair bleiben
- Nicht das eigene Ziel aus den Augen verlieren
- Bleiben Sie Ihrem Stil treu
- Versuchen Sie das Gespräch auf die Sachebene zurückzubringen
- Bauen Sie Brücken, über die Ihr gegenüber ohne Gesichtsverlust wieder auf Ihre Seite gelangen kann

Es kann Ihnen aber auch passieren, dass Ihr Gesprächspartner die Drohung bekräftigt. Dann nützen auch keine Brücken mehr etwas. Nun müssen Sie mit der Drohung umgehen. Letztlich müssen Sie selber entscheiden, ob Sie mit der Konsequenz leben können oder wollen, aber für mich galt immer die Regel:

Ich lasse mich nicht bedrohen!

Was ist denn die Botschaft an den Lieferanten, wenn Sie nachgeben? Es klappt doch. Was glauben Sie, was im nächsten Gespräch passiert, wenn Ihr Gegenüber nicht weiterkommt?

Auch wenn Sie unsicher sind und eigentlich Angst vor den Konsequenzen haben: Zeigen Sie keine Angst. Am besten haben Sie natürlich keine Angst – dann können Sie sie auch nicht zeigen –, bleiben Sie möglichst ruhig und sachlich. Nur Sie selber entscheiden darüber, ob dieser Einschüchterungsversuch erfolgreich ist. Selbst wenn das Gespräch nun abgebrochen wird, ist das Kind noch nicht in den Brunnen gefallen und dort ertrunken. Meistens kann Ihr Chef doch immer noch den Chef Ihres Gesprächspartners anrufen und die Wogen wieder glätten.

Egal, wie Sie sich entscheiden: Seien Sie in Gesprächen unter vier Augen vorsichtig. Wenn das Gespräch eskaliert, will es hinterher nie jemand gewesen sein, der etwas Gemeines gesagt und den anderen dazu bewogen hat, das Gespräch abzubrechen. Wenn es brenzlig wird, können Sie einen Kollegen oder Ihren Chef dazuholen.

Sie können sogar versuchen, mit den Muskeln zu spielen. Zeigen Sie Ihrem Gegenüber die Grenzen auf, indem Sie zurückdrohen. Verschlechtern Sie doch einfach Ihr eigenes Angebot und machen Ihrem Gesprächspartner klar, dass Sie diese Spielchen auch beherrschen.

Wie auch immer Sie sich verhalten, Sie können davon ausgehen, dass Ihr Gesprächspartner sich merkt, von welchem Kaliber Sie sind – und die nächste Verhandlung kommt bestimmt.

Es gibt aber auch ein paar Regeln für das Verhalten bei *„Wenn nicht ..., dann ..."*-Formulierungen von Ihrer Seite. Richtiges Einschüchtern will gelernt sein! Sie müssen zuerst selber entscheiden, ob Sie zu dieser Maßnahme greifen wollen oder nicht. Ist es der Situation angemessen? Überziehen Sie es nicht, sonst nutzt sich diese Methode ab. Es ist eine letzte Chance, das zu bekommen, was Sie wollen. Wenn Sie dieses Mittel nutzen, dann müssen Sie glaubwürdig sein. Das bedeutet, wenn es „hart auf hart" geht, müssen Sie auch konsequent bleiben, um nicht das Gesicht zu verlieren. Oder anders formuliert: Sprechen Sie nur Drohungen aus, die Sie auch wahr machen können und wollen.

8.4 Trittbrettfahrer

Wir haben es alle schon erlebt: Die Rohstoffmärkte spielen verrückt, Öl- und Stahlpreis beispielsweise schießen nach oben. Viele Verkäufer wittern ihre Chance und geben sich bei der Forderung nach Preiserhöhungen die Klinke in die Hand. Und nun kommen alle, denn irgendwie hängt auf einmal alles an Öl oder Stahl. Schmiermittel, Transporte, Diesel, Maschinen, Verpackungen, Kunststoff – die Liste lässt sich beliebig weiterführen. Aber schauen Sie genau hin. Wie viel Öl oder Stahl steckt wirklich in Ihrem Produkt? Wie viel Preiserhöhung ist gerechtfertigt?

Hier kann ich Ihnen nur raten: Achten Sie auf Trittbrettfahrer. Schauen Sie genau hin. Es ist Ihr gutes Recht, sich die Preiserhöhung vorrechnen zu lassen. Manche Preiserhöhung ist sicher gerechtfertigt, aber der Lieferant soll nun nicht auch noch seinen Gewinn erhöhen. Viele Verkäufer nutzen diese Gelegenheit, um nun auch noch gleich weitere Erhöhungen, die nichts mit den Rohstoffen zu tun haben, in der Kalkulation zu verstecken. Ein wenig höhere Zuschläge bei den Gemeinkosten, schließlich wird ja alles teurer. Ein wenig mehr Material, als tatsächlich eingesetzt wird. Die Maschinenstundensätze geringfügig nach oben korrigiert – Möglichkeiten gibt es genug. Lassen Sie sich nicht übers Ohr hauen. Gerade jetzt ist es wichtig, die Übersicht zu behalten und um Preisstabilität zu kämpfen. Alles, was Sie mehr ausgeben, müssten Sie als Preiserhöhung an Ihre Kunden weitergeben, und da werden Ihre Verkäufer wahrscheinlich nicht begeistert sein.

9.
Wenn es kriselt: Strategien für schnelle Einsparspotenziale und Liquidität

9.1 Den Einkauf systematisch durchleuchten: Wo kann gespart werden?...............266
9.2 Kosten sind nicht gleich Kosten: Material-, Beschaffungs- und Prozesskosten 268
9.3 Kosten senken, Verschwendung vermeiden: Typische Projekte für schnelles Geld 271

9.1 Den Einkauf systematisch durchleuchten: Wo kann gespart werden?

Die Finanzkrise zeigt, wie eng die Wirtschaft heute verflochten ist. Was in Amerika begann, betrifft heute Europa – unabhängig von der Branche. Doch was kann der Einkäufer tun, wenn sein Unternehmen in schwieriges Fahrwasser gerät? Einfach nur sparen kann keine Lösung sein, denn weniger oder schlechteres Material wirkt sich auf die Arbeitsleistung und die Qualität des Unternehmens aus.

Am besten kann der Einkäufer immer noch helfen, indem er durch Kostensenkung Geld verdient. Dabei macht der Einfluss, den die Materialkosten auf den Erfolg des Unternehmens haben, den Einkäufer zum Kostenmanager. Gerade in Krisenzeiten ist er durch kompetentes und entschlossenes Handeln gefordert, die Kosten zu optimieren und jeden Hebel zu nutzen, um durch Kostensenkungen den Gewinn zu steigern.

Es geht hier nicht nur um Preise. Eine Steigerung der Lieferantenperformance können Sie genauso auf Kosten zurückführen, wie die Optimierung von Abläufen. Kosten sind also nicht gleich Kosten. Deshalb hilft hier die Ärmel hochkrempeln und in Zwangsaktionismus zu verfallen wenig. Vielmehr ist ein strategisches Vorgehen gefragt, um den größtmöglichen Erfolg zu erzielen. Fragen Sie sich deshalb, wo Sie den größten Hebel ansetzen können. Oder anders gefragt: In welchen Bereichen verdienen Sie mit Ihren Aktionen am meisten Geld? Die andere Frage lautet: Wie verdienen Sie am schnellsten Geld? Denn je nach wirtschaftlicher Situation ist Schnelligkeit wichtiger als der später wirklich erreichte Betrag.

Um zu entscheiden, ob Schnelligkeit oder Nachhaltigkeit und Effizienz wichtiger ist, können Sie sich in die Lage eines Unternehmensberaters versetzen. Durchleuchten Sie Ihren Einkauf, hinterfragen Sie Ihr Handeln und finden Sie Einsparpotenziale. Damit nicht genug: Definieren Sie Projekte, um diese Einsparpotenziale zu realisieren, und kommunizieren Sie diese nach oben. Verkaufen Sie den Einkauf.

Dieses Handeln entspricht dem Vorgehen eines externen Beraters. Auch er schaut von verschiedenen Blickwinkeln auf Ihren Einkauf. Er überprüft Abläufe, schaut sich Zahlen an, beobachtet und geht aktuellen Problemen auf den Grund, um Optimierungspotenziale zu identifizieren. Dabei gibt es folgende typische Ansätze für Optimierungen:

- Aktuelle Kostenstruktur (siehe auch Kapitel 9.2)
- Material- und Lieferantenportfolios
- Eingekaufte Materialien, Produkte und Dienstleistungen
- Aktuelle Lieferantenbasis
- Bestehendes Lieferantenmanagement
- Aktuelle Lieferantenperformance
- Beschaffungsprozess
- Waren- und Materialfluss
- Lager/Bestände
- Strategische Ausrichtung
- Qualifikation Mitarbeiter

Das Handwerkszeug, um diese Analyseobjekte zu durchleuchten, haben Sie im Wesentlichen bei der Lektüre dieses Buches kennengelernt.

Analysieren Sie Kosten und Prozesse, nutzen Sie die ABC- und Portfolio-Analysen, untersuchen Sie Ihre Lieferantenperformance oder überprüfen Sie Ihre Lagerbestände. Beobachten Sie, nutzen Sie das Wissen und die Erfahrung Ihrer Kollegen und Mitarbeiter. Nach meiner Erfahrung als Berater wissen die entsprechenden Fachleute sehr gut, wo man Kosten einsparen kann, wo es Optimierungsmöglichkeiten gibt und wo das Geld zum berühmten „Fenster rausfliegt". Sehen Sie Probleme als das, was sie sind: Potenziale. Hinterfragen Sie alte, lieb gewonnene Gewohnheiten. Nur weil Sie irgendwo „schon immer eingekauft haben", muss es ja nicht gut sein. Wenn es sein muss, streiten Sie sich auch ruhig mit den Fachabteilungen. Es geht um Ihr Unternehmen, um Ihre Zukunft und um Arbeitsplätze – den eigenen, aber auch um die der Kollegen.

Durch das Einsparen von Kosten generieren Sie Gewinne, die Ihre Firma in Krisenzeiten dringend braucht. Auch wenn Sie nur kleine Gewinne erzielen, sollten Sie immer daran denken, dass jeder gesparte Cent zu reinem Gewinn wird. Sie erzielen aber auch noch einen weiteren Effekt: Sie helfen neue Kunden zu gewinnen oder Kundenbeziehungen zu stabilisieren. Lassen Sie dazu Ihre Kunden an Ihren Optimierungsbemühungen teilhaben, beispielsweise durch erzielte Einsparungen, die sich in besseren Preisen widerspiegeln. Oder eine erhöhte Lieferantenflexibilität, die es Ihrem Vertrieb erlaubt, sich ebenfalls mit flexibleren Leistungen an Ihre Kunden zu wenden.

9.2 Kosten sind nicht gleich Kosten: Material-, Beschaffungs- und Prozesskosten

Ein weiterer Ansatz für die Kostensenkung ist die Betrachtung der unterschiedlichen Kostenarten. Hier unterscheiden wir zwischen Materialkosten, Beschaffungskosten und Prozesskosten. Alle drei werden im Folgenden näher beleuchtet.

Materialkosten

Materialkosten entstehen durch den Kauf eines Produktes beziehungsweise einer Leistung. Sie spiegeln sich im Wesentlichen durch den Preis wider. Will man diesen senken oder Preiserhöhungen abwehren, kann man mit seinem bestehenden Lieferanten die Preise verhandeln oder zu einem neuen Lieferanten mit besserem Preis-Leistungs-Verhältnis wechseln.

Der professionelle Einkäufer geht hier noch einen weiteren Weg: Er überprüft das eingekaufte Produkt auf Überspezifikation. Kann man Toleranzen entfeinern, sind die technischen Anforderungen zu hoch oder ist die Materialgüte, zum Beispiel bei Stahl, wirklich notwendig? Hier gilt: Weniger ist mehr, denn weniger kostet in der Regel auch weniger. Dieser Weg kann jedoch nur im Team, gemeinsam mit der Technik, beschritten werden. Letztere muss schließlich darüber entscheiden, welche Anforderungen tatsächlich notwendig sind. Der Einkäufer kann hier den Anstoß geben, sich mit der Thematik zu beschäftigen, das Team initiieren, die Besprechungen moderieren, Ergebnisse festhalten und Termine überwachen. Sehr hilfreich kann es sein, den Lieferanten ins Boot zu holen, der mit seinem Know-how wertvolle Hinweise auf eine intelligente technische Lösung geben kann, die alle Anforderungen erfüllt, aber weniger kostet.

Beschaffungskosten

Dieser eher schwammige Begriff umfasst alle Kosten, die entstehen, um die Verfügbarkeit der eingekauften Produkte sicherzustellen. Transport-, Logistik- und Lagerhaltungskosten, aber auch Fehlerkosten, die durch Reklamationsbearbeitung, Nacharbeit, Rücksendung, Wartezeiten etc. entstehen, wären hier zu nennen.

Um die Beschaffungskosten zu senken, konzentriert sich der Einkäufer einerseits auf intelligente Logistikkonzepte, auf der anderen Seite auf die Überwachung der laufenden Lieferantenleistung.

Prozesskosten

Der innerbetriebliche Prozess „Einkaufen" kostet Geld. Tätigkeiten wie beispielsweise Bedarf aufgeben, Lieferanten finden, Angebote einholen und vergleichen, Bestellungen schreiben, Verhandlungen führen, Rechnungsabweichungen klären und viele weitere mit dem Einkauf verbundene Tätigkeiten kosten Zeit und damit Geld. Prozesskosten werden von allen Personen verursacht, die am Prozess Einkaufen beteiligt sind.

Dass die administrative Abwicklung einer Bestellung leicht über 100 Euro kosten kann, haben wir bereits in Kapitel 6 erfahren. In diesem Betrag ist noch keine Ware enthalten. Wenn Sie sich überlegen, wie oft eine Bestellung mit einem Bestellwert von zum Beispiel 50 Euro rausgeht, erkennen Sie leicht die Unverhältnismäßigkeit.

Der Einkäufer hat zwei Ansatzpunkte: Er kann versuchen, entweder die Anzahl der Bestellungen oder aber die Kosten, die eine Bestellung verursacht, zu verringern. Hier können moderne elektronische Lösungen zur Vereinfachung des Bestellvorganges, zum Beispiel Katalog- und Warenkorbsysteme, den gewünschten Erfolg bringen.

Vorsicht: Billig muss nicht günstig sein!
An dieser Stelle aber noch eine Warnung: Kosten optimieren heißt nicht Kosten senken um jeden Preis. Deshalb bitte kein Zwangsaktionismus. Unterscheiden Sie zwischen einer nachhaltigen Kostenreduzierung und kurzfristigen Erfolgen, die sich über lange Sicht nachteilig auswirken können. Nur weil der neue Lieferant billiger ist, also einen niedrigeren Preis anbietet, heißt das nicht zwangsläufig, dass er auch günstiger ist. Denn wenn der neue Lieferant Probleme hat, die geforderte Qualität einzuhalten und es zu weiteren Kosten für Reklamationen, Nacharbeit oder Rücksendungen kommt, zahlen Sie im Zweifel mehr als vorher. Gleiches gilt, wenn Ihre Produktion still steht, weil der Lieferant zu spät liefert.

Bevor Sie also den Lieferanten wechseln, um Kosten zu senken, prüfen Sie unbedingt das damit verbundene Risiko. Überlegen Sie auch, ob ein Gespräch mit dem bestehenden Lieferanten nicht ebenfalls zu Kosteneinsparungen führen kann.

Für die Vernachlässigung der Kosten, die neben dem reinen Preis eine Rolle spielen, haben bereits zahlreiche Unternehmen Lehrgeld bezahlt. Viele Firmen, die sich auf den Weg nach Osteuropa und Asien gemacht haben, wurden von diesen „Nebenkosten" überrascht. Höherer Aufwand bei Handling und Transport, Lieferantenkontrolle und -entwicklung, dazu Logistik- und Qualitätsprobleme wurden teuer. Wenn nun noch Sprach- und Mentalitätsprobleme dazukamen, führte dies schnell zu nicht kalkulierten Kosten, die alle über den Preis erzielten Einsparungen rasch aufzehrten. Konsequenterweise kehrte man in vielen Fällen zu den alten Lieferanten zurück, die sich im Endeffekt als günstiger erwiesen.

Tipp

Kaufen Sie günstig, nicht billig. Der Unterschied zahlt sich letztendlich aus.

9.3 Kosten senken, Verschwendung vermeiden: Typische Projekte für schnelles Geld

Ob Sie Optimierungsprojekte nun über die Analyse der verschiedenen Felder des Einkaufs identifizieren, wie in Kapitel 9.1 beschrieben, oder ob Ihnen die in Kapitel 9.2. beschriebene Systematik mit der Unterteilung in verschiedene Kostenarten weiterhilft, ist letztlich egal. Hauptsache, Sie werden aktiv. In der Praxis findet man häufig eine Kombination aus beiden Ansätzen. Im Folgenden möchte ich Ihnen einige typische Projekte vorstellen, die in der Praxis häufig zu schnellen Einsparungen führen. Strategische Projekte, die eher langfristig zu Einsparungen führen, wie beispielsweise Einführung eines Materialgruppenmanagements, werden Sie hier nicht finden.

Optimierung des Einkaufsprozesses

Analysieren Sie Ihren Einkaufsprozess hinsichtlich der Anzahl von Bestellungen und des Aufwandes, den Sie betreiben müssen, um eine Bestellung abzuwickeln. Ermitteln Sie die Kosten für einen Bestellvorgang. Typische Werte aus der Praxis liegen hier – ich habe es oben bereits angedeutet – zwischen 100 und 200 Euro. Wie schnell sich die Senkung der Bestellvorgänge auf den erzielten Gewinn auswirken können, haben Sie ebenfalls bereits erfahren. Doch wie können Sie die Anzahl der Bestellungen reduzieren?

Konkret haben Sie hier folgende Ansatzpunkte:

- Gibt es Artikel, bei denen Sie völlig ohne Bestellabwicklung auskommen, da Sie diese über das Kanban-Prinzip oder eine Procurement Card beschaffen können?
- Gibt es Möglichkeiten, die Anzahl der Bestellungen zu reduzieren, beispielsweise durch Bündelung mehrerer Bedarfe in eine Bestellung (vielleicht standortübergreifend)?
- Nutzen Sie die Möglichkeiten des E-Procurements aus, beispielsweise Katalog- und Warenkorbsysteme?

- Werden einfache C-Teile durch die Bedarfsträger selber bestellt?
- Gibt es Möglichkeiten, bestimmte Schritte im Einkaufsprozess wegzulassen, beispielsweise durch Änderung der Unterschriftregeln, durch Vereinfachung der Wareneingangsprozedur oder der Rechnungsprüfung?

Oft ist es notwendig, hier an etablierten Prozessen zu kratzen. Es wird immer Mitarbeiter geben, die solche Entwicklungen blockieren möchten. Aber bei den Einsparpotenzialen lohnt es sich durchaus, ein wenig zu streiten. Oft wird mit einem System wie SAP argumentiert, das neue Prozesse nicht zuließe. Auch hier gilt: Alles ist möglich, man muss es nur wollen. Was nützt Ihnen das tollste System, wenn es Geld verbrennt?

Das eingesparte Geld wird natürlich nicht direkt wirksam. Die am Prozess beteiligten Menschen, die nun weniger administrative Arbeit haben, stehen ja weiter auf der Lohnliste. Werden also durch weniger Aufwand Kapazitäten frei, können Sie rein theoretisch natürlich Personal einsparen. Noch besser ist es allerdings, Sie nutzen die freigewordenen Kapazitäten, um beispielsweise mit A-Lieferanten Verhandlungen zu führen oder andere Kostensenkungsprojekte durchzuführen, zu denen Sie sonst keine Zeit haben. So können Sie den durch Kostensenkung erzielten Gewinn leicht vervielfachen.

Nachverhandlungen mit den Top-A-Lieferanten

Nutzen Sie die Zeit, die Sie durch die Optimierung der Einkaufsprozesse gewonnen haben, beispielsweise um einfach die Preise und Konditionen bei Ihren Lieferanten mit hohem Einkaufsvolumen nachzuverhandeln. Hier ist der Hebel natürlich besonders groß. Erklären Sie den betreffenden Lieferanten Ihre Lage und fordern Sie diese auf, Ihnen partnerschaftlich in diesen schwierigen Zeiten zur Seite zu stehen. Wie viel Druck Sie anwenden, hängt von den Machtverhältnissen ab. Bei Hebelteilen verlangen Sie Hilfe, bei strategischen Lieferanten erbitten Sie Hilfe.

Bereiten Sie für diese Art Verhandlungen eine schlüssige Argumentation vor, dokumentieren Sie Ihre Schwierigkeiten mithilfe von griffigen Kalkulationen oder Grafiken über Preisverläufe, Marktpreisverfall, die Ihren Standpunkt anschaulich erläutern.

Bevor Sie diesen Schritt gehen, empfehle ich Ihnen ein entsprechendes Training Ihrer verhandelnden Einkäufer. Das könnte ein Seminar, eine Inhouse-Schulung oder ein Workshop sein, in dem man die bevorstehenden Verhandlungen konkret vorbereitet und durchspielt. Auf alle Fälle sollte man nicht unvorbereitet in diese Art Verhandlungen gehen.

Rohstoffpreise

Behalten Sie die Rohstoffmärkte, die für Ihre Produkte relevant sind, im Auge. Egal ob Öl, Kunststoff, chemische Grundstoffe oder Metalle: Fallen die Preise, gehen Sie direkt zu Ihren Lieferanten und fordern Sie diese auf, Sie an den gefallenen Kosten zu beteiligen. Gehen Sie durch die Kalkulation und ermitteln Sie mögliche Einsparungen. Sie müssen Ihrem Lieferanten nicht mal etwas von seinem Gewinn abziehen, Sie wollen nur an den gesunkenen Kosten für eingesetzte Materialien beteiligt werden. Oft sind auch indirekte Positionen in der Kalkulation zu berücksichtigen, wie beispielsweise Transport, Verpackung oder Energie.

Bei Steigerungen der Rohstoffkosten können Sie sich auf Preiserhöhungsgespräche vorbereiten. Die Lieferanten kommen mit Sicherheit. Einiges können Sie vielleicht ebenfalls an Ihre Kunden weitergeben, aber die Einkäufer bei Ihren Kunden werden das sicherlich auch nicht widerspruchslos hinnehmen. Fragen Sie mal Ihre Verkäufer, wie angenehm es ist, solche Gespräche zu führen. Das heißt für Sie: Wehren Sie sich, nehmen Sie Preiserhöhungen nicht hin, seien Sie genauso unangenehme Gesprächspartner wie die Einkäufer Ihrer Kunden. Alles was Sie hier einsparen können, kommt Ihrer Firma in schwierigen Zeiten zugute. Gleichzeitig fehlt alles, was Sie als Preiserhöhung zulassen, aber nicht an Ihre Kunden weitergeben können, an Ihrem eigenen Gewinn. Wenn es ganz schlecht läuft, schreiben Sie rote Zahlen – und was das heißt, wissen Sie selber.

Rundschreiben

Nutzen Sie das persönliche Gespräch nur bei den Nachverhandlungen mit den A-Lieferanten. Bei allen anderen können Sie mit weniger aufwendigen Methoden arbeiten. Viele Firmen arbeiten beispielsweise mit Rundschreiben an Lieferanten, in denen eine Preisreduktion aufgrund der schwierigen wirtschaftlichen Lage angekündigt wird. Dem Lieferanten wird mitgeteilt, dass ab dem nächsten Quartal die Preise um einen bestimmten Prozentsatz gekürzt werden, sollte man nicht Gegenteiliges vom Lieferanten hören. Viele Lieferanten, gerade kleinere, widersprechen nach meiner Erfahrung nicht, bei anderen muss man nur noch über die Höhe der Kürzung reden. Einige werden sicher widersprechen, aber dafür von vielleicht geplanten Preiserhöhungen absehen.

Angebotsvergleiche

In schwierigen Zeiten mit stagnierender Nachfrage kämpfen nicht nur Ihre Verkäufer um Umsatz, auch Ihre Lieferanten brauchen Aufträge, um die Auftragsbücher zu füllen. Jetzt ist die richtige Zeit, den Wettbewerb aufleben zu lassen. Schreiben Sie einfach Ihre Bedarfe aus und nutzen Sie die günstige Situation. Vielleicht sind Sie gerade in einer so günstigen Position, dass Sie von Ihren Lieferanten sogar offene Kalkulationen verlangen können.

Kosten- beziehungsweise Wertanalyse der A-Artikel

Nehmen Sie sich die Kalkulationen Ihrer A-Produkte vor. Versuchen Sie Ansatzpunkte für Kostensenkungen zu finden. Fragen Sie sich beispielsweise bei einem Fertigungsteil:

- Ist eine Umstellung auf ein anderes, günstigeres Material möglich?
- Kann der Materialverbrauch durch kleinere Abmessungen verringert werden?
- Kann der Verschnitt/Abfall durch andere Verfahren verringert werden?
- Gibt es für das Teil andere Fertigungsverfahren oder Produktionsmittel?

- Können Rüstzeiten oder Stillstandszeiten in der Produktion vermieden werden?
- Können die Anforderungen an Genauigkeiten/Toleranzen verringert werden?
- Können sonstige funktionsbedingte Anforderungen herabgesetzt werden?
- Ist eine andere Oberflächenbeschaffenheit zulässig?

Es geht also darum, alles Bestehende zu hinterfragen. Setzen Sie sich mit den entsprechenden Fachleuten zusammen und versuchen Sie Überspezifikation zu identifizieren und zu vermeiden, alternative Materialien oder Prozesse auf Ihre Eignung zu überprüfen. Holen Sie sich auch Ihren Lieferanten mit seinem Know-how ins Team. Nach meiner Erfahrung kommen die wertvollsten Tipps häufig direkt vom Spezialisten.

Rabatte

Um Rabatte zu erzielen, überprüfen Sie Ihre Materialgruppen und versuchen Sie, Ihre Volumina zu bündeln. Bei bestimmten Warengruppen können Sie vielleicht darauf verzichten, mit mehreren Lieferanten zu arbeiten. Sie müssen nicht unbedingt sechs verschiedene Modelle von Sicherheitsschuhen im Angebot haben, hier können Sie standardisieren. Wenn Sie das gesamte Volumen auf einen Lieferanten bündeln, bekommen Sie bessere Konditionen.

Outsourcing

Bestimmte Leistungen müssen Sie nicht selber erbringen. Travel- und Fleetmanagement, Kantine, Facility Management oder Wach- und Schließdienste sind klassische Dienstleistungen, für die sich ein Outsourcing anbietet. Mittlerweile werden sogar Tätigkeiten aus Bereichen wie Produktion, Konstruktion oder auch Einkauf von externen Dienstleistern erbracht.

Sicher ist das eine aus sozialen Gesichtspunkten fragwürdige Maßnahme, da eventuell eigene Leute ihre Arbeit verlieren oder vom Dienstleister zu schlechteren Konditionen weiterbeschäftigt werden. Bevor aber die gesamte Firma ins Schlingern gerät, muss man sicher auch über diese Maßnahme nachdenken.

Einkauf von Dienstleistungen

Facility Management, Beratung, Training, Versicherungen, Leasing oder IT-Service sind nur einige Leistungen, die oft am Einkauf vorbei von den Fachabteilungen direkt beschafft werden. Meiner Erfahrung nach werden dabei oft keine guten Preise erzielt. Verkäufer haben hier leichtes Spiel. Auch diese Dienstleistungen gehören ausgeschrieben und verhandelt – und zwar von den entsprechenden Fachleuten aus dem Einkauf.

Qualitätskosten

Die Qualität bei Ihren Lieferanten stimmt nicht oder Lieferungen kommen zu spät? Immer wenn Sie reklamieren, nachbearbeiten, Sonderfreigaben veranlassen, Rücksendungen organisieren oder Termine mahnen müssen, entstehen Kosten. Lassen Sie sich Arbeitszeit-, Stillstands- und Ausfallzeiten von Ihren Lieferanten erstatten, ziehen Sie diesen die entsprechenden Beträge einfach von der Rechnung ab. Das wird häufig nicht ganz ohne Widerstand gehen. Aber warum sollen Sie dafür bezahlen, dass Ihr Lieferant nicht das liefert, was vereinbart war? Außerdem haben Sie das Kapitel über die Verhandlungstechnik gelesen und werden nun hoffentlich in der Lage sein, Ihren Lieferanten im Gespräch zu überzeugen.

Schauen Sie in Ihre Lieferantenbewertung und identifizieren Sie die Lieferanten, bei denen es sich lohnt, sich die Qualitätskosten zurückzuholen.

Expertenwissen auf einen Klick

Gratis Download:
MiniBooks – **Wissen in Rekordzeit**

MiniBooks sind Zusammenfassungen ausgewählter BusinessVillage Bücher aus der Edition PRAXIS.WISSEN. Komprimiertes Know-how renommierter Experten – für das kleine Wissens-Update zwischendurch.

Wählen Sie aus mehr als zehn MiniBooks aus den Bereichen: **Erfolg & Karriere, Vertrieb & Verkaufen, Marketing und PR.**

→ www.BusinessVillage.de/Gratis

BusinessVillage
Update your Knowledge!

Verlag für die Wirtschaft

Bücher für Ihren Erfolg

Ralf Deckers, Gerd Heinemann
Trends erkennen – Zukunft gestalten
Vom Zukunftswissen zum Markterfolg

Edition BusinessInside
212 Seiten; 2008; 34,80 Euro
ISBN 978-3-938358-78-8; Art-Nr.: 756

Trends erkennen – Zukunft gestalten

Unternehmen leben in stürmischen Zeiten. Globalisierung, demografischer Wandel und Klimawandel sind Gefahr und Chance in einem. Die Zukunftsfrage stellt sich somit in vielen Branchen nachdrücklicher und drängender denn je. Eine wirkliche Chance werden aber nur die haben, die Veränderungen rechtzeitig erkennen und sich darauf einstellen.

Die Autoren Ralf Deckers und Gerd Heinemann betrachten das Thema „Trends und Zukunft" mit einem ganz konkreten Bezug zur Unternehmenspraxis. Bewährte Methoden helfen Ihnen dabei, Zukunftswissen zu Markterfolgen zu machen. Denn das bloße Erkennen von Trends und potenziellen Chancen reicht bei Weitem nicht aus. Chancen müssen auch genutzt werden – Unternehmen gleich welcher Größe müssen sich entsprechend positionieren und die Weichen für eine gewinnbringende Chancenverwertung stellen.

Dieses Buch ist ein Zukunftsschnellkursus, der Sie in die wichtigsten Trends im Kundenverhalten, im Marketing und im Vertrieb einführt und zeigt, wie Sie ein gehaltvolles Zukunftsbild entwickeln.

www.BusinessVillage.de

Bücher für Ihren Erfolg

Christian Kalkbrenner, Ralf Lagerbauer
Der Bambus-Code – Schneller wachsen als die Konkurrenz
So machen Sie Ihre eigene Konjunktur

Edition PRAXIS.WISSEN
122 Seiten; 2008; 21,80 Euro
ISBN 978-3-938358-75-7; Art-Nr.: 755

Der Bambus-Code – Schneller wachsen als die Konkurrenz

Gleich ob eine Branche boomt, stagniert oder schrumpft – es geht letztlich immer darum, effizienter zu wachsen als die Mitbewerber. Das heißt Märkte erobern, Kunden gewinnen und sich dauerhaft von der Konkurrenz absetzen. Das oftmals propagierte Kopieren von Methoden und Strategien ist dabei wenig zielführend – Unternehmen, Produkte und Märkte sind dafür zu unterschiedlich.

Einen Ausweg für Unternehmen aller Größen zeigt Christian Kalkbrenner in diesem Buch. Er verbindet klassische Strategiemodelle mit anerkannten Methoden aus der Verhaltensforschung. Mit seinem interdisziplinären Ansatz ermöglicht er jedem Unternehmen, ein maßgeschneidertes Wachstumsmodell zu entwickeln. Praxisnah und mit vielen Reflexionsanleitungen weist Ihnen dieses Buch den Weg zu Ihrer eigenen einzigartigen Wachstumsstrategie: dem Bambus-Code. Dieser siebenstellige Schlüssel enthält alle Parameter für ein schnelles und solides Wachstum.

www.BusinessVillage.de

Bücher für Ihren Erfolg

Jörg T. Eckhold,
Hans-Günter Lehmann, Peter Stonn
Das perfekte Bankgespräch
Der Weg zur optimalen Finanzierung

Edition PRAXIS.WISSEN
121 Seiten; 2008; 21,80 Euro
ISBN 978-3-938358-51-1; Art-Nr.: 701

Das perfekte Bankgespräch

Ganz gleich, ob gestandener Unternehmer oder Existenzgründer – die Verhandlung um Kapital ist das wichtigste Vorstellungsgespräch des Lebens. Deshalb ist die perfekte Vorbereitung auf dieses Gespräch „Chefsache".

Das Autorenteam führt Sie anschaulich und praxisortientiert durch das Bankgespräch und zeigt dabei, wie der Kapitalgeber Bank funktioniert und nach welchen Regeln die Kreditvergabe erfolgt. Denn für eine Finanzierungszusage brauchen Sie immer zwei Verbündete in einer Bank, die es zu überzeugen gilt. Anhand vieler Beispiele, Checklisten und Praxistipps erfahren Sie, wie man die notwendigen Unterlagen perfekt und effektiv vorbereitet und worauf Sie im Bankgespräch gefasst sein sollten. Denn eine gekonnte Gesprächsführung, eine sachliche Einwandbehandlung und schlagkräftige Argumente werden Ihre Chance auf eine Kreditzusage erheblich erhöhen.

Dieses Buch ist ein Muss für mittelständische Unternehmer und Gründer, die – auch ohne fundierte betriebswirtschaftliche Ausbildung – mit ihrer Bank auf Augenhöhe verhandeln wollen.

www.BusinessVillage.de